6. 8 0

Zu diesem Buch

Die Vorstellung von einem „Kreislauf der Gesteine" muß den meisten von uns, die keine Geologen sind, höchst befremdlich sein. Den „ältesten, festesten, tiefsten, unerschütterlichsten Sohn der Natur" hat Goethe noch den Granit genannt – und nun soll beispielsweise eben dieser Granit nicht nur vor alters einmal entstanden, sondern auch wieder vergangen sein, sich erneut gebildet haben und dann wieder vergehen und so fort, solange die Erde besteht? Daß Gesteine werden und vergehen und wieder neu entstehen, ist aber in der Tat nur eine Frage der Zeit: Das „Leben" der Gesteine währt nicht Jahrzehnte oder Jahrtausende, sondern Jahrmillionen. Ein ungeheurer Zeitraffer würde die Erdoberfläche in ständig rieselnder und brodelnder Bewegung zeigen.

Das faszinierende Schauspiel – unsere Erde in immerwährenden Gestaltveränderungen begriffen – wird in diesem Buch beschrieben und erklärt. Seine Darstellung geht aus von Verwitterung und Abtragung, die in unendlich scheinenden Zeiträumen auch einen Mount Everest einebnen. Das zerriebene Gestein wird in den Niederungen, vor allem in den Meeren, abgelagert, aufgeschichtet, zusammengepreßt und aufs neue verfestigt. Als Schichtgestein wird es durch Bewegungen der Erdkruste wieder zu Gebirgsmassiven aufgetürmt oder es sinkt auch in größere Tiefen ab, wird dort durch Wärme und Druck eingeschmolzen und kann als Magma wieder hochsteigen und sich zu Erstarrungsgesteinen abkühlen.

Die Beispiele für solche Vorgänge, anschaulich, ja spannend beschrieben und durch viele Abbildungen verdeutlicht, stammen fast durchweg aus unserer „näheren" Umgebung, zumeist aus Skandinavien, der Bundesrepublik, der Schweiz, Italien und Jugoslawien.

Klaus-Henning Georgi, geboren 1942 in Fürstenwalde an der Spree, studierte Geologie in Hannover und Heidelberg. 1969 Diplomgeologe, seitdem wissenschaftlicher Mitarbeiter am Institut für Geologie und Paläontologie der TU Hannover.

Klaus-Henning Georgi

Kreislauf der Gesteine

Eine Einführung in die Geologie

Rowohlt

rororo tele

Information und Bildung
Herausgegeben von Dr. Gerhard Szczesny
in Zusammenarbeit mit dem Fernsehen

Die von den deutschsprachigen Fernsehanstalten produzierten Informations- und Bildungsprogramme vermitteln Tatsachen und Erkenntnisse, die von fachkundigen Autoren nach dem neuesten Stand der Forschung ausgewählt werden. Die rororo-tele-Reihe legt in Wort und Bild die interessantesten naturwissenschaftlichen und technischen, geistes- und gesellschaftswissenschaftlichen Sendefolgen vor. Der Vorzug dieser Taschenbuchreihe besteht darin, daß ihr Text der anschaulichen Form der Fernsehdarstellung folgt. Jeder Band behandelt sein Thema selbständig, so daß der Leser keine Vorkenntnisse braucht. Auch Leser, die eine Fernsehserie nur teilweise oder gar nicht gesehen haben, können den gesamten Stoff ohne Schwierigkeit erfassen. Jedes Taschenbuch enthält den ungekürzten Text, eine Fülle von Bildern und ergänzendes Material. Sach- und Personenregister dienen zur raschen Orientierung, Literaturhinweise zur Erweiterung des erworbenen Wissens.

Veröffentlicht im Rowohlt Taschenbuch Verlag GmbH, Reinbek bei Hamburg, Oktober 1972
Diesem Band liegt eine Sendereihe zugrunde, die vom NDR, Hamburg
(III. Programm), produziert wurde, Redaktion: Günter Brinkmann, Regie: Fritz Gebhardt
Taschenbuchredaktion: Bernhard Bauer, Hans Joachim Schmidtke
Umschlagentwurf: Werner Rebhuhn. Das Foto zeigt die vulkanische Insel Surtsey südlich von Island, die 1962 bis 1965 entstanden ist
© Rowohlt Taschenbuch Verlag GmbH, Reinbek bei Hamburg, 1972
Alle Rechte vorbehalten
Gesamtherstellung Clausen & Bosse, Leck/Schleswig
Gesetzt auf IBM Composer aus der Baskerville
Reprosatz Kröger, Hamburg 80
Printed in Germany
ISBN 3 499 60031 5

Inhalt

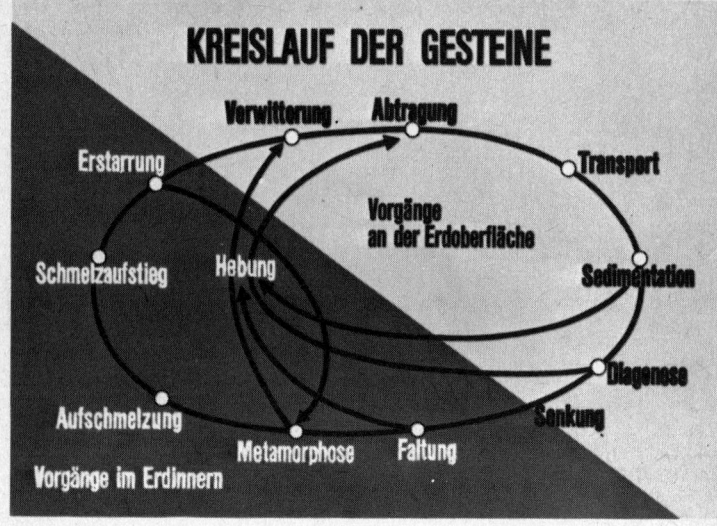

Kreislauf der Gesteine

Die Beobachtung, daß Gesteine an der Erdoberfläche verwittern, soll Ausgangspunkt für eine geologische Betrachtung unserer Umwelt sein. Ebenso wie die belebte Materie, die Tier- und Pflanzenwelt, unterliegen die Gesteine einem Zerfallsprozeß. Damit verändert sich laufend die Verteilung von Gesteinsmaterie an der Erdoberfläche. Das wußte man bereits im klassischen Altertum. So berichtete der griechische Geschichtsschreiber Herodot im 5. Jahrhundert v. Chr., daß sich das Nildelta durch Anhäufung von Flußschlick allmählich in eine alte Meeresbucht vorschob. Damit war schon damals ein erster Ansatz für eine geologische Betrachtung unserer Erde gegeben. Es sollten aber noch über zwei Jahrtausende vergehen, bis man die geologischen Zusammenhänge insgesamt erkannte, derart, daß zum Beispiel ein solcher Flußschlick aus Verwitterungsmaterial eines ehemaligen Festgesteins besteht und daß daraus in geologischer Zukunft wieder ein Festgestein entstehen kann. Bis ins 18. und 19. Jahrhundert hinein galt die biblische Vorstellung, wonach die Erde das Ergebnis eines einmaligen Schöpfungsaktes sei, auch in der Wissenschaft.

Es war vor allem der schottische Geologe James Hutton, der sich in der letzten Hälfte des 18. Jahrhunderts vom biblischen Schöpfungsgedanken löste und die Erde im Wandel von Gesteinszerstörung und Gesteinswiederaufbau sah. Er ebnete damit den Weg für die moderne Geologie, eine Naturwissenschaft, die sich mit der Entstehung, der Entwicklung und der Veränderung der Erde und ihrer Bewohner beschäftigt. Ein Geologe untersucht die Lagerung und die Eigenschaften der Gesteine sowie die Spuren vergangenen Lebens in den Gesteinen und ist bemüht, die Vorgänge bei der Gesteinsbildung zu rekonstruieren. Durch vergleichende Beobachtungen mit heutigen Ereignissen in der Natur und unter Zuhilfenahme allgemeingültiger Gesetzmäßigkeiten der Chemie, Physik, Mineralogie und Biologie gewinnt der Geologe aus seinen Gesteinsuntersuchungen Erkenntnis über die Geschichte der Erde. Die Geologie ist ihrer Aufgabenstellung nach also eine *auch* historische Naturwissenschaft.

Als Zeitskala dienen ihr die Entwicklungsstadien des Lebens, die durch organische Reste im Gestein, Versteinerungen, Abdrücke, die sogenannten Fossilien, bezeugt werden. Nach erstem Auftreten, Blüte und Vergehen bestimmter Tier- und Pflanzengruppen, Gattungen und Arten, läßt sich die Erdgeschichte in mehrere Abschnitte gliedern. Genauere Zahlenangaben über die Dauer der Abschnitte der Erdgeschichte sind erst in unserem Jahrhundert nach der Entdeckung des Atoms möglich geworden; durch Messung des Zerfalls radioaktiver Elemente und Isotope läßt sich das absolute Alter der Gesteine bestimmen.

Erst in unserem Jahrhundert entdeckte man aus der Zusammenschau unzähliger vorangegangener Einzelforschungen, daß sich die geologischen Vorgänge auf der Erde als Kreisprozeß darstellen lassen, daß die Gesteinsmaterie einem Kreislauf unterliegt. Dieser Kreislaufgedanke beherrscht heute das moderne geologische Weltbild.

Abbildung 1.1 zeigt die geologischen Vorgänge, die den Kreislauf der Gesteinsmaterie antreiben. Im Feld rechts oben findet man die Vorgänge, die sich an der Erdoberfläche oder nahe derselben abspielen und daher oft einer direkten Betrachtung zugänglich sind. Das Feld links unten enthält Vorgänge in der Tiefe der Erdkruste, die sich größtenteils einer direkten Betrachtung entziehen. Sie verlaufen auch meist mit einer derart unmerklichen Geschwindigkeit, daß mitunter Jahrmillionen vergehen müssen, bis die Gesteinsmaterie eine Station dieses Kreislaufs durchschritten hat.

Links Abb. 1.2: In Desingerode auf dem Eichsfeld in Südniedersachsen sind an einem Bildstock aus dem 17. Jahrhundert die Konturen heute kaum noch zu erkennen.

Rechts Abb. 1.3: Der Prozessionsaltar auf dem Kirchengelände der kleinen Ortschaft Krebeck/Eichsfeld (Südniedersachsen) stammt aus dem Jahre 1823; der Gesteinsverfall wird ihn bald ganz zerstört haben.

1. Gesteine verwittern

Seit Jahrtausenden bricht der Mensch die Gesteine der Erde. Er schuf damit Bauwerke, er verwendete sie als Material für Bildhauerarbeiten. Er mußte aber erfahren, daß die Zeit an den Gesteinen nicht spurlos vorüberging. Die Gesteinsoberfläche blieb nicht so erhalten, wie die Menschenhand sie geformt hatte.

Ein Beispiel bietet der rötliche Buntsandstein, der im südlichen Niedersachsen seit alters als Baustein benutzt, aber auch für Plastiken verwendet wurde (Abb. 1.2 und 1.3). Auch die Kirchen auf dem Eichsfeld bestehen aus rotem Sandstein. Besonders in Bodennähe, wo der Baustein stark durchfeuchtet und großem Belastungsdruck ausgesetzt wurde, hat er seine ursprünglich glatte Oberfläche verloren. Buckel und Vertiefungen lassen dabei ein System erkennen: Es ist die Gesteinsschichtung, die hier sichtbar wird (Abb. 1.4 und 1.5).

Die Materialzusammensetzung des Sandsteins ist nicht einheitlich, sondern wechselt von Lage zu Lage. Wo weichere, tonhaltige Lagen angeschnitten sind, entstehen Furchen. Mitunter hat man den Sandstein ohne Rücksichtnahme auf seine Schichtung verbaut. Steht in den Sandsteinblöcken die Schichtung senkrecht, kann der Gesteinsverfall durch Ablösen ganzer Platten besonders schnell fortschreiten (Abb. 1.5).

Die Katlenburg bei Northeim erhebt sich hoch über ihre Umgebung. An derartig exponierten Orten kann man häufig die Zerstörungsarbeit des Windes beobachten. Weht der Wind aus der vorherrschenden Westrichtung, so müssen sich auf der Westseite der Burg die bewegten Luftmassen durch ein enges Tor zwängen. Besonders in Bodennähe nimmt der Wind Sandkörner auf, mit denen er im Lauf der Zeit das Gestein anschleift. Windschliff zeigt deshalb auch die Außenfassade der alten Burgmauer (Abb. 1.6). Auf längere Zeit wirkt sandbeladener Wind wie ein Sandstrahlgebläse. Härtere, widerstandsfähigere Schichten im Gestein werden herauspräpariert.

Am Kölner Dom hat man Trachyt verbaut, ein vulkanisches Gestein vom Drachenfels. Die erste Bauphase war im 16. Jahrhundert abgeschlossen. Seitdem, also fast 500 Jahre lang, war das Naturgestein an den Außenfassaden den Einflüssen der Atmosphäre ausgesetzt: den Temperaturschwankungen, dem Wind, dem Regenwasser mit den darin gelösten Stoffen. Der Einfluß der Atmosphäre hat die ehemals glatte Gesteinsoberfläche zernarbt, das Gestein außen zermürbt. Der Geologe bezeichnet diese durch die Witterung bedingten Veränderungen der Gesteine als Verwitterung. Das Endstadium der Verwitterung ist die völlige Zerstörung eines Gesteins.

Die feinkörnige Grundmasse (siehe S. 236) des Trachyts enthält zentimetergroße, tafelige Feldspatkristalle. Da die Grundmasse meist leichter verwittert, werden die Kristalle freigelegt (Abb. 1.7). Auch

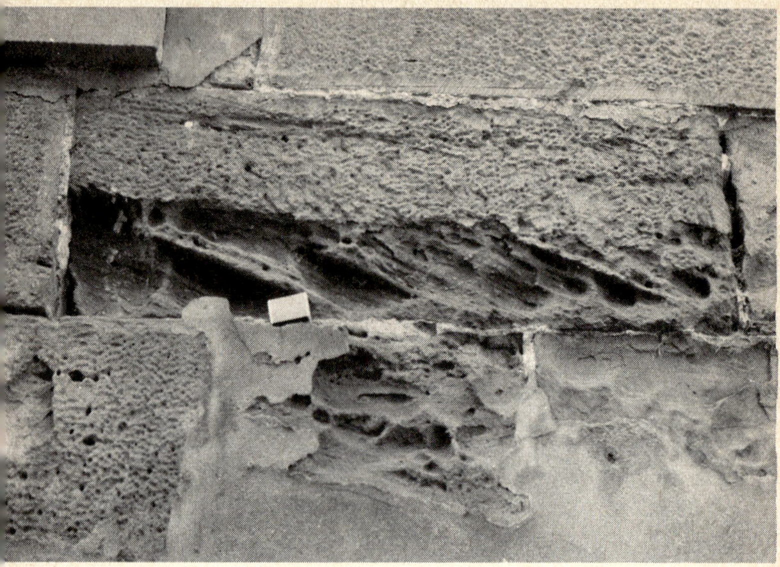

Abb. 1.4 und 1.5: Verwitterungsschäden an der Außenfassade der Seeburger Kirche auf dem Eichsfeld in Südniedersachsen

Abb. 1.6: Vom Wind getragene Sandkörner können wie ein Sandstrahlgebläse wirken: ein sogenannter Windschliff an der Burgmauer der Katlenburg bei Northeim in Südniedersachsen.

die Verwitterung der großen Kristalle ist bereits sichtbar; sie blättern entlang ihren Spaltflächen auf. Die Verwitterungsschäden sind im allgemeinen an exponierten Stellen besonders stark, also dort, wo Wind und Wetter leichten Zugang haben. Überraschenderweise verwittern jedoch am Kölner Dom gerade die Partien am stärksten, die im Regenschatten liegen (Abb. 1.8). Hier kann sich Luftfeuchtigkeit niederschlagen und Sickerwasser ansammeln, aber es fehlt die abwaschende Wirkung des Regenwassers. Deshalb können sich chemisch aggressive Lösungen in den Gesteins-Poren anreichern. Es ist die Rauchgasverwitterung, die hier wirksam ist, eine vor allem in den letzten fünfzig Jahren durch zunehmenden Autoverkehr und wachsende Industrialisierung künstlich gesteigerte Verwitterung. Sie hat an unseren Bauwerken bereits beträchtliche Schäden hervorgerufen. Besonders durch die Verbrennung von Kohle und Kohlenwasserstoffen, vor allem Benzin, werden erhebliche Mengen von Kohlendioxid und anderen chemisch aggressiven Stoffen wie Schwefeldioxid der Atmosphäre zugeführt. Mit Wasser bilden diese Nichtmetalloxide Säuren wie Kohlensäure oder gar Schwefelsäure, die das Gestein anlösen oder das Gesteinsgefüge sprengen, wenn die Salze in der Gesteinsrinde auskristallisieren. Dies geschieht vor allem an Gebäudeteilen, die nicht ständig vom Regen abgewaschen werden, also im Regenschatten liegen. Die zunehmende Luftverschmutzung schadet nicht nur der Gesundheit des Men-

11

Abb. 1.7: *Verwitterter Trachytbaustein mit tafeligen Feldspatkristallen (Sanidin) am Kölner Dom*

Links unten Abb. 1.8: *Die Partien des Kölner Doms, die im Regenschatten liegen, verwittern am stärksten.*

Rechts unten Abb. 1.9: *Im südlichen Pfälzer Wald findet man häufig Tischfelsen; hier der „Teufelstisch" bei Hinterweidenthal, sechs Kilometer nordwestlich Dahn.*

schen, sondern auch seinen Bauwerken.

Wenn sich schon die von Menschenhand geschaffenen Gesteinskonturen nach wenigen Jahrhunderten verwischten, um wieviel intensiver muß die Gesteinszerstörung sein, wenn der Verwitterung geologische Zeiträume, oft Jahrmillionen, zur Verfügung stehen!

Teufelstisch heißt ein Felsen im südlichen Pfälzer Wald (Abb. 1.9), wo man ähnliche Gebilde häufiger findet. Jahrmillionen anhaltende Verwitterung hat hier eine Ruinenlandschaft aus Buntsandsteinfelsen hinterlassen. Vor etwa 200 Millionen Jahren wurden hier die Körner des rötlichen Sandsteins abgelagert. Damals breitete sich in Mitteleuropa ein flaches Festland aus, das von Zeit zu Zeit von Wasser überspült wurde. Ein mehrere hundert Meter mächtiges Schichtpaket aus Sand, Ton und Kies aus alten Flußläufen wurde aufeinandergeschichtet. Jahrmillionen später haben Flüsse das ehemals zusammenhängende Schichtpaket zertalt. An den Talhängen arbeitete die Verwitterung je nach dem herrschenden Klima mit unterschiedlichem Erfolg (Abb. 1.10).

Die exponierte Lage des Pfälzer Drachenfels hat man im Mittelalter beim Bau einer Burg ausgenutzt. Die Wehranlagen und Burgräume wurden größtenteils in den Sandstein gehauen. Die Rillen, die auf Abb. 1.11 steil von rechts oben nach links unten verlaufen, sind die Spuren der Bearbeitung. Wo sie weichere Sandsteinlagen kreuzen, setzte die Verwitterung an, die nun schon einige Jahrhunderte lang wirkt. Zunächst bildeten sich kleine Grübchen, die mit der Zeit in ein Netzwerk von Löchern und Graten verwandelt wurden. Weniger gleichmäßig können derartige Netzstrukturen auch ohne künstlichen Anstoß entstehen: Im Porenwasser des Gesteins kommt es häufig zu Materialwanderungen. Vor allem die rötlichen Eisenverbindungen können sich örtlich anreichern. Dort bilden sich dann die Grate, während die Abwanderungsstellen ausgehöhlt werden.

Gleichfalls auf Unterschiede in der Materialzusammensetzung läßt sich die Entstehung der Tischfelsen zurückführen. Hierbei handelt es sich allerdings nicht um eine spätere Materialwanderung, sondern um vorgegebene Unterschiede in Korngröße, Tongehalt und Zusammenhalt der Sandsteinkörner. Tischfelsen finden sich im südlichen Pfälzer Wald immer dort, wo unter einer harten Sandsteinbank tonreichere und daher stärker verwitterbare Schichten liegen. Innerhalb der Buntsandsteinschichten neigen daher immer ganz bestimmte Horizonte zur Bildung von Tischfelsen.

Die Verwitterung umfaßt eine Reihe von Einzelvorgängen, die je nach Art und Lage des Gesteins und je nach den klimatischen Bedingungen recht unterschiedlich ablaufen. Zudem vergehen bei der Verwitterung meist Jahrmillionen, so daß das Klima und damit auch die Art der Verwitterung mehrmals gewechselt haben können. Ein Gestein, das in einem feuchten Klima verhältnismäßig rasch verwittert, kann in einem Trockengebiet wesentlich widerstandsfähiger sein. Es ist daher zweckmäßig, die Verwitterungsvorgänge nach ihrer Wir-

Abb. 1.10: Eine schmale Felsrippe bildet der Asselstein im Pfälzer Wald, zwei Kilometer südlich von Annweiler; an seinen Flanken haben Verwitterung und die Schleifwirkung des sandbeladenen Windes die härteren Schichten heraus-präpariert.

Abb. 1.11: Sandsteinoberfläche an der Burgruine Drachenfels im Pfälzer Wald, fünf Kilometer südöstlich Dahn; durch Verwitterung ist hier ein Netzwerk von Graten und Vertiefungen entstanden.

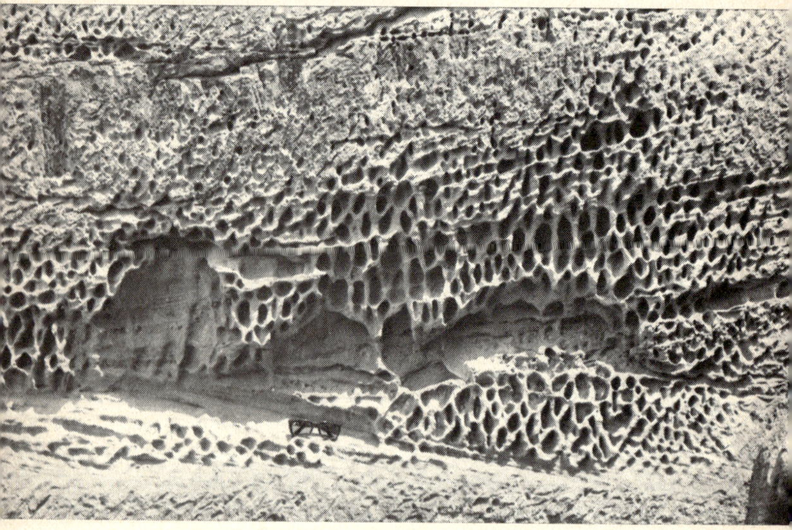

kungsweise gesondert zu betrachten.

Bei den Verwitterungsvorgängen an der Erdoberfläche lassen sich eine physikalische und eine chemische Wirkungsweise unterscheiden. Die physikalische Verwitterung verändert nur die Gestalt des Gesteins. Sie zerstört mechanisch das Gesteinsgefüge und verursacht schließlich einen Gesteinszerfall. Anders die chemische Verwitterung, die unter Ablauf von chemischen Reaktionen zur Gesteinszersetzung führt. Da meist beide Verwitterungsarten gleichzeitig das Gestein angreifen, ist eine scharfe Trennung nicht immer möglich. Stark unterscheiden sie sich jedoch in ihrer Einwirkungstiefe. Während die physikalische Verwitterung selten tiefer als einige Dezimeter in das Gestein eindringt, lassen sich die Folgen der chemischen Verwitterung oft noch in größeren Tiefen nachweisen, im Bergland mitunter sogar in mehreren hundert Metern Tiefe.

Alle Vorgänge bei der physikalischen Verwitterung lassen sich letztlich auf Volumenveränderungen der beteiligten Materie zurückführen. Ausdehnung der Gesteinsgemengteile bei Temperaturanstieg, Schrumpfung bei Temperaturabnahme sind die beherrschenden Vorgänge bei der Temperaturverwitterung. Gesteine haben eine sehr geringe Wärmeleitfähigkeit. Die an der Steinoberfläche erzeugte Wärme vermag nur beschränkt in das Gesteinsinnere abzufließen und wird in der Außenhaut gespeichert, die sich daher ausdehnt. Nächtliche Abkühlung läßt sie schrumpfen.

Die Natur hat genügend Zeit für unzählige Wiederholungen eines Einzelvorgangs. Die ständigen Volumenveränderungen führen zu Spannungen und diese allmählich zur Lockerung des Gesteinsgefüges. Besonders hoch sind die Spannungen, wenn ein Gestein aus verschiedenen Mineralen mit unterschiedlicher Ausdehnungsfähigkeit besteht. Schon die Farbe der Gesteine ist von Bedeutung. Dunkle Minerale erwärmen sich stärker als helle. Aber auch das einzelne Mineralkorn dehnt sich seinem Kristallbau entsprechend nach verschiedenen Richtungen unterschiedlich stark aus. Daher ist die Gesteinsaußenhaut gegenüber dem gleichmäßig temperierten Gesteinsinnern ständig in Bewegung, bis sie brüchig wird und zerfällt. Der Gesteinsschutt wird abgetragen, und die Temperaturverwitterung kann weiter in das Gesteinsinnere vordringen.

Die physikalische Verwitterung gewinnt in Landschaften an Bedeutung, in denen die chemische Verwitterung durch Wassermangel weitgehend zurückgedrängt ist. Wassermangel herrscht in Wüsten und Halbwüsten, aber auch in den Polargebieten und Hochgebirgsregionen, wo das Wasser in Form von Eis gebunden ist.

Vor allem in den Wüstengebieten treten große Temperaturunterschiede zwischen Tag und Nacht auf. Nicht selten schwankt die Lufttemperatur dicht über dem Boden zwischen mehr als 50 Grad in der Mittagszeit und 5 Grad in der Nacht. An der Bodenoberfläche selbst sind die Unterschiede noch größer. Zwar kühlt sich der Boden in der Nacht nur bis auf 20 Grad ab, doch kann er sich am Tage bis auf

80 Grad erhitzen. Daraus ergibt sich ein täglicher Temperaturwechsel von 60 Grad. Zermürbte und abbröckelnde Gesteinsrinden, Schuttflächen und Hänge aus splittrigen Gesteinstrümmern sind in der Steinwüste vor allem das Ergebnis der Temperaturverwitterung.

Wüstenreisende sollen beobachtet haben, daß große Gesteinsblöcke nach einem plötzlichen Regenguß mit lautem Knall zersprungen sind. Diese Kernsprünge aber allein der Temperaturverwitterung zuzuschreiben wäre übertrieben. Hierbei spielt auch die Druckentlastung eine wesentliche Rolle, die dann eintritt, wenn Gesteine aus größerer Erdtiefe allmählich freigelegt wurden. Jahrmillionen standen sie unter dem Druck überlagernder Deckschichten, auf den sich ihr inneres Gefüge eingestellt hatte. Hört dieser Druck auf, kommt es zu Spannungen. Es genügt dann ein vergleichsweise geringer Anstoß, wie eben eine krasse Temperaturänderung, um einen Kernsprung auszulösen.

Die weitaus wirksamste Art der physikalischen Verwitterung ist die Frostsprengung. Die Eigenschaft des Wassers, beim Gefrieren um 9 Prozent seines Volumens zuzunehmen, hat große geologische Bedeutung. Das Ergebnis einer Versuchsreihe kann uns darüber Aufschluß geben. Wir benötigen ein geschlossenes Gefäß, dessen Hohlraum zur Zimmertemperatur und einer Atmosphäre Druck zu 91 Prozent mit Wasser gefüllt sein soll (Abb. 1.12a). Wir kühlen das Gefäß bis auf −1 Grad Celsius ab. Das Wasser ist zu Eis gefroren. Dabei hat es um 9 Prozent seines Volumens zugenommen und füllt nun 100 Prozent des Hohlraums aus (Abb. 1.12b).

Was geschieht aber, wenn ein geschlossenes Gefäß bereits vor dem Abkühlen vollständig mit Wasser gefüllt ist (Abb. 1.12c)? Jetzt kann das Wasser bei −1 Grad nicht gefrieren, denn es hat keine Möglichkeit, sich auszudehnen (Abb. 1.12d). Da es bestrebt ist, sein Volumen zu vergrößern, stellt sich ein Druck gegen die Gefäßwandung ein. Wir kühlen weiter ab. Bei −10 Grad ist der Druck auf rund 1000 Kilogramm je Quadratzentimeter angestiegen. Nachdem der Druck bei −20 Grad rund 2000 Kilogramm (Abb. 1.12e) je Quadratzentimeter erreicht hat, zerspringt das Gefäß (Abb. 1.12f). Spontan bilden sich unter Volumenzunahme die Eiskristalle. In der Natur übernehmen durchfeuchtete Gesteine die Rolle des Gefäßes.

Frostsprengung tritt überall dort auf, wo Wasser vorhanden ist und die Temperaturen zumindest zeitweilig um den Gefrierpunkt schwanken. Der Spaltenfrost wirkt daher vor allem in den Polargebieten und Hochgebirgsregionen, aber auch in unserem feuchtgemäßigten Klima. Es kommt dabei weniger auf die Dauer des Frostes an als vielmehr auf den häufigen Wechsel von Schmelzen und Wiedergefrieren, denn erst mehrfaches Wiederholen des Vorgangs erweitert allmählich die Gesteinsspalten und läßt neue entstehen. Entscheidend ist also die Anzahl der Frostwechseltage im Jahr. Im deutschen Flachland und Mittelgebirge liegt die Zahl bei 80, in den Polargebieten zum Teil über 250 und in den Alpen bei 100. Wie wir vorhin an dem geschlossenen Gefäß gesehen haben, kann nur dann eine Sprengung eintreten, wenn

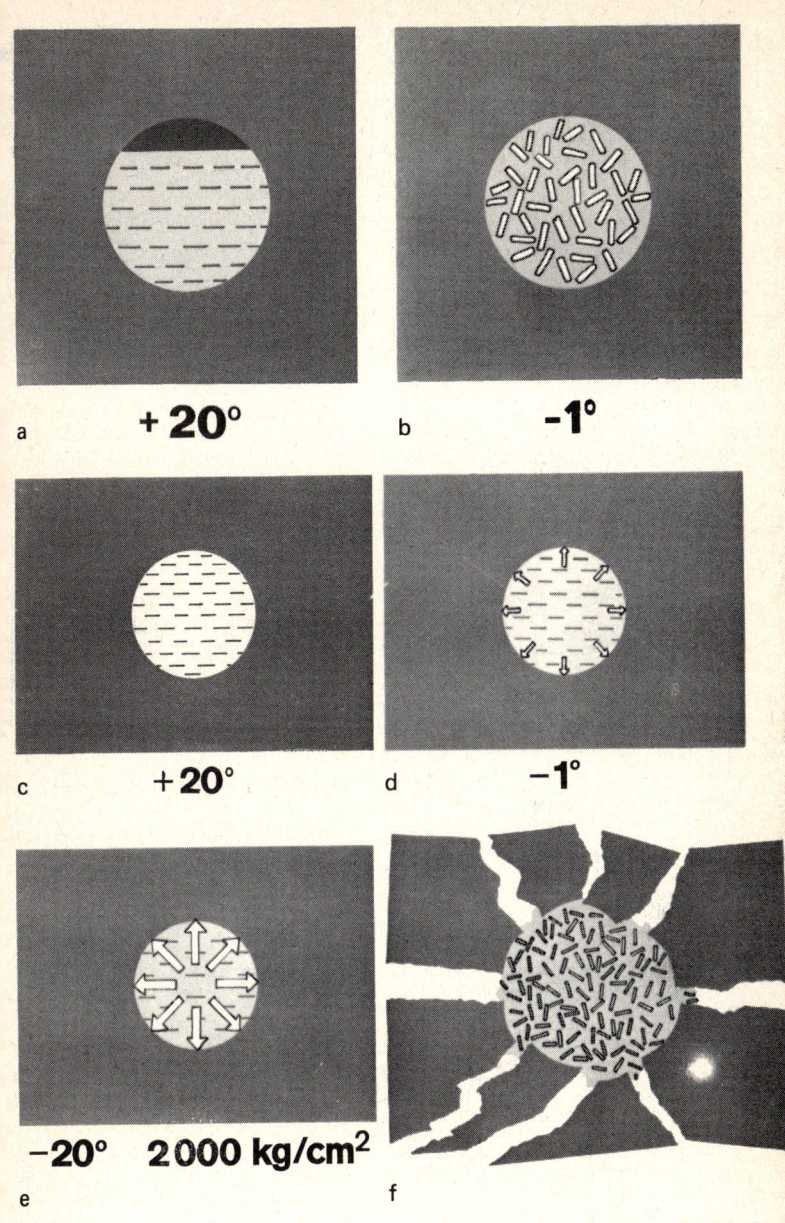

Abb. 1.12: Frostsprengung, schematisch dargestellt an einem abgeschlossenen Gefäß

Abb. 1.13: Ein durch Frostsprengung gespaltener Granitblock am Fuß des Morteratschgletschers bei Sankt Moritz in der Schweiz

ein verschlossener Hohlraum vorhanden ist. Für den Verschluß sorgt das Eis selbst. Der Frost dringt an den durchfeuchteten Gesteinen von außen nach innen vor. Ein Eispanzer verschließt die feinen Spalten, in denen das restliche Spaltenwasser nun nicht mehr gefrieren kann. Es wird erst dann zu Eis, wenn es durch die nun eintretende Sprengwirkung Platz dazu hat. Wie bei den Kernsprüngen in der Wüste zeigt sich, daß auch die Frostsprengung vorhandene Schwächezonen ausnutzt. Auf Abb. 1.13 liegt die Sprengfläche parallel zu einem Kluftsystem, nach dem sich der Granit spalten läßt.

Die Frostsprengung macht sich nicht allein durch Spaltung großer Gesteinsblöcke bemerkbar. Zwar nicht so eindrucksvoll, aber nicht minder erfolgreich wirkt die Frostsprengung in porenreichen Gesteinen. Dazu gehört Sandstein, dessen Quarzkörner nur unvollkommen mit Bindemitteln verkittet sind (siehe S. 107.) Die Poren sind untereinander verbunden und bilden so ein zusammenhängendes System, in das Wasser eindringen kann (Abb. 1.14a, b). Wie wir gesehen haben, findet jedoch eine Frostsprengung nur dann statt, wenn der wassergefüllte Hohlraum verschlossen ist. Das geschieht in der Natur durch Bildung eines Eispanzers (Abb. 1.14c). Ein Gebilde aus Gestein und Eis umschließt den wassergefüllten Raum. Auch bei weiterer Abkühlung kann das Wasser in diesem Raum aus Platzmangel nicht gefrieren. Der Druck gegen den Eispanzer wächst und sprengt schließlich den randlichen Panzer (Abb. 1.14d). Unter Volumenzunahme gefriert nun auch das restliche Wasser.

Ähnlich wie durch tieftemperiertes Wasser kann eine Sprengwirkung entstehen, wenn Salze aus übersättigten Lösungen auskristallisie-

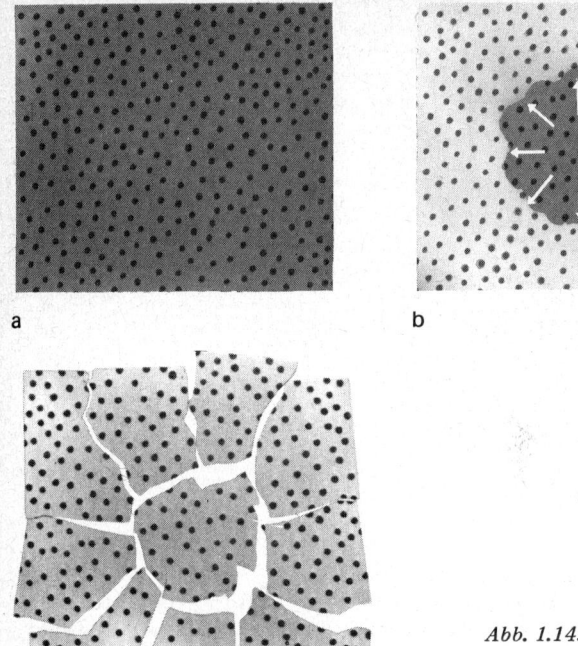

a

b

c

Abb. 1.14: Frostsprengung,
schematisch dargestellt
an einem porösen Sandstein

Rechts Abb. 1.16: Zwei Modifikationen des Kalziumsulfats, links der wasserhaltige Gips, rechts der wasserfreie Anhydrit

Links Abb. 1.15: Die sogenannte Waldschmiede, anderthalb Kilometer westlich
von Walkenried im Südharz, hundert Meter nördlich des Bahndamms

ren, wenn Kristalle wachsen oder wenn Salze durch Wasseraufnahme quellen. Man nennt diese Art der physikalischen Verwitterung Salzsprengung. Die verschiedenen Formen der Salzsprengung treten naturgemäß in Gebieten auf, in denen Salze an der Erdoberfläche angereichert werden. Das ist vor allem in Trockengebieten der Fall, wo die abwaschende Wirkung des Regenwassers weitgehend ausbleibt. So leisten in der Steinwüste Salzsprengung und Temperaturverwitterung die erfolgreichste Zerstörungsarbeit. Besonders deutlich wird die Substanzanreicherung, wenn damit eine Farbänderung verbunden ist. Glänzende Krusten aus braunen Eisen- und schwarzen Manganverbindungen — sogenannter Wüstenlack — überziehen häufig den Boden der Steinwüste.

In Trockengebieten ist der Niederschlag sehr niedrig, die Verdunstung jedoch sehr hoch. Nur ein ganz geringer Teil des Niederschlags versickert im Boden. Die geringe Bodenfeuchte wird durch die starke Verdunstung zur Oberfläche emporgesogen. Die in der Bodenfeuchte gelösten Stoffe werden dort ausgeschieden und reichern sich mehr und mehr an. Dabei kann immerhin ein Sprengdruck von mehreren zehn Kilogramm pro Quadratzentimeter auftreten. Wie bei der Frostsprengung das Eis, so sorgen hier die Salzkristalle selbst für den Verschluß der feinen Hohlräume, ohne den keine Sprengkraft auftreten kann.

Für die Frostsprengung ist die Zahl der Frostwechseltage entscheidend. Auch die geologische Wirksamkeit der Salzsprengung hängt vor allem davon ab, daß sich Durchfeuchtung und Verdunstung täglich wiederholen. Der Wechsel von nächtlichem Tau und darauf folgender Trocknung führt zu täglicher Lösung und Wiederabscheidung von Salzen.

Beispiele für Salzsprengung finden sich jedoch auch in unserem feuchtgemäßigten Klima, so in der Gipslandschaft am südlichen Harzrand bei Walkenried, wo beulenförmige Aufwölbungen der oberen Gipsschichten (Abb. 1.15) zu Hohlräumen führten, die man hier als Zwergenlöcher bezeichnet. Im Untergrund steht Anhydrit an, ein Kalziumsalz der Schwefelsäure. Die wasserfreien Anhydritkristalle können Niederschlagswasser aufnehmen. Dabei verwandeln sie sich unter Quellung zu Gips (Abb. 1.16). Die Volumenzunahme beträgt rund 60 Prozent. Stellt sich den wachsenden Gipskristallen ein Widerstand entgegen, können außerordentlich hohe Drucke wirksam werden. Konnten die oberen vergipsten Schichten nach oben ausweichen, legten sie sich in Falten, unter denen Hohlräume entstanden.

In einem kleinen Gipssteinbruch bei den Zwergenlöchern haben wir die Möglichkeit, den hellgrauen Anhydrit mit seinem Quellungsprodukt, dem weißen Gips, zu vergleichen. Schon am Hammerschlag hört man, daß Anhydrit härter ist: Das spröde Gestein splittert. Der wasserhaltige Gips dagegen ist so weich, daß er sich mit dem Fingernagel ritzen läßt. Weiße Krusten auf erst kürzlich aus der Aufschlußwand herausgebrochenen Anhydritstücken zeigen, daß auch an diesen die Umwandlung in Gips schon eingesetzt hat.

2. Chemische und biologische Zerstörungsarbeit

Im Gegensatz zur physikalischen Verwitterung, deren Zerstörungsarbeit letztlich auf Volumenveränderungen der beteiligten Materie und daraus resultierenden Spannungen im Gestein beruht, führt die chemische Verwitterung eine Stoffumwandlung herbei. Das Gestein wird in seine chemischen Bestandteile zersetzt, die sich dann zu neuen Stoffen verbinden können. Der chemische Angriff geht vom Luftsauerstoff und vom Wasser mit den darin gelösten Stoffen aus. Je nach Beteiligung von Luftsauerstoff und Wasser läßt sich die chemische Verwitterung in eine Oxydationsverwitterung und eine Lösungsverwitterung unterteilen.

Besonders anfällig gegenüber der Lösungsverwitterung sind die Salzgesteine. Während in den trockenen Subtropen Salz bis an die Erdoberfläche hinaufreicht, trifft man in unserem feuchten Klima unverwittertes Salzgestein erst unter Tage an. 100 bis 250 Meter tief geht die Lösungsverwitterung hinab und schafft eine annähernd ebene Ablaugungsfläche: den Salzspiegel. Nur bis zu diesem Grenzhorizont reichen im allgemeinen die rund 250 Salzstöcke (siehe S. 78) im Untergrund Norddeutschlands hinauf. Darüber wird das Salz gelöst, das heißt, unter dem Angriff des zirkulierenden Grundwassers in seine Ionen zerlegt und abtransportiert. Die Ionen werden letztlich über die Flüsse den Meeren zugeführt und bleiben dort in Lösung, bis irgendwo und irgendwann einmal ihre Konzentration so weit steigt, daß sie in neuer Kombination wieder zusammentreten und Salz bilden (siehe S. 77). Auf diese Weise hat auch das Salz einen in sich geschlossenen Kreislauf.

Der örtliche Salzspiegel ergibt sich aus dem Gegeneinander des Salzaufstiegs von unten und der Lösungsverwitterung von oben. In Niedersachsen liegt unter Lüneburg ein Salzstock ungewöhnlich hoch: nur 40 Meter unter der Erdoberfläche. Deshalb muß man annehmen, daß dort die Aufstiegsbewegung des Salzes noch anhält. Das Grundwasser versucht durch Salzablaugung ständig, die Oberfläche des Salzstocks dem allgemeinen Salzspiegel in 100 bis 250 Meter Tiefe anzugleichen. Über der Ablaugungsfläche besteht daher ein Senkungsgebiet, dessen Rand von einer Abbruchkante markiert wird (Abb. 2.1). Es liegt in der westlichen Altstadt von Lüneburg und ist etwa einen Quadratkilometer groß. Der Boden senkt sich dort im Jahr um durchschnittlich 60 Millimeter. Da er örtlich ungleichmäßig sinkt, kommt es zu Spannungen an der Erdoberfläche, denen sich die starren Häusermauern der Lüneburger Altstadt nicht anpassen können. Solange die Mauern noch standfest sind, hilft man sich mit Übergangslösungen, wie beispielsweise an dem alten Postgebäude. Dort hat man beim Aufsetzen eines Dachgeschosses den schiefen Unterbau durch einen keilförmigen

Kreide   Trias   Zechsteinsalz   Gips   Abbruchkante

Sockel ausgeglichen (Abb. 2.2). Bei anderen einsturzgefährdeten Häusern halten starke Maueranker die Wände zusammen. Wo im Boden sehr starke Zerrungen auftreten, reißt das Mauerwerk förmlich auseinander (Abb. 2.3). Wie bei großräumigen Bewegungen der Erdkruste, so werden auch hier — im kleinen — Zerrungen andernorts durch Pressungen wieder ausgeglichen.

Als ein geologisches Naturdenkmal für horizontale Pressungen durch Salzablaugung hat man in Lüneburg eine Gartenpforte stehen gelassen. Um 72 Zentimeter überlappen sich heute ihre Eisenflügel. So weit wurde die Pforte seit ihrer Errichtung vor 70 Jahren zusammengeschoben (Abb. 2.4). Zur Zeit wandern die Steinpfeiler mit einer Geschwindigkeit von rund 13 Millimetern im Jahr aufeinander zu.

Viele Häuser in Lüneburg mußten abgerissen werden, da sie einzustürzen drohten. Heute steht nur noch ein Teil der Altstadt, dessen Tage aber auch gezählt sind, denn die Senkungen dauern an.

Die tiefgründige Salzverwitterung hinterläßt an der Erdoberfläche weitflächige Senkungströge. Landschaften mit oberflächennaher Gipsablaugung zeigen dagegen — so am Südrand des Harzes (Abb. 2.5) — ein sehr unruhiges Relief. Auch Gips ist ein Salzgestein und wird daher von der Lösungsverwitterung angegriffen. Der chemische Angriff im Untergrund macht sich an der Erdoberfläche oft durch zahlreiche Trichter bemerkbar, die man Erdfälle oder Dolinen (slowenisch dolina: Tal) nennt. Teils sind diese durch langsames Nachsinken, teils durch plötzliches Nachbrechen des Bodens über einem unterirdischen Lösungshohlraum entstanden.

Gips löst sich wesentlich schwerer als Steinsalz und findet sich daher auch in unserem feuchten Klima an der Erdoberfläche. Ein Liter reines Wasser löst bis zu 360 Gramm Steinsalz, aber nur zweieinhalb Gramm Gips. Das genügt jedoch, um in geologisch kürzester Zeit eine Gipsoberfläche in ein wirres Feld aus Karren und Schlotten zu zerfurchen. Als Karren oder (nach alemannischer Mundart) Schratten bezeichnet man die Rillen und Grate, deren Entstehung auf oberflächlicher Anlösung des Gipses durch herabrinnendes Regenwasser beruht (Abb. 2.6). Schlotten sind dagegen langgestreckte Lösungshohlräume, die sich meist senkrecht von der Gipsoberfläche nach unten erstrecken und häufig mit Verwitterungsrückstand sowie mit eingewehtem und eingeschwemmtem Feinmaterial angefüllt sind (Abb. 2.7).

Karren und Schlotten sind immer ein sicheres Zeichen für Lösungs-

Links oben Abb. 2.1: Salzstock unter dem Stadtgebiet Lüneburgs

Links Mitte Abb. 2.2: Die Rückfront der alten (heute abgerissenen) Post in Lüneburg; der hellverputzte, keilförmige Sockel unterhalb des Dachgeschosses glich den schrägen Unterbau aus.

Links unten Abb. 2.3: Zerrungsschäden an einer Mauer direkt über der Abbruchkante des Senkungsgebietes in Lüneburg

Abb. 2.4: Gartenpforte, erbaut 1898, in der Frommestraße in Lüneburg; infolge horizontaler Pressung im Untergrund waren 1971 die beiden Flügel um 72 Zentimeter übereinandergeschoben.

Abb. 2.5: Das Weingartenloch, drei Kilometer südwestlich von Bad Sachsa im Südharz, südlich der Bundesstraße 243 bei Kilometer 26,5; dieses Dolinenfeld ist durch Gipsablaugung im Untergrund entstanden.

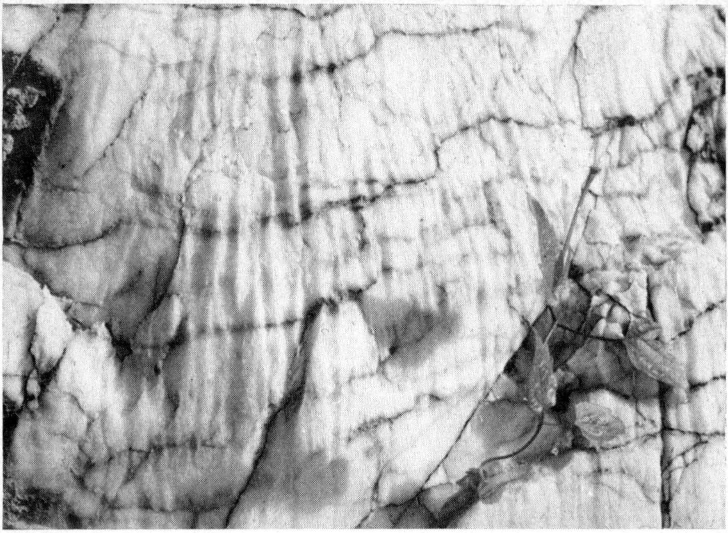

Abb. 2.6 und 2.7: *Das Bild oben zeigt senkrecht verlaufende Karren auf Gips, ein sicheres Zeichen für Lösungsverwitterung, das unten Schlotten, direkt unterhalb der Geländeoberfläche durch Gipsabbau angeschnitten und mit eingewehtem und eingeschwemmtem Lockermaterial gefüllt. Gipsbruch im Südharz, 1 Kilometer südwestlich Walkenried, unmittelbar linksseits der Straße nach Neuhof.*

verwitterung. Man findet sie nicht nur im Gips, auch im Kalkstein, der rund zweihundertmal schwerer löslich ist als Gips. Ein Liter reines Wasser löst bei 20 Grad Celsius nur 14 Milligramm Kalk. Die Löslichkeit für Kalk kann sich aber bis auf das Fünffache erhöhen, wenn das Wasser Kohlendioxid enthält. Kohlendioxid wird der Atmosphäre ständig durch tierische und pflanzliche Atmung, durch vulkanische Tätigkeit und heute auch durch die Kohleverbrennung in Großstädten und Industriezentren zugeführt. Das Regenwasser nimmt es auf. Im Hochgebirge ist es vor allem das Schmelzwasser, das wegen seiner niedrigen Temperatur noch mehr Kohlendioxid enthalten kann. Ein Teil des Kohlendioxids bildet im Wasser sogenannte aggressive Kohlensäure, deren Ionen den Kalkstein angreifen (siehe S. 78).

Wer darauf achtet, kann fast überall am Kalkstein Lösungsspuren entdecken. Ein besonders deutliches Beispiel für Kalklösung bietet der Säntis in den Schweizer Alpen. Die Oberfläche der bloßliegenden Kalksteinbänke ist derart ausgeprägt von Schratten zerfurcht, daß man sie nach dieser Erscheinung Schrattenkalk genannt hat (Abb. 2.8 und 2.9).

Die gleiche Erscheinung findet man auch am Kalksteinstrand der jugoslawischen Adriaküste. Die Lösungsarbeit des Regenwassers wird hier vom Spritzwasser der Adria unterstützt, das wegen seines Salzgehaltes gleichfalls mehr Kalk lösen kann als reines Wasser. Entlang der jugoslawischen Adriaküste erstreckt sich eine Landschaft, die auch im Untergrund von der Lösungsverwitterung geprägt ist: eine öde, wasserarme Gegend mit verkrüppeltem Buschwerk. Mauern aus aufgelesenen Steinen umsäumen kleine felsige Weideflächen, die allerdings häufig wieder von dornigem Buschwerk überwuchert werden. Fast jeder Stein ist von Karren zerfurcht und von Spalten durchzogen, die durch Kalklösung allmählich erweitert werden. Die Slowenen nannten diese ausgedörrte Landschaft Karst und prägten damit einen geologischen Begriff, unter dem man auch anderswo die Fülle der Lösungserscheinungen an Kalk und Gips versteht. Ein Drittel Jugoslawiens ist Karstgebiet, in dem Regenwasser sofort wieder in den Schlotten und Höhlensystemen des Untergrundes versickert.

Beiderseits der Straße, die von Triest nach Rijeka verläuft, kann man zahlreiche Dolinen beobachten, in denen sich unlösliche Bestandteile des Kalksteins angesammelt haben. Dieser lehmige Verwitterungsrückstand am Boden der Dolinen bietet den Bewohnern eines Karstgebietes die einzige Möglichkeit zum Ackerbau (Abb. 2.10).

Vor einigen Millionen Jahren lag das heutige Karstgebiet nur wenig über dem Meeresspiegel. Die Flüsse entwässerten noch alle oberirdisch zur Adria. Seither hat sich das Gebiet aber gehoben, und damit wurde der Höhenunterschied zwischen den Quellen und Mündungen vergrößert. Flüsse sind bestrebt, das Steilerwerden ihres Gefälles wieder auszugleichen. Im allgemeinen schaffen sie sich dann tiefe, cañonartige Schluchten. Im Karst aber verlegen sie ihr Bett oft ganz in den Unter-

Abb. 2.8 und 2.9: Der sogenannte Schrattenkalk am Säntisgipfel in der Schweiz; Karren oder Schratten nennt man die Lösungsfurchen auf dem Kalkstein.

Abb. 2.10: Landwirtschaftlich genutzte Doline in Jugoslawien an der Straße von Triest nach Rijeka

Links Abb. 2.11: Unterhalb des jugoslawischen Dorfes Škocjan, 15 Kilometer östlich Triest, tritt die Reka ihren 40 Kilometer langen unterirdischen Weg durch das Kalkgebirge zur Adria an.

Rechts Abb. 2.13: In unterirdischen Wasserfällen stürzt die Reka bei Škocjan, 15 Kilometer östlich Triest, in die Tiefe.

grund. Dieses sogenannte Flußschwinden zeigt beispielsweise die Reka
15 Kilometer östlich von Triest bei dem kleinen Karstort Škocjan:
Nach Durchfließen eines tiefeingeschnittenen Cañons verschwindet
die Reka unterhalb von Škocjan am Fuß einer Steilwand (Abb. 2.11),
um dann erst 40 Kilometer weiter nahe der Adria als Karstquelle wieder zutage zu treten. Doch bevor die Reka endgültig ihren unterirdischen Weg aufnimmt, fällt auf sie noch einmal spärliches Licht durch
zwei 120 Meter tiefe Dolinen mit fast senkrechten Wänden (Abb.
2.12, 2.13).

Vor der Hebung des Karstgebietes floß die Reka bis zu ihrer
Mündung in das Meer noch oberirdisch, doch ein Teil ihres Wassers
versickerte schon damals im kluftreichen Untergrund (Abb. 2.14a).
Das Sickerwasser erweiterte die Spalten, und der Fluß mußte immer
mehr Wasser nach unten abgeben. Schließlich hatte die Lösungsverwitterung, ausgehend vom vorhandenen Kluftsystem, ein so umfang-
reiches System von Sickerbahnen und Hohlräumen geschaffen, daß
der Fluß seinen Weg nun streckenweise unterirdisch suchte, in einem
Höhlensystem, das er noch heute stetig vertieft (Abb. 2.14b—d).
Regenwasser hatte die Spalten in der Höhlendecke erweitert und deren Tragfähigkeit vermindert, so daß Teile der Decke einstürzten. So
entstanden die beiden Dolinen und zwei natürliche Brücken (Abb.

*Abb. 2.12: Blockbild vom Flußschwinden der Reka unterhalb von Škocjan, 15
Kilometer östlich Triest*

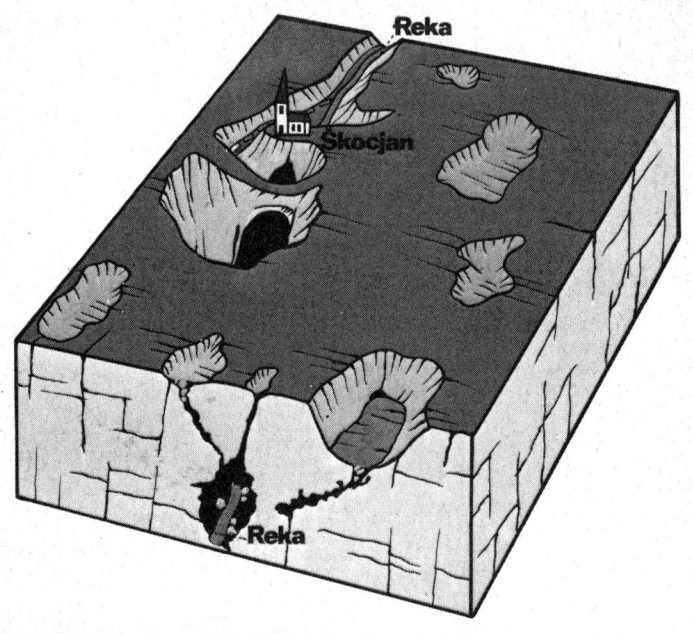

Abb. 2.15: Der Zirknitzer See bei Cerknica in Jugoslawien, 30 Kilometer südlich Ljubljana, ist ein periodischer Karstsee am Talboden eines Poljes.

2.14e—f). Auf einer dieser Brücken, am Ende des Rekacañons, befindet sich der Ort Škocjan.

Es gibt auf der Erde mehrere Beispiele für Naturbrücken, die durch das zufällige Spiel von Kräften an der Erdoberfläche entstehen. So schleift sandbeladener Wind ähnliche Gebilde in das Gestein. Auch die Meeresbrandung kann in Steilküsten Naturbrücken einschleifen. Im Karst finden sich solche Gebilde besonders häufig. Sie scheinen geradezu typisch für die Karstlandschaft zu sein. Als Reste zerstörter Höhlendecken trifft man sie vor allem dort, wo Karstflüsse in ihr noch intaktes Höhlensystem eintreten.

Auch unterirdisch suchen sich die Karstflüsse ständig neue Wege, da ein Teil ihres Wassers durch Spalten noch tieferen Stockwerken im Kalkgebirge zufließt. Tauschen sie schließlich ihr bisheriges unterirdisches Bett gegen ein noch tiefer gelegenes ein, wird die zurückbleibende Höhle häufig von Tropfsteinkörpern allmählich wieder ausgefüllt. An der Höhlendecke bilden sich Stalaktiten, denen jeweils von unten Stalagmiten entgegenwachsen.

Tropfstein entsteht durch Verdunstung kalkhaltigen Sickerwassers, das ja in einem Kalkgebirge reichlich Kalk gelöst hat. Beim Einsickern in die Karsthöhle verdunstet ein Teil der Kalklösung. Dadurch erhöht sich die Konzentration an gelöstem Kalk im Restwasser, und ein Teil des Kalks wird in Form von Tropfsteinkörpern abgeschieden. An Stalagmiten wird die Verdunstung durch Versprühen der herabfallenden Tropfen noch verstärkt.

Tropfsteinkörper wachsen sehr langsam. Es dauert Jahrhunderte, bis sich eine millimeterdünne Schicht anlagert. An Länge und Stärke der größten Tropfsteinzapfen kann man daher das Alter solcher Höhlen abschätzen. Für einige Tropfsteinhöhlen hat man hiernach ein Alter bis zu 160 000 Jahren errechnen können. Sie sind also nach geologischen Zeitmaßstäben recht junge Gebilde.

Linke Seite Abb. 2.14: Entwicklungsphasen zum Flußschwinden der Reka bei Skocjan, 15 Kilometer östlich Triest

Im Karst werden durch die unterirdisch wirksame Lösungsverwitterung ursprünglich voneinander unabhängige Lösungshohlräume mehr und mehr miteinander verbunden, so daß sich mit der Zeit ein ziemlich einheitlicher Grundwasserspiegel ausbildet. Dieser Karstwasserspiegel, der sich über weite unterirdische Räume durch annähernd gleich tiefe Wasserstände auszeichnet, kann jedoch im Laufe des Jahres um mehrere Zehnermeter schwanken. Quellen, die nur für kurze Zeit im Jahr — aber dann kräftig — sprudeln, sind daher für den Karst ebenso typisch wie periodische Seen. Ein Beispiel für einen solchen Karstsee ist der Zirknitzer See, 30 Kilometer südlich Ljubljana. Er bedeckt während der niederschlagsarmen Jahreszeiten nur einen kleinen Teil des Bodens einer weiten schüsselförmigen Senke, die infolge unterirdischer Lösungsarbeit eines Karstflusses eingesunken ist (Abb. 2.15). Eine derartig riesige Karstschüssel mit fast ebenem Boden inmitten einer bergigen Umgebung bezeichnet man im Unterschied zu den kleineren Dolinen als Polje (serbokroatisch: Feld), eine Bezeichnung, die darauf zurückgeht, daß nur in jenen mit fruchtbarem Verwitterungsrückstand angefüllten Karstsenken Feldwirtschaft möglich ist.

Während der niederschlagsarmen Jahreszeiten hält sich die Hauptwassermenge des Zirknitzer Sees im unterirdischen Spaltensystem auf, in Lösungshohlräumen und Sickerbahnen, die untereinander und über Schlucklöcher mit der Poljeoberfläche in Verbindung stehen. Nur dort, wo der Karstwasserspiegel das flache Poljerelief schneidet, taucht der Karstsee hier und da in Form von kleinen Tümpeln auf. Der Karstwasserspiegel braucht jedoch nur um einige Meter anzusteigen — wie es nach stärkeren Regengüssen im Herbst und im Frühjahr der Fall ist —, dann werden die zahlreichen Schlucklöcher im Poljeboden zu sprudelnden Quellen, und in kürzester Zeit wird das Polje weitflächig überflutet. Der Zirknitzer See ist reich an Fischen. Schrumpft nach einer Überflutung der See wieder auf Tümpelgröße zusammen, kann man die Fische vielerorts vom trockenfallenden Boden aufsammeln.

Nicht nur Salzgesteine und Kalkstein, sondern auch die scheinbar wasserunlöslichen Silikatgesteine wie Granit werden von der Lösungsverwitterung angegriffen und können völlig zersetzt werden. Vom Granit lösen sich allerdings nur einige seiner Bestandteile im Wasser. Die unlöslichen Stoffe bleiben zunächst als Verwitterungsrückstand zurück. In Rønne auf Bornholm hat sich ein solcher Verwitterungsrückstand zu einem wirtschaftlich nutzbaren Vorkommen, einer Lagerstätte, angereichert. Es handelt sich um Kaolin. Kaolin wird dort seit 200 Jahren abgebaut und diente früher als Rohstoff für die dänische Porzellanindustrie. Für die gestiegenen Qualitätsansprüche ist der Bornholmer Kaolin allerdings nicht mehr rein genug. Er wird heute nur noch dem Ton der dortigen Klinkerfabrikation zugesetzt.

Kaolin ist ein weißer bis hellgrauer Ton, der hauptsächlich aus dem Tonmineral Kaolinit besteht und mitunter durch Eisenverbindungen braun gefärbt ist. In der Hand läßt sich Kaolin leicht verreiben. Mit Wasser ergibt Kaolin ein gut verformbares Material, das bei Erhitzung in eine harte Gesteinsmasse übergeht. Darauf beruht die Verwendbarkeit des Kaolins zur Porzellanherstellung.

Im Kaolin bei Rønne findet man mitunter Stücke, die noch das Gefüge des festen Ursprungsgesteins erkennen lassen. Es war ein granitähnliches Gestein, ein sogenannter Granodiorit, der in einem benachbarten Steinbruch noch in unverwittertem Zustand vorkommt. Granodiorit ist ein sehr hartes Gestein und besteht wie der Granit (siehe S. 241) im wesentlichen aus den Mineralen Feldspat, Quarz und Glimmer.

Mit der Zeit werden vor allem die Feldspatminerale von der Lösungsverwitterung angegriffen. Das liegt zum Teil an ihrer chemischen Zusammensetzung, denn Feldspäte enthalten neben schwerlöslichen Bestandteilen auch die sehr leichtlöslichen Alkali- und Erdalkalimetalle wie Kalium, Natrium und Calcium. Im Granodiorit als Hauptgemengteil kommt Kalifeldspat (siehe S. 233) vor, eine chemische Verbindung aus Kaliumoxid, Aluminiumoxid und sechs Teilen Siliziumdioxid $(K_2 0 \cdot Al_2 O_3 \cdot 6SiO_2$. Das an Kohlendioxid reiche Regenwasser greift zunächst das leichtlösliche Kalium an. Der Kristallbau wird gesprengt und das Kalium mit dem Lösungswasser fortgeführt, zusammen mit einem Teil des Siliziums. Aluminium und das verbleibende Silizium gehen dann mit dem Wasser erneut schwerlösliche Verbindungen ein und bilden den Verwitterungsrückstand aus Tonmineralen, wie Kaolinit $(Al_2 O_3 \cdot 2SiO_2 \cdot 2H_2 0)$.

Geologische Untersuchungen haben ergeben, daß der Granodiorit auf Bornholm schon vor etwa 250 Millionen Jahren, seit der Perm- oder Triaszeit, der chemischen Verwitterung ausgesetzt war. Damals herrschten dort besondere klimatische Verhältnisse, die für diese Verwitterungsart günstig waren. Es war ein Klima mit subtropischem bis tropischem Charakter. Im Laufe von Jahrmillionen verwitterte der harte und spröde Granodiorit zu dem erdigen und weichen, lockeren Kaolin.

Die chemische Gesteinszersetzung wird durch vorangegangene physikalische Verwitterung stark gefördert. Diese hat das Gestein gelockert und dadurch den Weg für den chemischen Angriff freigemacht. Wenn Sauerstoff entscheidend daran beteiligt ist, spricht man von Oxydationsverwitterung. Die Wirkung dieser chemischen Verwitterungsart zeigt sich meist an einem deutlichen Farbumschlag. In vielen Tongruben kann man beobachten, wie im unteren Bereich noch dunkelgrauer Tonstein nach oben hin zunehmend brauner wird: Unter dem Einfluß des im Sickerwasser gelösten Luftsauerstoffs werden die im Tonstein enthaltenen dunklen Eisenverbindungen zu braunen bis rötlichen Eisenoxiden und Eisenhydroxiden oxidiert.

Zur Zerstörung der Gesteine tragen auch die im Boden lebenden Mikroorganismen, vor allem aber die Pflanzen bei. Das ist die biologische Verwitterung, eine Verwitterungsart, die sowohl physikalisch als

Abb. 2.16: Dringen Baumwurzeln in Gesteinsspalten ein, kann ihr Wachstumsdruck ausreichen, riesige Gesteinsblöcke auseinanderzudrücken.

Abb. 2.17: Die „Stiefmutterklippen" im Harz, südwestlich von Bad Harzburg; der ehemals harte Granit ist zu lockerem Grus verwittert.

auch chemisch wirkt: Physikalisch wirksam ist der Wachstumsdruck der Pflanzenwurzeln, der über zehn Kilogramm je Quadratzentimeter betragen kann (Abb. 2.16). Die Sprengkraft der Wurzeln wird durch ausgeschiedene Wurzelsäfte und Humussäuren, die beim Zerfall pflanzlichen Gewebes frei werden, wesentlich unterstützt. Das ist die chemische Wirkung. Zwar nicht so augenfällig wie die Wurzelsprengung, doch noch um vieles wirksamer ist die chemische Ätzung durch den Stoffwechsel der niederen Pflanzen, der Algen, Pilze und Flechten. Sie entziehen dem Gestein Mineralteilchen und zernarben dadurch allmählich die Gesteinsoberfläche. Lockermaterial sammelt sich an, das nun auch höheren Pflanzen Lebensmöglichkeiten bietet.

In unserem feuchtgemäßigten Klima ist selten nur eine der Verwitterungsarten an der Zerstörung des Gesteins beteiligt. Anders in Trocken- und Kältewüsten. Dort ist die chemische Verwitterung stark zurückgedrängt, denn in der Trockenwüste fehlt das Wasser, und in der Kältewüste ist es in Form von Eis gebunden. Sonst aber gehen physikalische und chemische Verwitterung Hand in Hand. Je nach Art des Gesteins und der klimatischen Bedingungen überwiegt mal diese, mal jene Verwitterungsart.

An den Stiefmutterklippen im Harz haben sowohl physikalische als auch chemische Vorgänge Granit in lockeren, bräunlichen Grus verwandelt. Deutlich zeigen sich noch die Kluftflächen des ehemals festen Gesteins (Abb. 2.17). Auch das ursprüngliche Granitgefüge ist im Grus noch erhalten. Die Feldspäte sind größtenteils zu weichem Kaolinit zersetzt und die ursprünglich schwarzen Glimmer zu bräunlichen Eisenverbindungen oxydiert. Die chemisch widerstandsfähigen Quarzkristalle sind dagegen kaum angegriffen worden.

Nahe der Geländeoberkante zeigen sich an dem Granitgrus noch weitere Veränderungen: Die Braunfärbung nimmt nach oben zu, denn dort macht sich die Oxydationsverwitterung stärker bemerkbar. Schließlich geht die braune Farbe in schwärzliche Farbtöne über, die von feinverteilter organischer Substanz herrühren, dem Humus. Solche Verwitterungsrückstände, die durch organische Besiedlung weiter beeinflußt oder verändert worden sind, bezeichnet der Geologe als Boden. Der Verwitterung haben wir es zu verdanken, daß die Festgesteine größtenteils von nutzbarem Boden bedeckt sind.

3. Flüsse verfrachten Gebirge

Wir haben gesehen, daß Gesteine an der Erdoberfläche verwittern und daß sie je nach ihrer stofflichen Zusammensetzung und Art der klimatischen Bedingungen unterschiedlich rasch zerkleinert und zersetzt werden. Die Verwitterung ließ sich in eine physikalische, in eine chemische und in eine biologische Wirkungsweise unterteilen. Wir haben auch festgestellt, daß selten nur eine der Verwitterungsarten an der Zerstörung eines Gesteins beteiligt ist. Gerade unter unserem gemäßigten Klima können wir immer wieder das Zusammenspiel von physikalischer und chemischer Verwitterung beobachten.

Bleibt der Verwitterungsschutt längere Zeit an einem Ort liegen, ist unter dem Einfluß biologischer Faktoren die Voraussetzung für eine Bodenbildung gegeben. Wir wollen nun sehen, was mit dem an der Erdoberfläche durch die Verwitterung zerkleinerten Gesteinsmaterial weiterhin geschehen kann: Schuttfächer vor Gebirgshängen lassen erkennen, daß bei ausreichender Hangneigung gelockertes Gesteinsmaterial abgetragen wird. Der Motor der Schuttbewegungen ist die Schwerkraft, jene ihrem Ursprung nach noch unbekannte wechselseitige Massenanziehung, der alle Materie sowohl unserer Erde als auch des Kosmos unterliegt. Bei nachlassender Hangneigung würde die Abtragung aber bald erlahmen, käme nicht das Wasser auch hier als geologisch wirksame Kraft hinzu. Als oberflächlich abfließendes Wasser spült es die Hänge ab, durchfeuchtet Feinmaterial und macht so den Hangschutt rutsch- und gleitfähig. Schließlich transportiert es als strömendes Medium, als Bach oder Fluß, das Gesteinsmaterial auch über weite Strecken mit kaum merklichem Gefälle hinweg. Nach der Verwitterung sind Abtragung und Transport die nächsten Stationen, die das Gesteinsmaterial auf seinem Kreislauf zu durchschreiten hat.

Gestein, das von der Verwitterung zerkleinert wurde, strebt unter dem Einfluß der Schwerkraft tiefer gelegenen Orten zu. Es kann zu einer Katastrophe kommen, wenn solche Massenselbstbewegungen nicht allmählich ablaufen, sondern plötzlich, wie es bei Bergstürzen der Fall ist. Eine der schwersten bekannten Bergsturzkatastrophen ereignete sich im Jahre 1806 in der Schweiz. Damals wurden bei Goldau vier Dörfer mit fast 500 Menschen verschüttet.

Bergstürze treten häufig nach größeren Niederschlägen auf. Wenn Wasser die Reibung vermindert, können vor allem Ton- und Mergelstein auch bei geringer Hangneigung abrutschen. Dazu ein Beispiel vom Ritten bei Bozen in Südtirol. Nahe dem kleinen Bergort Klobenstein haben sich unter Einwirkung von Schwerkraft und Niederschlägen bizarre Abtragungsformen gebildet. Man nennt sie Erdsäulen oder Erdpyramiden (Abb. 3.1). Für ihre Entstehung sind mehrere Voraussetzungen nötig: Vor allem muß das Gesteinsmaterial aus sehr unterschiedlichen Korngrößen bestehen, vom feinsten Ton bis zu größeren Blöcken. Der Regen soll das feinere Material leicht abspülen können, bei Trockenheit muß es aber wieder bindig und standfest werden. Wichtig ist daher auch, daß starke Regengüsse mit längeren Trockenperioden abwechseln. Die vom Material geforderten Voraussetzungen erfüllte hier ein Geschiebelehm, eine Ablagerung des Gletschereises. Die größeren Brocken des Geschiebelehms, die Geschiebe (siehe S. 66), tragen mitunter deutliche Spuren der Gletscherbewegung: Gletscherschrammen.

Intensive Bodennutzung durch den Menschen führte dazu, daß die schützende Vegetationsdecke, insbesondere die Bewaldung, zerstört wurde. Nach größeren Niederschlägen wanderte der nun entblößte Geschiebelehm in Form von Schlammströmen, sogenannten Muren, talwärts. Es entstand eine breite Murenrinne, deren Steilhänge heute der abtragenden Tätigkeit des Wassers in starkem Maße ausgesetzt sind. Das an der Oberfläche abfließende Regenwasser spült vor allem das feinkörnige Material hangabwärts und schneidet dabei tiefe Rinnen in die Hänge. Größere Blöcke aber werden umflossen und verzögern so die Abtragung des darunterliegenden Materials. Dadurch wird der Geschiebelehm unterhalb der Blöcke in Form von Säulen aus den Hängen herausmodelliert. Nach geologischen Maßstäben sind Erdsäulen jedoch sehr kurzlebig. Fallen die Decksteine herunter, bilden sich Kegel, die dann rasch abgespült werden. Die Erdsäulenbildung können wir im kleinen oft auch am Wegrand nach größeren Regengüssen beobachten, wenn beispielsweise ein lockeres Sand-Kies-Gemisch vom Regenwasser ausgewaschen und zerfurcht wird. Für kurze Zeit bleiben dann winzige Säulen stehen.

Abb. 3.1: Über 10 Meter hohe Erdsäulen am Ritten bei Bozen in Südtirol, 1 Kilometer nördlich des Ortes Klobenstein

Das oberflächlich abfließende Regenwasser transportiert Verwitterungsrückstände: Schwebstoffe und kleine Gesteinstrümmer werden talwärts geschwemmt und den Bächen zugeführt. Auch durch chemische Verwitterungsvorgänge gelöste Stoffe werden vom Oberflächenwasser aufgenommen. Wenn auch die Hauptmenge der gelösten Stoffe zunächst wieder mit dem Sickerwasser in den Untergrund eindringt, so gelangen diese Stoffe schließlich dennoch über Quellen in die Bäche und Flüsse. Diese Kleinvorgänge sind es, die in geologischen Zeiträumen die Hauptarbeit bei der Abtragung leisten. Zusammen mit den Massenselbstbewegungen bewirken sie eine flächenhafte Abtragung der Hänge. Die flächenhafte Abtragung nennt man Denudation (lat. denudare: entblößen) im Gegensatz zu der mehr linear und in die Tiefe wirkenden Erosion (lat. erodere: ausnagen) der strömenden Wasserläufe.

Ziel der Denudation ist es, vorhandene Reliefunterschiede eines Gebietes abzubauen. Dieses Ziel ist beispielsweise auf der 600 Meter hoch im Harz liegenden Clausthaler Hochfläche weitgehend erreicht: Nach Jahrmillionen der Denudation ist das ursprüngliche Gebirge dort nahezu eingeebnet. Die Faltenzüge des Harzes sind gekappt, zurückgeblieben ist eine sanftwellige Rumpffläche. Die Clausthaler Hochfläche lag allerdings bei ihrer Bildung in geologischer Vergangenheit wesentlich tiefer. Nach und nach, hauptsächlich in der Tertiärzeit, wurde sie als Bestandteil der Harzscholle zusammen mit dieser gehoben.

Mit der Hebung der Harzscholle nahm aber auch das Gefälle zum Harzvorland zu. Die Harzflüsse waren bestrebt, das Steilerwerden des Gefälles wieder auszugleichen und schnitten sich daher tief in den Untergrund ein. Sie sind dabei, die alte Denudationsfläche vom Rand her zu zerstören. So zergliedern heute mehrere V-förmige Kerbtäler den nördlichen Harzrand. Der V-förmige Talquerschnitt erklärt sich aus dem Zusammenwirken von (linearer) Erosion und (flächenhafter) Denudation: Bäche und Flüsse versuchen, steilwandige Schluchten in den Untergrund zu sägen. Durch die Denudation aber werden die Steilwände einer Schlucht immer wieder abgeschrägt. Je nachdem, ob bisher die Tiefenerosion oder die Denudation überwog, fließt heute ein Gebirgsfluß in einer Klamm mit senkrechten Wänden oder in einem V-förmigen Kerbtal mit mehr oder minder abgeschrägten Talhängen.

Die Erosion eines Wasserlaufs wirkt besonders stark an plötzlichen Versteilungen des Gefälles, denn an solchen Steilstufen erhöhen sich schlagartig Strömungsgeschwindigkeit und Turbulenz. Die Steilstufen, je nach Größe gekennzeichnet durch Stromschnellen oder Wasserfälle, wandern daher durch die Erosionswirkung in langen Zeiträumen stromaufwärts. Zurück bleibt ein tiefeingeschnittener Talgrund mit schwächerem Gefälle. Diesen Vorgang nennt man rückschreitende Erosion. Auf diese Weise haben die Harzflüsse ihre Steilstufen nach und nach vom Gebirgsrand bis zum Quellgebiet zurückverlegt und so ihr Gefälle wieder weitgehend ausgeglichen.

Abb. 3.2: Flußbett der Oker, 2 Kilometer südlich des Harzortes Oker; der ursprünglich kantige Granitblock wurde durch das mit feinen Gesteinstrümmern beladene Wasser des Gebirgsflusses gerundet.

Durch die Verringerung des Gefälles hat die Tiefenerosion heute stark nachgelassen. Hinzu kommt, daß kaum noch Hochwasser auftreten, denn der Wasserhaushalt fast aller Harzflüsse wird durch Talsperren oder kleine Wehranlagen reguliert. Wenn bei starkem Wasserzufluß hin und wieder größere Wassermengen aus den Talsperren abgelassen werden, zeigt sich wieder ein wenig von der ursprünglichen Erosionskraft.

Doch nicht allein durch Strömung und Turbulenz, sondern vor allem durch mitgeführtes Gesteinsmaterial werden Felsgründe angeschliffen, Uferränder ausgehöhlt und kantige Gesteinsbrocken abgerundet (Abb. 3.2). Große Gesteinstrümmer lösen sich von den Talwänden und werden vom Fluß weitertransportiert. So unterstützt die Erosion die Denudation in zweifacher Hinsicht. Einmal sorgt sie für den Weitertransport des Hangschuttes, zum anderen hält sie durch ständige Vertiefung des Talgrundes die Denudation an den Talhängen in Gang. Nicht nur Gebirge, sondern auch bereits fast eingeebnete Flächen können auf diese Weise durch das Zusammenwirken von Erosion und Denudation fast bis auf Meereshöhe erniedrigt werden.

Vom Oberlauf zum Unterlauf nimmt die durchschnittliche Korngröße der vom Fluß mitgeführten Gesteinstrümmer merklich ab. Ursprünglich eckige und kantige Brocken werden zu ellipsoiden und plattigen Flußgeröllen gerundet. Beim Transport rutschen, rollen und hüpfen die Gerölle flußabwärts. Durch Reibung untereinander und mit dem Felsgrund werden sie schließlich bis auf Sand und Staubkorngröße zerkleinert. Weniger widerstandsfähige Gesteine wie Tonschiefer oder Kalkstein werden rascher zerstört, harte Quarzkörner aus quarzhaltigen Gesteinen reichern sich dagegen zu Flußsanden an. So zerkleinert, wird ein Gebirge Stück für Stück dem Meer zugetragen.

Schnell strömende Gebirgsflüsse besitzen einen relativ hohen Anteil an Geröllfracht, zu der man Gesteinstrümmer ab Sandkorngröße zählt. Außerhalb der Gebirge beschränkt sich der Flußtransport dagegen

Abb. 3.3: Der Zusammenfluß von Inn (vorn), Donau (Mitte) und Ilz (hinten) bei Passau; aus der Vogelperspektive sind die verschiedenen Färbungen des Flußwassers erkennbar.

hauptsächlich auf gelöste Stoffe, die Lösungsfracht, und auf feinstes Material, die Schwebfracht, welche durch die Wasserturbulenz in Schwebe gehalten wird.

Bei Passau, am Zusammenfluß von Donau, Inn und Ilz, ist die unterschiedliche Schwebfracht aus der Vogelperspektive deutlich zu erkennen (Abb. 3.3): Schwarz erscheint das klare Wasser der kleinen Ilz, denn der dunkle Untergrund schimmert durch. Die Ilz durchfließt Gebiete mit sehr harten Gesteinen, daher ist die Schwebfracht gering. Gelbbraun färbt dagegen die Schwebfracht das Wasser der Donau, denn im Einzugsgebiet der oberen Donau herrschen verwitterte braune Löß- und Lehmböden vor. Die weißliche Färbung des Inns läßt eine andere Zusammensetzung erkennen: Dem Inn fließen die Schmelzwasser der Alpengletscher zu. Daher besteht seine Schwebfracht vor allem aus frischer, milchiger Gletschertrübe.

Die Abtragung eines Festlandgebietes durch Denudation und Erosion geht nicht gleichmäßig voran. Sie hängt sowohl von der Art der Vegetationsdecke und den vorgegebenen Reliefunterschieden ab als auch von der Beschaffenheit des Untergrundes. Harte und chemisch widerstandsfähige Gesteine werden langsamer abgetragen als weichere und leichter lösliche. Harte Gesteinspartien erheben sich daher bald als sogenannte Härtlinge (siehe S. 123 Bayerischer Pfahl) über ihre Umgebung. Geradezu beispielhaft für dieses Prinzip der selektiven (auswählenden) Abtragung im großen ist das südwest-

Schlichtbühne

deutsche Schichtstufenland, dessen obere Schichtstufen die Schwäbisch-Fränkische Alb aufbauen. Es wurde im Laufe von Jahrmillionen aus einem nach Südosten flachgeneigten Schichtpaket mit Gesteinen unterschiedlicher Verwitterbarkeit herausmodelliert.

Die oberen Schichtstufen bestehen aus weißem Kalkstein, der vor rund 150 Millionen Jahren in einem Meer der Weißjurazeit (= Malm) abgelagert wurde. In der Schwäbischen Alb liegt dieses Gestein stellenweise bis zu 1000 Meter über dem Meeresspiegel. Das Gebiet der Schwäbisch-Fränkischen Alb muß also seit der Weißjurazeit beträchtlich gehoben worden sein. Auf Abb. 3.4 ist schematisch die Entstehung der südwestdeutschen Schichtstufenlandschaft im Zusammen-

Abb. 3.4: Stark vereinfachte Darstellung der Entstehungsgeschichte der südwestdeutschen Schichtstufenlandschaft

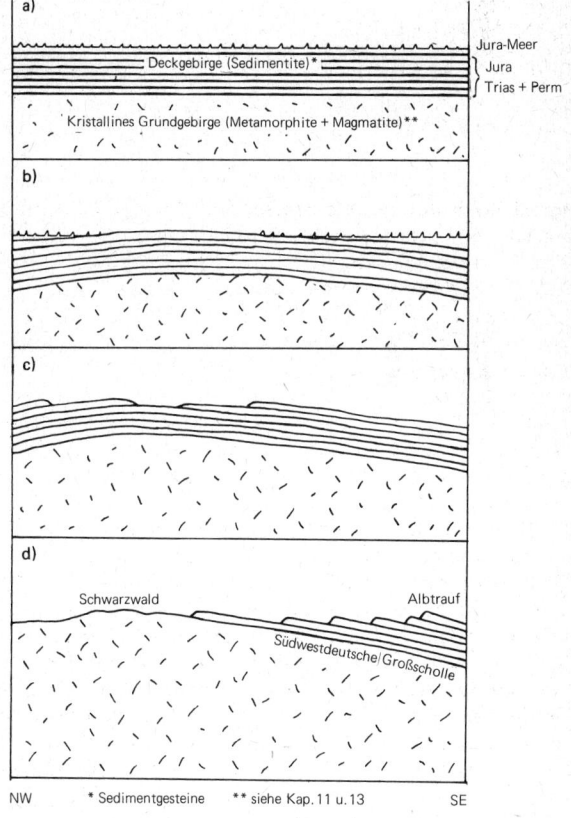

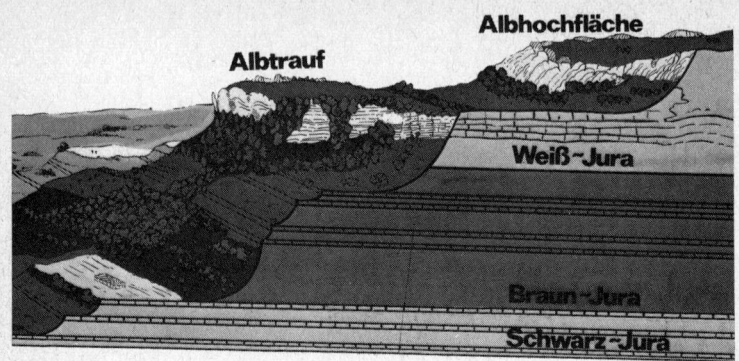

Abb. 3.5: Querschnitt durch die Schichtstufen am Nordwestrand der Schwäbischen Alb

wirken von Hebung und Abtragung dargestellt:

Nach Ablagerung der Juraschichten hob sich das Grundgebirge im süddeutschen Raum. Das Hebungszentrum lag im Nordwesten, etwa im Bereich des Schwarzwalds, Odenwalds und Spessarts. Die Südwestdeutsche Großscholle wurde daher im Nordwesten am weitesten herausgehoben und neigte sich nach Südosten. Durch diese Kippung zog sich das Meer weit nach Südosten zurück. Südwestdeutschland wurde damals zum Festland. Je stärker ein Gebiet gehoben wird, um so stärker wird es abgetragen. Die oberen Schichten der Südwestdeutschen Großscholle, die Juraschichten, sind daher am weitesten von ihrem Hebungszentrum nach Südosten zurückgedrängt worden, wo sie heute das Schichtstufenland vor der Schwäbisch-Fränkischen Alb bilden.

Abb. 3.5 zeigt einen Querschnitt durch die Schichtstufen vor der Schwäbischen Alb. Die Plateaus entsprechen Schichtflächen harter Gesteinsbänke, die Böschungen darunter den Abtragungsflächen weicherer Gesteine. Je nach ihrer mechanisch-chemischen Widerstandsfähigkeit bilden diese Gesteine sanftgeschwungene oder steilwandige Hänge wie am sogenannten Albtrauf, dem Steilabfall am Nordwestrand der Schwäbischen Alb.

Schon nach der vorherrschenden Farbe kann man die Juraformation grob unterscheiden. Die Ablagerungen aus der Schwarzjurazeit (= Lias) sind durch feinverteiltes Schwefeleisen und Bitumen dunkelgrau gefärbt. Besonders reich an Bitumen sind die beispielsweise am südlichen Ortsrand von Gomaringen aufgeschlossenen Ölschiefer, die zahlreiche Spuren von Meerestieren, wie Abdrücke von Ammonitengehäusen (siehe S. 113), enthalten. Die festeren Ölschiefer liegen über weicherem Ton- und Mergelstein und bilden daher in der Vorebene der Alb häufig eine Schichtstufe. Deutlich zeigt sich bei Gomaringen die Schichtneigung in Richtung Albtrauf (Abb. 3.6).

Auf die 60 bis 100 Meter mächtigen Schwarzjuragesteine folgen

42

Abb. 3.6: Steinbruch in den Schwarzjuraablagerungen am südlichen Ortsausgang von Gomaringen, südlich Tübingen, direkt an der Straße nach Nehren; die Schichten fallen flach in Richtung Albtrauf (Hintergrund) ein.

Abb. 3.7: Im Steinbruch am Hörnli-Berg bei Neuffen wird Kalk- und Mergelstein der Weißjurazeit abgebaut. Rechts der Steilabfall des Albtraufs.

Abb. 3.8:
Die Mergelsteinlagen
unterhalb der
Kalksteinbank werden
ausgeräumt, bis schließlich
auch der festere Kalkstein
nachbricht.

rund 250 Meter mächtige Ablagerungen der Braunjurazeit (= Dogger), die nun zum eigentlichen Albanstieg überleiten. Die Braunfärbung beruht auf rotbräunlichen Eisenverbindungen. Unten überwiegen Ton- und Mergelstein (siehe S. 116). Nach oben hin werden härtere Lagen aus eisenhaltigem Sandstein und Kalkstein häufiger. Über dem weicheren Tonstein bilden diese eine weitere, aus einzelnen Kanten zusammengesetzte Stufe. Darauf folgen dann die zwei markanten Stufen des Albtraufs, der aus hellen Meeresablagerungen der Weißjurazeit (= Malm) besteht (Abb. 3.7). Diese hellgrauen Mergel- und Kalksteinbänke sind insgesamt rund 400 Meter mächtig.

An einer leicht geneigten, geringmächtigen Kalksteinbank über dünnen Mergelsteinlagen (Abb. 3.8) zeigt sich im kleinen, wie Schichtstufen allmählich zurückverlegt werden können: Die weicheren Mergelsteinlagen werden ausgeräumt, die harte Kalksteinbank widersteht zunächst noch, aber, ihrer Unterlage beraubt, bricht sie eines Tages nach und hinterläßt eine kleine Steilwand. Danach werden auch die Mergelsteinlagen wieder verstärkt ausgeräumt, und der Vorgang kann von neuem beginnen.

Am Albtrauf lagern nun mächtige Kalksteinfelsen auf Mergelsteinschichten. Wenn diese ausgeräumt werden, können große Felsmassen nachstürzen. Doch nicht nur auf diese Weise wurden am Albtrauf Bergstürze ausgelöst. Da der Mergelstein bei Wasseraufnahme gleitfähig wird, kann der darüberliegende Kalkstein auf diesem ins Rutschen kommen und dann gleichfalls abstürzen. Ein solcher Bergsturz kündigt sich beispielsweise am Raichberg bei Onstmettingen an: Etwa parallel zur Oberkante des Albtraufs sind bereits tiefe Spalten — die Einheimischen nennen sie Höll-Löcher (Abb. 3.9) — aufgerissen, und ein sogenannter Hangender Stein (Abb. 3.10) hat sich gebildet, der heute schon einige Meter überhängt. Folgende Vorgänge führten zu seiner Entstehung (Abb. 3.11a–c): Durch Lösungsverwitterung und Spaltenfrost wurden die im Kalk vorhandenen Klüfte (siehe S. 122) zu Spalten erweitert. Neue Spalten kamen hinzu. Wenn das gefrierende Wasser gegen die senkrechten Spaltenwände drückte, konnte das

Gestein nur zum Albtrauf hin ausweichen. Der in einzelne Blöcke zerteilte Kalkstein konnte daher nur nach dort abkippen. Das im spaltenreichen (verkarsteten) Kalkstein rasch versickernde Regenwasser traf im Untergrund auf den wasserstauenden Mergelstein, der dadurch aufweichte und schlüpfrig wurde. Unter der Last der auflagernden Kalksteinblöcke gab er immer mehr nach, so daß diese noch weiter abkippten. So weiteten sich die Spalten allmählich zu den tiefgründigen Höll-Löchern, und der am weitesten abgekippte Kalksteinblock wurde zu einem Hangenden Stein. Noch wandert er auf der schiefen Mergelsteinbahn sehr langsam bergab, kann aber eines Tages plötzlich abstürzen. Andere Blöcke haben dagegen eine entgegengesetzte Neigung erhalten und gleiten so allmählich auf dieser Bahn gewissermaßen mit den Füßen voran hangabwärts.

An anderen Stellen des Albraufs sind durchfeuchtete Mergelsteinschichten auch in sich gleitfähig geworden und dann samt darüberliegendem Kalkstein zu Tal gerutscht. Weithin leuchten am Albtrauf die Narben solcher Bergrutsche und -stürze, natürliche Aufschlüsse, in denen sich der Aufbau des Untergrundes zeigt. Die abgerutschten Massen hinterließen vor der Abrißwand ein hügeliges Gelände, das heute größtenteils von Buchenwäldern überwachsen ist.

Links Abb. 3.9: Tiefgründige „Höll-Löcher" kündigen einen bevorstehenden Bergsturz am Raichberg bei Onstmettingen in der Schwäbischen Alb an.
Rechts Abb. 3.10: Der „Hangende Stein" am Raichberg bei Onstmettingen in der Schwäbischen Alb hängt bereits einige Meter über und droht abzustürzen.

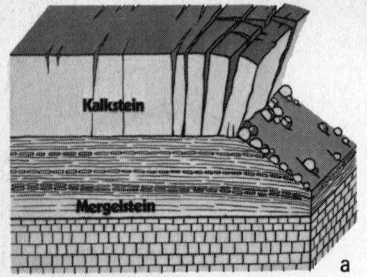

Abb. 3.11:
Abtragungsvorgänge am Albtrauf

Auch die Alteburg bei Bronnweiler (Abb. 3.12), ein Berg zwei Kilometer vor dem Albtrauf, besteht aus solchen abgestürzten Kalksteinfelsen. Der Bergsturz muß sich aber zu einer Zeit ereignet haben, als der Albtrauf noch in der Nähe war (Abb. 3.13a–c): Der steilgeböschte Albtrauf wurde schneller abgetragen als die hügeligen Sturzmassen. Während der Albtrauf immer mehr zurückwich, blieben die Sturzmassen aus Kalkstein liegen. Ringsherum wurde jedoch die Umgebung aus weniger widerstandsfähigen Braunjuragesteinen erniedrigt. So wuchsen die Trümmer scheinbar über ihre Umgebung hinaus und bildeten eine Bergkuppe.

Bei Bergstürzen wird zwar schlagartig sehr viel Material abgetragen, die Hauptleistung erbringen aber auch hier die stetig wirkenden Kleinvorgänge der Denudation und Erosion: Der Albtrauf wäre schon längst in seinem eigenen Schutt erstickt, wenn nicht Bäche und Flüsse ständig den Abtragungsschutt fortgeführt hätten. Das Lösungsvermögen des Sickerwassers und die Erosionskraft des fließenden Wassers trugen dazu bei, daß der Albrand heute zerlappt ist und in einzelne Halbinseln und sogenannte Zeugenberge zerfällt.

Bis zehn Kilometer vor dem Albtrauf liegen in einer Umgebung aus Braunjuragestein die drei Kaiserberge (Abb. 3.15): Hohenstaufen, Rechberg und Stuifen. Diese drei Zeugenberge bestehen wie der Trauf aus Weißjuragestein und zeugen davon, daß der Albtrauf einst weiter im Norden lag. Sie gehören zu Schollen, die durch Bewegungen in der Erdkruste um mehr als 100 Meter abgesenkt wurden. Offensichtlich hat sich diese Lage in einem geologischen Graben (siehe S. 130)

46

hemmend auf die Abtragung ausgewirkt. Es kam zu einer sogenannten Reliefumkehr.

Diese Reliefumkehr kann man sich stark vereinfacht etwa so vorstellen (Abb. 3.14a−e): Eine harte Schichtserie (Ziegelsignatur) überlagert weichere. Ein Graben bricht ein. In Wirklichkeit geht das allerdings nicht auf einmal, sondern in mehreren Bewegungsphasen vor sich. Einbrechen und Abtragung finden zur gleichen Zeit statt. Zunächst wird das hochliegende Gebiet außerhalb des Grabens bevorzugt abgetragen, dann das gesamte Gebiet, bis die weicheren Schichtglieder darunter erreicht sind. Von nun an konzentriert sich die Abtragung auf diese Schichten. Die tiefere Grabenscholle mit ihrer Schutzhaube aus härterem Gestein erhebt sich so allmählich über ihre Umgebung: Geologischer Bau und Oberflächenrelief verhalten sich also bei Reliefumkehr entgegengesetzt.

Zeugenberge und Hügel aus Bergsturzmaterial weit vor dem Albtrauf beweisen, daß die Albhochfläche einst weiter nach Norden reichte und der Trauf also mit der Zeit nach Süden zurückverlegt wurde. Mit Hilfe von vulkanischen Ablagerungen kann man sogar berechnen, mit welcher Geschwindigkeit der Trauf zurückwanderte.

Zuvor müssen wir uns aber einige der Albvulkane näher ansehen: Spuren längst erloschener Vulkane finden sich auf und vor der Albhochfläche. Kegelförmige Erhebungen vor dem Albtrauf wie der Georgenberg bei Reutlingen oder die Limburg bei Weilheim (Abb. 3.18) sind vulkanischen Ursprungs. Diese Vulkanberge sind keine echten Vulkankegel, sondern von der Abtragung herausmodellierte Vulkanschlotfüllungen, die hauptsächlich aus vulkanischer Asche bestehen. Rund 300 Durchschlagsröhren ehemaliger Gasvulkane haben im Urach-Kirchheimer Vulkangebiet die Schichttafel der Alb durchlöchert (Abb. 3.15).

In der Jungtertiärzeit sind gespannte Gase in Spalten aus dem Erd-

Abb. 3.12: Die „Alteburg" bei Bronnweiler liegt zwei Kilometer vor dem Albtrauf. Diese Bergsturzmassen stammen aus einer Zeit, als der Albtrauf noch hier verlief.

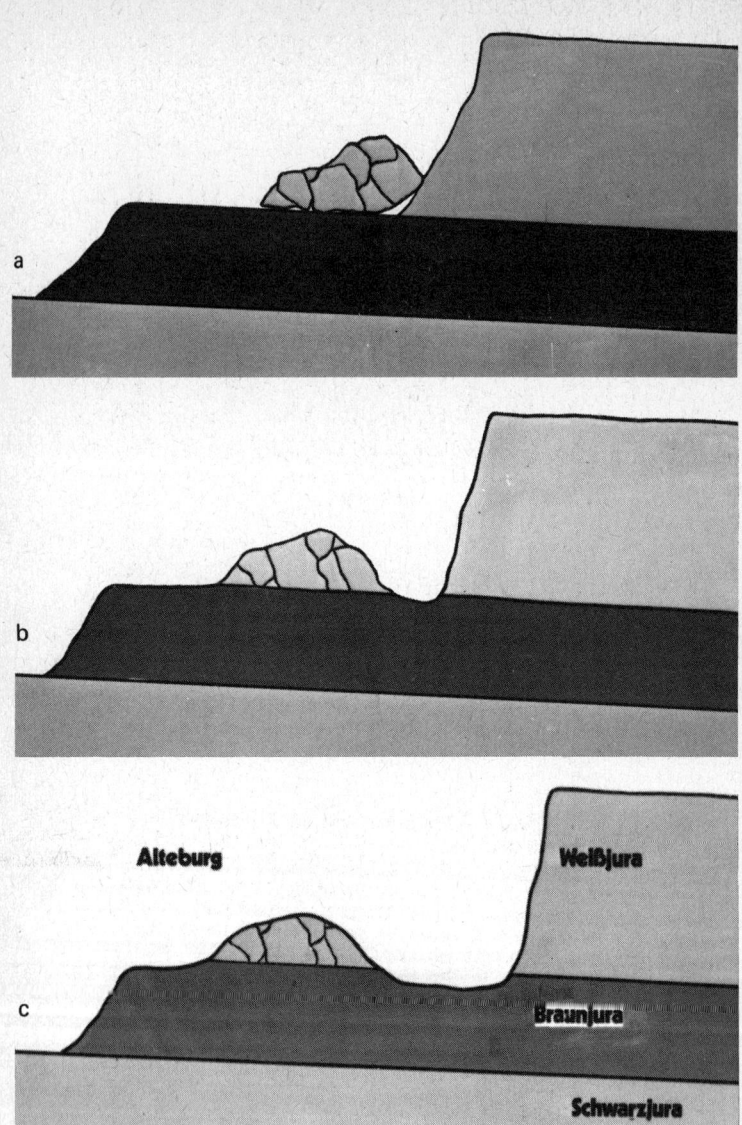

Abb. 3.13: Entstehung der „Alteburg" bei Bronnweiler im Vorland der Schwäbischen Alb

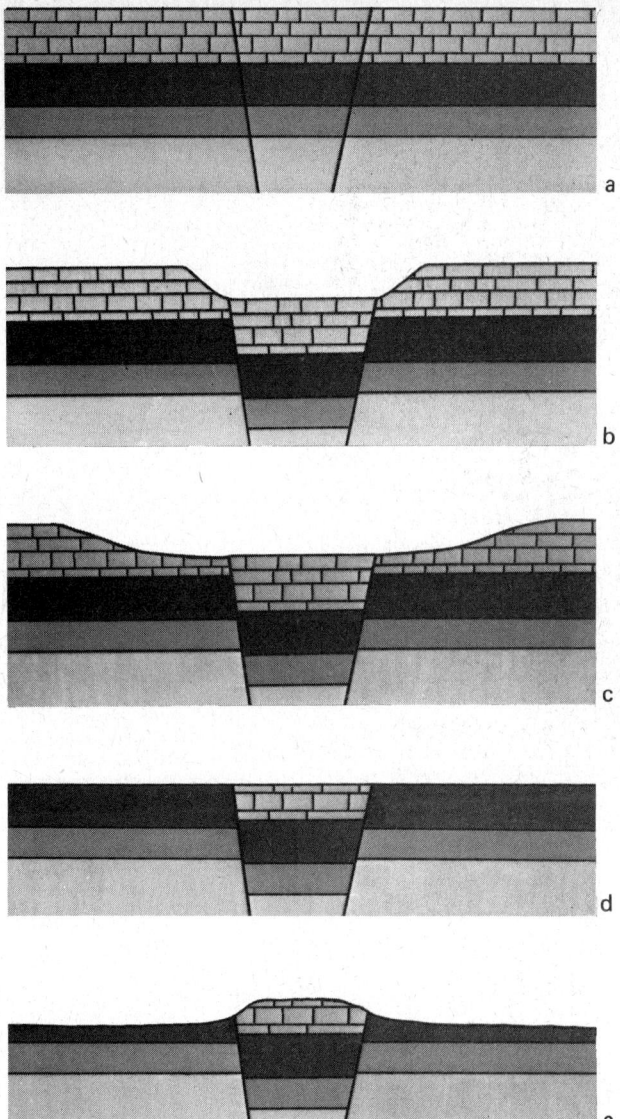

Abb. 3.14: Reliefumkehr an einem geologischen Graben

inneren aufgedrungen, haben die Gesteine der Alb durchschossen und auf der Albhochfläche Sprengkessel mit Ringwällen aus Asche und Gesteinstrümmern ausgehoben, sogenannte Maare. Zu Lavaergüssen kam es nur selten. Die Schmelzen blieben meist im tieferen Vulkangebäude stecken. Nur ein kleiner Teil der Schmelzen wurde herausgeblasen, in Form von glutflüssigen Tröpfchen, die rasch zu Asche erstarrten. Die Asche wurde um die Ausbruchsstellen herum zu Ringwällen aufgehäuft und füllte auch die Schlote aus. Diese alten, inzwischen verfestigten Aschen bezeichnet man in der Geologie als Tuff. Ringwälle und Sprengkessel sind heute abgetragen. Vorhanden sind nur noch die Schlotfüllungen, in denen man sehr häufig Kalksteintrümmer findet, die durch die Wucht der Explosionen aus ihrem Gesteinsverband herausgerissen wurden und wie die Asche in den Schlot zurückgefallen sind. Solche Gemenge aus alter vulkanischer Asche und Nebengesteinstrümmern bezeichnet man im Unterschied zum reinen Tuff als Tuffit (Abb. 3.16).

Ob über dem Vulkanschlot heute eine Erhebung oder eine Senke liegt, hängt vor allem von der Widerstandsfähigkeit des Nachbargesteins ab. Auf der Albhochfläche ist der Weißjurakalkstein härter als der Tuffit, und daher wird der Tuffit bevorzugt abgetragen.

Der Ort Donnstetten zum Beispiel liegt auf der Albhochfläche in einer solchen, etwa kreisrunden Senke, unmittelbar in einem mit Tuffit erfüllten Schlot (Abb. 3.17). Der Tuffit kann reichlich Wasser aufsaugen, im Gegensatz zum verkarsteten Kalkstein in der Nachbarschaft, wo das Wasser rasch versickert. Daher wurden hier viele Orte auf Tuffit oder (wie der Volksmund sagt) auf Wassergestein erbaut.

Abb. 3.15: Urach-Kirchheimer Vulkangebiet in der Schwäbischen Alb. Auf der Braunjurastufe vor dem Albtrauf bilden die Tuffitfüllungen (dunkel) der Gasvulkane kegelförmige Erhebungen, auf der Albhochfläche aber Senken.

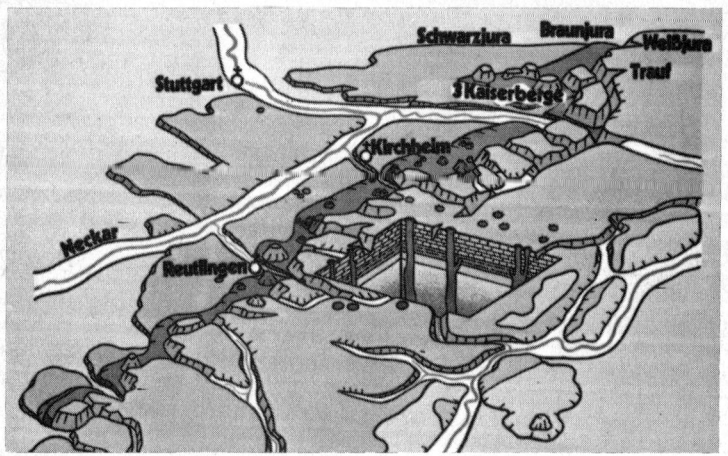

Oben Abb. 3.16: Im Zugang zu einem Kalksteinbruch an der Steige von Neuffen nach Hülben (Schwäbische Alb) ist ein Vulkanschlot direkt am Albtrauf angeschnitten. In der Mitte ein Rest der alten Schlotwandung aus Kalkstein der Weißjurazeit, links ein mit Tuffit gefüllter Vulkanschlot; im Tuffit sind helle Kalksteintrümmer (Auswürflinge siehe S. 203) zu erkennen.
Unten Abb. 3.17: Die Ortschaft Donnstetten auf der Albhochfläche liegt in einer Senke, die sich über der Tuffitfüllung eines Gasvulkans gebildet hat.

Direkt am Albtrauf liegt der Vulkanschlot des Randecker Maars (Abb. 3.18). Die Bezeichnung Maar ist hier allerdings nicht korrekt, denn der ursprüngliche Sprengkessel mit seinem Ringwall aus vulkanischem Auswurfmaterial ist nicht mehr vorhanden. Während der Albtrauf zurückwich, hat er die mit Tuffit gefüllte Schlotröhre des alten Gasvulkans angeschnitten. Seitdem wurde vulkanisches Füllmaterial herausgespült. So entstand der tiefe Kessel des Randecker Maars. An den Wänden des Kessels sammeln sich die härteren Kalksteinbrocken aus der Tuffitfüllung.

Sind die Weißjuraschichten erst einmal abgetragen, erweist sich der Tuffit nun im Vergleich zur tonigen Braunjuraumgebung als widerstandsfähiger. Vor dem Trauf bilden die Schlotfüllungen daher meist einen kegelförmigen Berg, wie die Limburg bei Weilheim.

In den vulkanischen Ablagerungen hat man Skelettreste von Säugetieren gefunden. Man weiß ziemlich genau, wann diese Tiere gelebt haben, und konnte so mit ihrer Hilfe die Ausbruchszeit des Vulkans bestimmen. Bei einem Ausbruch wurde beispielsweise ein ganzes Rudel kleiner Altpferde verschüttet. Es waren dreizehige Vorläufer unseres Pferdes (Abb. 3.19). Man fand auch Reste von einem Vorläufer des Elefanten (Abb. 3.20). Rein äußerlich unterschied sich dieser Urelefant von dem heutigen durch die nach unten gebogenen Stoßzähne, die nicht aus dem Oberkiefer, sondern aus dem Unterkiefer wuchsen. Aus diesen und anderen Fossilfunden ließ sich schließen, daß die Vulkanschlote über zwölf Millionen Jahre alt sind.

Der nördlichste Vulkanschlot liegt bei Stuttgart, 23 Kilometer vor dem Albtrauf (Abb. 3.15). Auch in diesem Schlot fand man Gesteinstrümmer der Weißjurazeit. Der Vulkan hatte demnach eine Decke aus Weißjuragesteinen durchschlagen, die heute dort nicht mehr vorhanden ist. Zur Zeit der vulkanischen Aktivität vor rund zwölf Millionen Jahren muß sich also die Albtafel in diesem Raum noch mindestens bis in den Raum Stuttgart erstreckt haben.

In zwölf Millionen Jahren also wurde dort der Albtrauf um 23 Kilometer zurückverlegt. Das sind in 1000 Jahren rund zwei Meter. Dabei wurde ein Schichtpaket von rund 600 Metern Dicke abgetragen. Umgerechnet ergibt sich, daß die Oberfläche der Schwäbischen Alb dort

Abb. 3.18: Das Randecker Maar südlich Weilheim in der Schwäbischen Alb mit der kegelförmigen Limburg im Hintergrund; durch die V-förmige Kerbe im Albtrauf wurde der Vulkanschlot gewissermaßen angezapft und ausgeräumt.

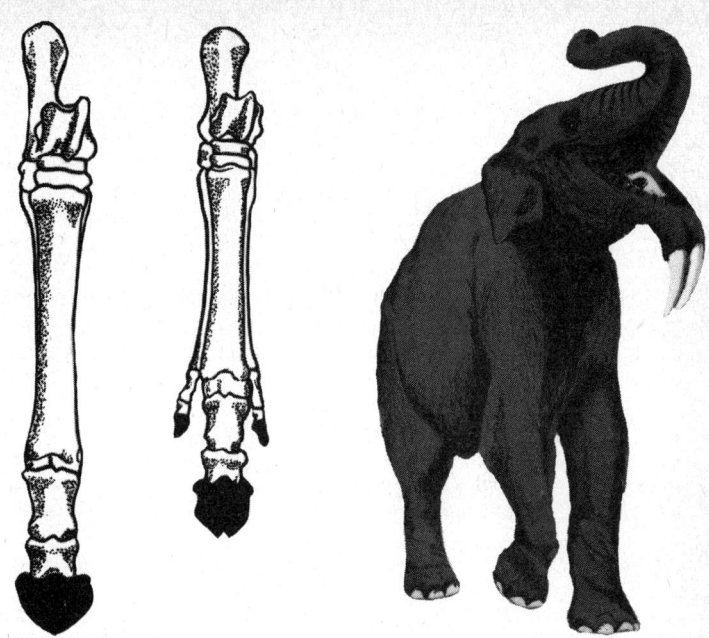

Links Abb. 3.19: Vorderextremitäten des heutigen Pferdes (links) und des Hipparions (rechts) aus der Tertiärzeit

Rechts Abb. 3.20: Deinotherium, ein tertiärzeitlicher Vorläufer des Elefanten

um durchschnittlich einen Meter in 20 000 Jahren erniedrigt wurde.

Ähnliche Berechnungen erbrachten, daß Mittelgebirge in 5000 bis 20 000 Jahren um einen Meter abgetragen werden, schroffe Hochgebirge dagegen schon in 2000 Jahren um einen Meter. Die gesamte Festlandsoberfläche wird in 15 000 Jahren durchschnittlich um einen Meter erniedrigt. Die Jahresmenge an Abtragungsschutt beträgt etwa zehn Kubikkilometer. Diese Schuttmenge wird vor allem von den Flüssen den Meeren zugetragen.

4. Abtragung durch Meerwasser, Eis und Wind

An der Erdoberfläche werden die Gesteine von der Verwitterung zermürbt und so für die Abtragung und den Transport vorbereitet. Zerlegt in kleine Teile oder in Wasser gelöst, wandert nun das Gestein unter Einwirkung der Schwerkraft tief gelegenen Orten der Erdoberfläche zu. Solche Orte sind Senken, Täler, Seen und vor allem die Meeresbecken. Wir haben gesehen, wie die Anwesenheit von Wasser in vielen Fällen überhaupt erst eine derartige Gesteinswanderung ermöglicht. Viele Gebirge wären sonst schon längst im eigenen Schutt erstickt. Als oberflächlich abfließendes Regenwasser, als Bach, als Fluß vermag das Wasser Gesteinsmaterial auch über weite Strecken mit nur geringem Gefälle zu transportieren. Und wir haben gesehen, wie strömendes Wasser mit seiner Erosionskraft das Festland abträgt. Sogar Felsgrund wird mit Hilfe der Geröllfracht abgeschliffen. Auch das Wasser im Meer, das Eis und der Wind können abtragend wirken.

Die Abtragung des Festlandes durch das Meer wollen wir an der Helgoländer Steilküste beobachten. In der Mitte der Buntsandsteinzeit, vor rund 200 Millionen Jahren, überdeckte eine wüstenähnliche Landschaft den gesamten mitteleuropäischen Raum. Gelegentlich griff das Meer hier und da mit flachen Überspülungen auf das Festland über. Von Eisenverbindungen rotgefärbter Dünensand, Tonabsätze aus seichten Tümpeln und Kies wurden nach und nach aufeinanderge-

Abb. 4.1:
Brandungshohlkehle an der
Nordwestspitze von Helgoland

Abb. 4.2: Brandungsplattform bei Ebbe vor der nordwestlichen Steilküste von Helgoland

schichtet, mehrere hundert Meter dick. Heute liegen diese Buntsand-steinschichten im Nordseeraum tief unter dem Meeresboden, unter einer Decke aus jüngeren Meeresablagerungen. Herausgehoben wurden sie nur bei Helgoland, als ein Buntsandsteinpfeiler, der nun stetig vom Meer angenagt wird.

Beim Aufprall verlieren die Meereswellen auf einen Schlag ihre ge-samte Bewegungsenergie. Wasser zwängt sich in die Spalten des Ge-steins und lockert das Gefüge. Bei starker Brandung werden Sand und Gerölle gegen die Steilwände geschleudert und schurren über die Fels-oberfläche. So wird allmählich eine Brandungshohlkehle in die Steil-wände eingeschliffen (Abb. 4.1). Das überhängende Gestein bricht nach und fällt auf die Brandungsplattform vor der Hohlkehle, wo die Steinbrocken nun den Brechern als Wurfgeschosse gegen die Steilwand dienen. Durch das Hin- und Herrollen und durch die Schleifwirkung bewegter Sandkörner werden eckige Trümmer rasch zu Strandgeröllen gerundet. An anderen Küsten hat man beobachtet, daß selbst harte Granitstücke in höchstens einem Jahr in Strandgeröll umgeformt werden.

Bei Niedrigwasser taucht die Brandungsplattform auf (Abb. 4.2). Sie bleibt als Abtragungsfläche übrig, wenn die Brandungshohlkehle landeinwärts vordringt (Abb. 4.3a—c).

Diese flächenhafte Abtragung nennt man, im Unterschied zur Denudation und Erosion auf dem Festland, marine Abrasion. Eins ihrer Produkte ist die Brandungsplattform (die Abrasionsfläche). Wenn die Plattform eine gewisse Breite erreicht hat, laufen sich die Wellen auf ihr tot. Die Zerstörungsarbeit des Meeres läßt nach. Fest-ländische Verwitterung und Abtragung gewinnen beim Abbau der

Abb. 4.3: Abrasion an der Steilküste von Helgoland

Steilküste nun die Oberhand und leiten den Zerfall des Kliffs ein. Hangschutt deckt die Hohlkehle zu.

Auch Meerestiere und Pflanzen tragen durch biologische Verwitterung zur marinen Abrasion bei: Etwa in Höhe des mittleren Hochwasserstandes beginnt in der Hohlkehle der Lebensraum der Algen und Tange, deren Stoffwechsel das Gestein mit der Zeit angreift. Die Miesmuscheln haben wurzelähnliche Fäden entwickelt, mit denen sie sich aneinanderknüpfen und am Boden festhalten. So widerstehen sie der Brandung, zermürben aber die Gesteinsoberfläche. Andere Muscheln, die Austern beispielsweise, schützen sich vor der Brandung durch sehr dicke Schalen, von denen sie eine fest auf den Felsgrund kitten.

Viele dieser Fähigkeiten, die die Brandungsbewohner zwecks besserer Anpassung besitzen, beschleunigen die Gesteinszerstörung. So hat die Seepocke, eine Krebsgattung, ihre Beweglichkeit zugunsten eines festgewachsenen Panzers aufgegeben. Dadurch schützt sie sich vor der Brandung, zernarbt aber zugleich das Gestein. Auch andere Tiergruppen können derartige Schutzhöhlen anlegen, sogar in Granit. Man kennt Beispiele von Seeigeln, Würmern, Krebsen und Schwämmen. Durch Drehbewegungen und mit Hilfe ätzender Sekrete bohrt die Bohrmuschel ihre Höhle, nicht nur in Gerölle, auch in Felswände. Da die Muschel während des langwierigen Bohrvorganges ständig wächst, nimmt der Durchmesser des Hohlraums von außen nach innen zu. Das erwachsene Tier kann seine Höhle dann nicht mehr verlassen, die Eingangsöffnung ist zu eng geworden (Abb. 4.4).

Will der Geologe Einblick in erdgeschichtliche Entwicklungen gewinnen, sind für ihn Abrasionsformen alter Meere von großer Bedeutung. Die Konturen früherer Steilküsten verlieren sich aber ziemlich schnell. Da bieten die Spuren solcher Küstenbewohner zusätzliche Hinweise (siehe S. 161).

Erinnern wir uns an die Schwäbische Alb: Dort leiteten großräumige Aufwölbungen des Grundgebirges am Ende der Jurazeit die Kip-

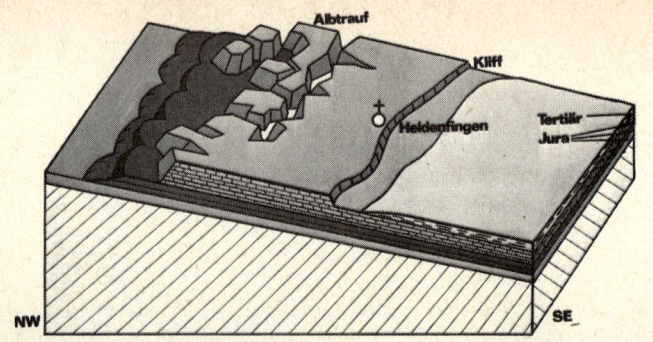

pung der Südwestdeutschen Großscholle ein. Das Meer zog sich zurück. Verwitterung und Abtragung modellierten dann im Nordwesten der Scholle eine Schichtstufenlandschaft heraus, deren oberste Stufe die Weißjurakalke der Albhochfläche bilden (Abb. 3.4a—d). Aus dem Studium der Erdgeschichte ergibt sich, daß Bewegungstendenzen lange Zeit anhalten können. Etwa 120 Millionen Jahre später, zur Tertiärzeit, kippte die Scholle im Süden bis unter Meereshöhe ein. Das Meer brandete nun von Süden gegen den Weißjurakalkstein der Alb und verfüllte den Senkungsraum mit seinen Ablagerungen (Abb. 4.5).

Noch heute ist die tertiärzeitliche Klifflinie streckenweise erhalten. Sie verläuft weit über Meereshöhe, als Beweis mariner Abrasion des letzten Meeres auf süddeutschem Boden und zugleich als Maß für die Hebung in diesem Raum seit der Tertiärzeit. In Heldenfingen, nördlich von Ulm, liegt sie 600 Meter hoch, eine mehr oder minder markante, 20—60 Meter hohe Geländestufe, die sich im Süden der Schwäbischen Alb über 100 Kilometer weit verfolgen läßt (Abb. 4.6). Sie trennt die vom Tertiärmeer eingeebnete Flächenalb von der nördlichen Kuppenalb.

Die Abtragung durch Gletschereis nennt man Exaration (lat. exarare: herauspflügen). Ein Gletscher kann sie nur deshalb leisten, weil er beweglich ist. Ähnlich einem Fluß, nur weit langsamer, strömen die Eismassen zu Tal. 2600 bis 3000 Meter hoch liegt in den Alpen die Schneegrenze. Darüber beginnen die Nährgebiete der Gletscher, die Firnmulden. Hier werden die Schneeflocken gesammelt und unter dem Setzungsdruck durch Auftauen und Wiedergefrieren in körnigen Firn (althochdeutsch firni: vorjährig, alt) und schließlich in festes, grobkristallines Gletschereis verwandelt. Sechs bis acht Meter Neuschnee ergeben einen Meter Firn.

Unterhalb der Schneegrenze liegt das im Sommer schneefreie Gebiet des Gletschers, das sogenannte Zehrgebiet. Hier schmilzt und verdunstet im Sommer mehr, als im Winter durch Schneefall hinzukommt. Auf dem Gletscher sammelt sich dann das Schmelzwasser in Rinnen und stürzt durch Spalten zur Gletschersohle hinab (Abb. 4.7), um erst wieder am Ende der Gletscherzunge durch ein Gletschertor zutage zu treten. Hier ist die Abschmelzung besonders intensiv. Klaffende Spalten im Gletschertor weisen darauf hin, daß die Decke dieser Eishöhle häufig einstürzt (Abb. 4.8).

Schnee enthält Kristallisationskeime aus Staubpartikeln, die beim

Oben Abb. 4.5: Blockbild der Schwäbischen Alb mit tertiärzeitlicher Klifflinie
Mitte Abb. 4.6: Küstenkliff in Heldenfingen auf der Schwäbischen Alb. Hier brandete vor 25 Millionen Jahren ein Meer der Jungtertiärzeit. Der Weißjurakalkstein ist mit zahlreichen Bohrmuschellöchern übersät.
Unten Abb. 4.7: Morteratschgletscher bei Sankt Moritz in der Schweiz, Schmelzwasser stürzt in einer Spalte zur Gletschersohle hinab.

Abb. 4.8: Das Gletschertor des Morteratschgletschers bei Sankt Moritz in der Schweiz; ein Teil der Eishöhlendecke ist gerade eingestürzt.

Schmelzen zurückbleiben. Diese Partikel sowie angewehter Staub und von den Talhängen herabgestürzter Schutt geben dem Zehrgebiet im Sommer eine schmutziggraue Farbe. Der Schutt speichert Wärme und beeinflußt daher den Schmelzvorgang in seiner unmittelbaren Umgebung. Doch verhalten sich hierbei die kleinen Steine des Schutts anders als die großen: Die kleinen Steine werden bis zu ihrer Unterfläche erwärmt und sinken daher oft mehrere Zentimeter in die Gletscheroberfläche ein. Die großen Brocken dagegen erwärmen sich nur in ihrem Oberteil. Nach unten wirken sie sogar isolierend. So kommt es, daß sich diese bald als Gletschertische über ihre Umgebung erheben. Da der Eissockel unter dem Deckstein am stärksten von Süden her angestrahlt wird, kippt der Tisch nach Süden ab. Bei schlechter Sicht ist das eine gute Orientierungshilfe (Abb. 4.9).

Mit einer Geschwindigkeit von ein bis zwei Zentimetern pro Stunde strömt der Talgletscher bergab. Zur Zeit werden die Zungen der meisten Alpengletscher ständig kürzer, ein Zeichen dafür, daß das Schmelzen und Verdunsten im Zehrgebiet den Nachschub aus den Firnmulden übertrifft.

Die Bewegungsvorgänge im Gletschereis sind abhängig von Gefälle, Temperatur, Druck und dessen Einwirkungsdauer. Auf langanhaltende Beanspruchung reagiert das Eis plastisch wie eine zähe Flüssigkeit, auf plötzliche Beanspruchung dagegen wie ein spröder Körper. Das plastische Fließen beruht auf Verschiebungen an Grenzflächen der Eiskörner und Gleitvorgängen im Innern der Eiskristalle, außerdem auf der sogenannten Regelation (lat. regelare: wieder gefrieren), einem Phänomen, das folgender Versuch veranschaulichen soll: An einer Drahtschlinge um einen handelsüblichen Eisblock wird ein 40-Kilo-Gewicht gehängt. Die Drahtschlinge dringt in den Eisblock ein, da das Eis infolge erhöhten Druckes unterhalb des Drahtes schmilzt. Oberhalb des Drahtes aber gefriert das Schmelzwasser wieder, denn seine Temperatur liegt unter null Grad. Nach einer Dreiviertelstunde hat schließlich die Drahtschlinge den Eisblock durchwandert, ohne ihn dabei zu zerteilen. Der Versuch zeigt, daß Druck den Schmelzpunkt des Eises erniedrigt, so daß es auch bei Temperaturen unter null Grad schmilzt. Fällt die Belastung fort, wie im Druckschatten oberhalb des sich einschneidenden Drahtes, gefriert das tieftemperierte Schmelzwasser sofort wieder.

Die Regelation, also der Wechsel von Auftauen und Wiedergefrieren durch Druckschwankungen, spielt beispielsweise beim Schlittschuhlaufen eine wichtige Rolle: Durch Druckverflüssigung entsteht kurzfristig ein Gleitfilm aus Wasser zwischen Eis und Schlittschuh. Unzählige solcher Gleitfilme bilden sich auch im Gletschereis und machen es in sich beweglich.

Vieles über die komplizierten Bewegungsabläufe im Gletscher kann man an der Firnschichtung ablesen. Im allgemeinen liegt in den Firnmulden diese zum Teil jahreszeitlich bedingte Schichtung noch annähernd horizontal. Ein Längsschnitt durch einen Talgletscher (Abb. 4.10) zeigt aber, daß sich mit der Abwärtsbewegung die Schichtflächen aufrichten. Zunächst überwiegen infolge hoher Eismächtigkeit Regelation und plastisches Fließen an der Gletschersohle. Da hierdurch das tiefere Eis vorauswandert, werden die Schichtflächen schräg und schließlich senkrecht gestellt. Weiter gletscherabwärts tritt aber ein Umschwung ein: In der Gletscherzunge konzentriert sich die Be-

Abb. 4.9: Gletschertisch auf dem Morteratschgletscher bei Sankt Moritz in der Schweiz; die „Tischplatte" ist nach Süden geneigt.

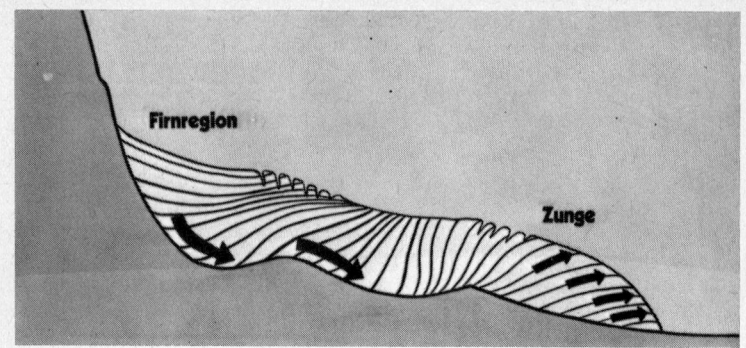

Abb. 4.10: Längsschnitt durch einen Talgletscher; gletscherabwärts wird die ursprünglich horizontale Schichtung verstellt.

Abb. 4.11: Ogiven, bogenförmige Zeichnungen von Schmutzbändern auf der Gletscheroberfläche des Zehrgebiets

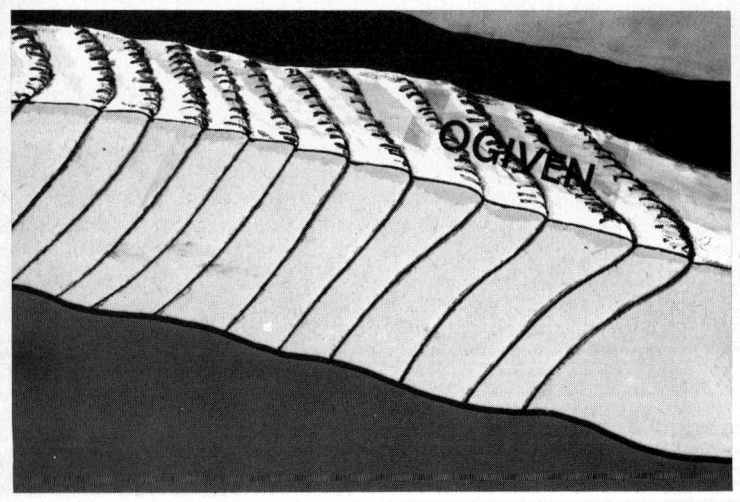

wegung nun mehr auf das obere Eis und bewirkt eine erneute Schrägstellung der Eisschichten. Besonders an den Schichtflächen, doch auch an zahlreichen von diesen unabhängigen Scherflächen entlang schiebt sich das obere Eis in Form von einzelnen Gleitbrettern auf dem tieferliegenden voran.

Wo die oft durch feinverteilten Schmutz gefärbten Schicht- und Scherflächen die Gletscheroberfläche schneiden, erscheinen gletscherabwärts gebogene Rillen und Schmutzbänder, sogenannte Ogiven (franz. ogive: spitzbogig; Abb. 4.11). Ihre Bogenform erklärt sich durch unterschiedliche Strömungsgeschwindigkeiten. Wie bei einem

Fluß, so ist auch bei einem Gletscher die Strömung in der Mitte am stärksten, denn die randlichen Eismassen werden durch die Reibung an den Talwänden gebremst.

Mitunter gewähren tiefe Furchen in Längsrichtung des Gletschers einen Einblick in die schrägen Bewegungsbahnen der Gleitbretter (Abb. 4.12). Wieweit diese Scherflächen noch mit den ursprünglichen Schichtflächen zusammenfallen, ist oft schwer zu erkennen. Zahlreiche durch Schmutzbänder gekennzeichnete Scherflächen auch kreuz und quer zur vorherrschenden Richtung zeugen von der Fülle der Teilbewegungen, durch die Gletschereis auch das so typische Blaublättergefüge erhalten hat: Die Eisschichten werden mit der Zeit zu einem Wechsel von hellen und dunklen Lagen ausgewalzt. Dunkles Eis ist dichter und enthält weniger Luft als das helle.

Von der Gletschersohle zur Oberfläche nimmt die Plastizität ab. Daher rufen gleiche Kräfte im Unterteil des Eiskörpers noch fließende Bewegungen, an dessen Oberfläche aber plötzliche Zugspannungen hervor, auf die nun die Eisdecke wie ein spröder Körper reagiert. Querspalten reißen auf und schließen sich wieder. Muß der Gletscher einen starken Gefälleknick im felsigen Untergrund überwinden, können über 50 Meter tiefe Querspalten aufreißen. Man spricht dann von einem Gletscherbruch (Abb. 4.13). Längsspalten liegen dagegen in Bewegungsrichtung des Eises und öffnen sich infolge der Querdehnung bei Verbreiterung des Gletschers, vor allem am Zungenende. Randklüfte zwischen dem Gletscher und den felsigen Talhängen entstehen durch Abtauen der randlichen Eismassen, denn die Felswände strahlen Wärme ab. Wo in der Firnmulde die Gletscherbewegung einsetzt, klaffen sogenannte Bergschründe, annähernd parallel zur Felsumrandung der Firnmulde verlaufende Spalten. Sie zeigen an, wo das bewegte Eis von den Steilhängen abreißt. Hier beginnt die Abtragung durch den Gletscher, die Exaration.

Auch die Regelation spielt dabei wieder eine wichtige Rolle: An den Gletschersohlen dringt unter dem Eisdruck freigewordenes Schmelzwasser in feine Gesteinsspalten ein, gefriert dort und lockert das Gestein durch Frostsprengung. Gleichzeitig verkittet das gefrierende Schmelzwasser den gelockerten Brocken mit dem Gletschereis. Da das Eis in Bewegung ist, wird der Brocken herausgerissen und abtransportiert. Hat sich erst einmal eine Vertiefung aufgetan, wird diese weiter ausgeräumt. Besonders an Flächen, die sich der Eisbewegung entgegenstellen, führen Stauungen zu verstärkter Regelation und Frostsprengung. Während ein Fluß stets sein Bett zu glätten versucht, schafft sich ein Gletscher auf diese Weise immer neue Hindernisse. Es entsteht ein Gletscherbett aus einzelnen Mulden und Felsriegeln (Abb. 4.10).

Haben Klimaschwankungen den Gletscher abtauen lassen, kennzeichnet ein Kar das ehemalige Firngebiet, eine für Gletschertätigkeit typische Gebirgsnische, die in ihrer Form an einen Lehnsessel erinnert (Abb. 4.14a, b). In dieser meist abflußlosen Senke bildet sich häufig

Abb. 4.12: Auf der Gletscherzunge des Morteratsch-gletschers bei Sankt Moritz in der Schweiz. Fließrichtung von links nach rechts, im Hintergrund Seitenmoräne; die durch Schmutzstreifen markierten Schicht- und Scher-flächen sind hier steil aufgerichtet.

ein Karsee. Da noch mit Eis gefüllte Kare, die Firnmulden, sich durch Exaration ständig verbreitern, wandern die jeweils benachbarten Fels-flanken zweier Firnmulden aufeinander zu. Scharfe Grate trennen da-her die einzelnen Firnmulden. Die Gestalt der Grate hat kaum noch etwas mit dem geologischen Bau des Gebirges gemein. Sie sind reine Abtragungsformen. An ihren Hängen wirkt die Frostsprengung.

Der abgesprengte Schutt fällt auf die Gletscher und wird als Ober-flächenmoräne gletscherabwärts befördert: am Gletscherrand als Sei-tenmoräne oder, wenn sich zwei Eisströme vereinigen, als gemeinsame

Abb. 4.13: Gletscherbruch im Morteratschgletscher bei Sankt Moritz in der Schweiz

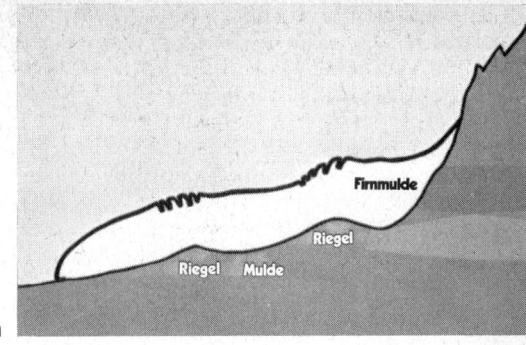

Abb. 4.14: Kare sind durch Gletscherexaration geformte Gebirgsnischen, in denen einst die Firngebiete der Gletscher lagen.

In der oberen Abbildung (a) sind Bezeichnungen zu sehen: **Firnmulde**, **Riegel**, **Mulde** und **Riegel**.

In der unteren Abbildung (b) ist das **Kar** beschriftet.

Unten Abb. 4.15: Blick von der Diavolezza-Seilbahnstation auf den Morteratschgletscher bei Sankt Moritz in der Schweiz. Vorn eine Seitenmoräne, dahinter dunkle Streifen einiger Mittelmoränen

Mittelmoräne (Abb. 4.15). Im Gegensatz zu den klassierten (= nach der Korngröße gesonderten) Ablagerungen aus fließenden Gewässern enthält eine Moräne sowohl feinstes Gesteinsmehl als auch tonnenschwere Blöcke, Moränenschutt neigt daher auch zur Bildung von Erdsäulen (siehe S. 36).

Am Zungenende erscheint beim Abschmelzen des Gletschers die Grundmoräne. Sie besteht größtenteils aus Material, das der Gletscher seinem Untergrund entnommen hat. Im Gegensatz zum splittrigen Frostschutt der Oberflächenmoräne sind die Kanten der Gesteinsbrocken, der sogenannten Geschiebe, stärker gerundet. Häufig tragen sie deutliche Schleifspuren. Eingebettet in Eis, wurden sie über den Felsgrund geschoben, auch aneinander gerieben und dabei beschliffen.

Die Geschiebe übernehmen im Gletscher eine ähnliche Rolle wie die Geröllfracht in einem Fluß oder die Strandgerölle in den Brandungswellen. Erst mittels der Geschiebe vermag der Gletscher Felsgrund abzuschleifen. Die Wände des Gletschertals und auch die aus der Grundmoräne herausragenden Felsen des Talbodens tragen die Spuren dieser glättenden Abschleifung, einer weiteren Art der Exaration. Unregelmäßige Felsvorsprünge werden zu stromlinienförmigen Buckeln gerundet. Man nennt sie Rundhöcker (Abb. 4.16). Ihre Steilseite weist in die Bewegungsrichtung des Eises. Auch an Gletscherschrammen und Schürfmarken auf Rundhöckern und an Talwänden läßt sich die Bewegungsrichtung des Eisstroms rekonstruieren. Die Gletscherschrammen allein geben allerdings nur eine Streichrichtung an. Verlaufen diese Schrammen beispielsweise in nord-südlicher Richtung, ist noch zu klären, ob die Geschiebe von Norden oder Süden her über das Gestein schrammten. Das kann man an Hand von Schürfmarken nachweisen, die durch den Druck der Geschiebe aufbrechen: Die steilere Fläche einer Schürfmarke weist der Bewegung entgegen, so daß sie für das Eis ein stufenförmiges Hindernis bildet.

Tiefeingeschnittene Flußtäler haben meist einen V-förmigen Querschnitt. Ein Talgletscher dagegen hinterläßt ein U-förmiges Tal, ein Trogtal. Wegen der Zähigkeit des Eises arbeitet der Gletscher weniger in die Tiefe und mehr in die Breite als ein fließendes Gewässer.

Da die Wirkung der Exaration von der Eisdicke abhängt, haben die kleineren Nebengletscher weniger tiefe Trogtäler hinterlassen. In einem ehemals vergletscherten Gebiet münden daher die Nebentäler oft hoch am Hang in das Haupttal ein; sie hängen gewissermaßen über dem Haupttal. Solche Hängetäler sind unter anderem eine Ursache für die zahlreichen Wasserfälle im Hochgebirge, die dann bald eine tiefe Klamm in die Steilstufe unterhalb des Hängetales einschneiden (Abb. 4.17).

Häufig zieht sich quer durch die Trogtäler ein Wall aus aufgehäuftem Grundmoränenmaterial. Solche Endmoränen entstanden parallel zum Zungenende, wenn sich Abtauen und Verdunsten mit der Ernährung des Gletschers längere Zeit die Waage hielten. Endmoränen sind daher ein Zeichen für längeres Verharren des Eisrandes. Mehrere

Abb. 4.16: Rundhöcker im Tal des Morteratschgletschers bei Sankt Moritz in der Schweiz. Das Gletschereis strömte hier von rechts nach links.

Abb. 4.17: U-förmiges Hängetal oberhalb Silvaplana bei Sankt Moritz in der Schweiz. In die Steilstufe unterhalb des Hängetals haben Schmelzwässer eine Klamm eingeschnitten.

Endmoränen hintereinander entsprechen mehreren Abschmelzphasen des Eises. Mit zunehmender Entfernung von der Gletscherzunge ins Vorland macht sich immer mehr die Klassierungsarbeit des Schmelzwassers bemerkbar. Die Moräne wird in der Reihenfolge der Transportierbarkeit in grobes Geröll, Kies, Sand und Ton gesondert.

Auch in Norddeutschland trifft man auf Schmelzwasserablagerungen sowie auf Grund- und Endmoränen, denn es war mehrmals vom Eis bedeckt. Die Endmoränen markieren noch heute die Ränder riesiger Inlandgletscher, die von den skandinavischen Gebirgen sowie aus dem Ostseeraum kamen und sich bis zu den deutschen Mittelgebirgen erstreckten. In Norddeutschland waren die Inlandgletscher etwa 400 Meter dick. Sie gehörten dem letzten Eiszeitalter unserer Erdgeschichte an. Dieses Eiszeitalter begann etwa vor einer Million Jahren und dauerte bis 10 000 Jahre v. Chr. an. Die Oberfläche Norddeutschlands wurde entscheidend von diesem Eiszeitalter geprägt. In jener Zeit war Norddeutschland allerdings nicht ständig vom Eis bedeckt. Zwischen einzelnen Eiszeiten gab es eisfreie Epochen mit einem Klima, das etwa dem heutigen ähnelte. Wir nennen diese eisfreien Epochen Warmzeiten. Sie dauerten bis zu 200 000 Jahre an. Wir können nicht mit Sicherheit sagen, ob wir heute möglicherweise in einer solchen Warmzeit zwischen zwei Eiszeiten leben, die in geologischer Zukunft wieder von einer Eiszeit abgelöst werden kann.

Unsicherheit besteht auch über die Ursachen jener weltweiten Temperaturerniedrigungen, die in Norddeutschland Inlandvereisungen hervorriefen. Ob Veränderungen in der Erdbahn zu einem größeren Sonnenabstand führten, ob sich zwischen Erde und Sonne kosmische Staubwolken geschoben haben oder ob die Sonne gar selbst über längere Zeiträume hinweg mit verminderter Intensität strahlte, sind einige Hypothesen. Sicherlich ist das Zusammenspiel mehrerer solcher Faktoren für die Entstehung einer Eiszeit verantwortlich zu machen.

Daß das Eis tatsächlich aus Skandinavien gekommen ist, erkennen wir an den mitgebrachten Geschieben. Von einigen besonders typischen können wir sogar den Herkunftsbereich in Skandinavien näher umgrenzen. Das sind die Leitgeschiebe, wie Feuerstein aus den oberkreidezeitlichen Ablagerungen Dänemarks (siehe S. 110), fleischroter Granit aus der Umgebung von Stockholm, roter Granit mit bläulichen Quarzen aus Småland, Porphyr aus Mittelschweden oder Rhombenporphyr aus der Umgebung von Oslo (siehe S. 238).

Bisher war von der Ablagerung durch das Inlandeis die Rede. Deutliche Spuren der Abtragung dagegen findet man erst viel weiter nördlich, etwa auf der Insel Bornholm. Nahe dem kleinen Ort Allinge gibt es ein treffendes Beispiel dafür, das allerdings vor allem wegen seiner frühgeschichtlichen Felsritzungen bekannt ist. Geologisch interessant sind die eindeutigen Spuren der Exaration (Abb. 4.18). Gletscherschrammen und Schürfmarken geben die Bewegungsrichtung des Eises wieder. Auch an Parabelsprüngen, einer Art von Belastungsmarken, kann man feststellen, woher das Eis kam. Die Enden dieser Bögen

Abb. 4.18: Rundhöcker bei Allinge auf Bornholm. Aus Gletscherschrammen und Parabelsprüngen läßt sich die Bewegungsrichtung der Inlandgletscher rekonstruieren: Hier strömte das Eis diagonal von rechts nach links.

Abb. 4.19: Wichtige Eisrandlagen im nordeuropäisch-sibirischen Vergletscherungsgebiet. Beginn der Elster-Eiszeit vor 500—600 000 Jahren, Ende der Weichsel-Eiszeit vor 12 000 Jahren.

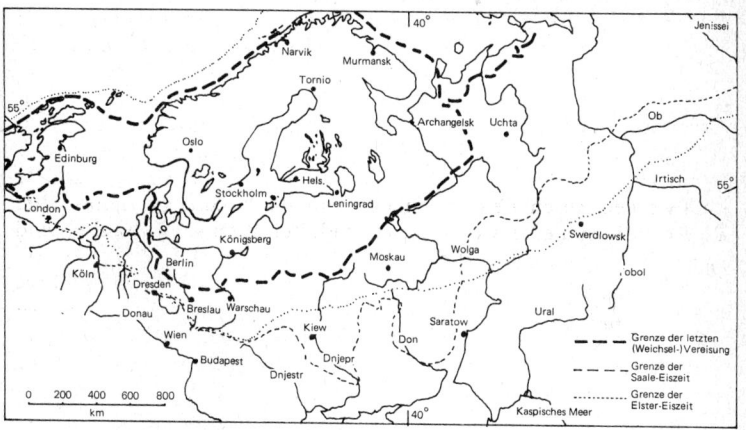

Abb. 4.20: In einen faustgroßen Windkanter umgeformtes eiszeitliches Geschiebe, in Norddeutschland gefunden. Institut für Geologie und Paläontologie der Technischen Universität Hannover

weisen in die Richtung, in die das Eis floß.

Noch vor hundert Jahren nahm man an, daß die besonders großen Geschiebe, die Findlingsblöcke, in Eisschollen von Skandinavien in ein überflutetes Norddeutschland verdriftet worden seien. Eine Fülle von Einzelbeobachtungen hat diese Theorie längst widerlegt. Nur durch mehrere Eiszeiten lassen sich die Moränenlandschaften und die weitflächigen Sandablagerungen Nordeuropas erklären.

Der größte Eisvorstoß reichte bis an den Fuß der Mittelgebirge und erstreckte sich von Südengland bis nach Westsibirien. Endmoränenzüge mit vorgelagerten Schmelzwasserabsätzen kennzeichnen ehemalige Eisrandlagen quer durch Europa (Abb. 4.19). Rundhöcker, Gletscherschrammen und Schürfmarken geben die örtlichen Eisstromrichtungen wieder. Vor allem durch eine statistische Auswertung der Leitgeschiebe konnte man die Wege der Inlandgletscher rekonstruieren und voneinander unterscheiden.

In den Eiszeiten gewann die Kraft des Windes große geologische Bedeutung. Kalte Fallwinde wehten vom Eis herab und nahmen Sand und Staub aus dem noch vegetationsfreien und lange frosttrockenen Eisvorland mit sich. Dort war der Boden bis in große Tiefen ständig gefroren. Nur im Sommer taute er an der Oberfläche auf. Der Flugstaub wurde weiter südlich von der spärlich einsetzenden Pflanzendecke aufgefangen und als Löß abgelagert. Wegen seines Kalkgehaltes und seiner krümeligen Zusammensetzung ergibt Löß einen lockeren, sehr fruchtbaren Boden. Für den Löß sind steile, oft senkrechte Böschungen charakteristisch. Ursache dafür ist die geringe Korngröße seiner Bestandteile, die dem Löß eine hohe Bindigkeit verleiht. Dadurch blieb er auch, nachdem er sich einmal abgelagert hatte, vor weiterer Verfrachtung durch den Wind bewahrt.

Wie stark die abtragende Wirkung des Windes sein kann, beweisen die sogenannten Windkanter, die man in den eiszeitlichen Ablagerungen Norddeutschlands findet. Wie ein Sandstrahlgebläse hat sandbeladener Wind die Seiten mancher eiszeitlichen Geschiebe zugeschliffen und poliert (Abb. 4.20). Überall dort, wo nur eine geringe oder gar keine Pflanzenbedeckung mehr vorhanden ist, tritt die Zerstörungs- und Transportarbeit des Windes in den Vordergrund.

5. Baustoffe künftiger Gesteine

Im Unterschied zum turbulent strömenden Oberlauf eines Flusses fließen die Wassermassen in seinem Unterlauf träge in Richtung Meer. Ein
sanftes, ausgeglichenes Gefälle hat sich auf der Flußsohle eingestellt.
Wegen des geringeren Gefälles verminderte sich die Strömungsgeschwindigkeit und damit die Transportkraft des Flusses. Ein Teil der
Schwebstoffe kann jetzt, der Schwerkraft folgend, zu Boden sinken.
Auch vom Fluß mitgeführte Sandkörner kommen zur Ruhe. Das abgelagerte Gesteinsmaterial im Unterlauf ist meist Schlick und Sand. Wir
bezeichnen es als Sediment (lat. sedimentum: das Sichsetzen).

Bei genauer Untersuchung des Flußsandes zeigt sich die Ungleich-
heit der einzelnen Sandkörner. Zwar überwiegen wegen ihrer mechanischen und chemischen Widerstandsfähigkeit die Quarzkörner, doch findet man auch Körner anderer Minerale oder solche, die aus verschiedenen
Mineralen zusammengesetzt sind. Die Sandkörner sind Trümmer-
partikel ehemaliger Festgesteine, die an der Erdoberfläche verwitterten und abgetragen wurden. Der Abtragungsschutt wurde vom Fluß
transportiert, unterwegs weiter zerkleinert und schließlich auf dem
Wege zum Meer im Flußbett sedimentiert.

Die Fahrrinnen vieler Flüsse müssen heute regelmäßig ausgebaggert
werden. Durch Aufeinanderschichtung feinster Lagen erreicht das
Sediment an manchen Stellen immer wieder eine Mächtigkeit, die
der Schiffahrt gefährlich werden kann. Allerdings hat in jüngster Zeit
der verstärkte Einfluß des Menschen den Wasserhaushalt der Flüsse
und damit ihre Transportbilanz verändert: Werden beispielsweise Talsperren und Stauwehre eingebaut, so verringert sich streckenweise das
Gefälle. Das bedeutet ein Nachlassen der Transportkraft, also verstärkte Sedimentation. Hinzu kommt, daß die heute weitverbreiteten
Ackerflächen in der kalten Jahreszeit keine schützende Pflanzendecke
besitzen. Die Folgen sind verstärkte Abspülung und darum Zunahme
der Flußfracht. Auch die Großstadt- und Industrieabwässer tragen
heute zur Vermehrung der Flußfracht bei. Vor allem die Schwebfracht und die chemische Lösungsfracht mit ihren vielfältigen Folgen
für das biologische Gleichgewicht eines Flusses haben zugenommen.
Kann ein Fluß seine Fracht nicht mehr bewältigen, wird sedimentiert.

Eine Einteilung der Sedimente ist nach verschiedenen Gesichts-
punkten möglich. Man kann nach dem geographischen Bildungsort,
dem Sedimentationsraum, gliedern. Danach unterscheidet man zunächst festländische und marine Bildungen. Zu den festländischen
Sedimenten zählen die Ablagerungen in Flußläufen und Seen, die
Gletscherabsätze wie zum Beispiel Moränen und die Windablagerungen wie Dünensand und Löß. Die marinen Bildungen werden in Tief-
see- und Flachseesedimente gegliedert, letztere noch einmal unterteilt

in Ablagerungen des Küstenstreifens, des Schelfs und des untermeerischen Kontinentalabhangs.

Wir wollen jedoch eine Einteilung wählen, die auf der Entstehungsweise der Sedimente beruht. Dann unterscheidet man drei Gruppen:

1. Trümmersedimente werden durch mechanisch-physikalische Vorgänge abgelagert, zum Beispiel wenn in einem strömenden Gewässer die Geröllfracht oder die Schwebfracht zur Ruhe kommt.

2. Chemische Sedimente entstehen hauptsächlich in Gewässern, wenn durch Veränderung des chemischen Gleichgewichts Lösungsfracht ausfällt und sich am Boden des Gewässers absetzt.

3. Biogene Sedimente bilden sich unter Beteiligung von Organismen. Tiere und Pflanzen tragen einerseits durch ihre Lebenstätigkeit zur Sedimentbildung bei, andererseits können die Körperteile nach dem Tod einen Großteil des Sedimentmaterials liefern.

Trümmersedimente: Mit Ausnahme mancher Gletscherabsätze und der Windablagerungen entstehen Trümmersedimente hauptsächlich unter Wasserbedeckung. Ihr Bildungsprinzip soll ein Versuch demonstrieren: Tonschlamm, Feinsand und Grobsand werden gemischt und in einen möglichst langen, mit Wasser gefüllten Glaszylinder geschüttet. Durch Schütteln des Zylinders wird die Transportursache, die Wasserbewegung, simuliert. Der Zylinder wird senkrecht aufgestellt. Die Wasserbewegung erlahmt, und die unterschiedlich großen Teilchen fallen mit verschiedener Geschwindigkeit nach unten. Die Fallgeschwindigkeit im Wasser hängt von der Beschaffenheit der Teilchen ab. Spezifisches Gewicht, Durchmesser und äußere Form der Teilchen beeinflussen die Reihenfolge ihrer Ablagerung. Zuerst werden überwiegend grobe Körner sedimentiert, erst dann die feineren. Am Boden des Gefäßes setzt sich ein Trümmersediment ab, dessen durchschnittliche Korngröße nach oben hin, also vom „älteren" zum „jüngeren", abnimmt. Einen derartigen Schichtungstyp nennt man gradierte Schichtung. Sie ist auf ein einmaliges, kurzfristiges Sedimentationsereignis zurückzuführen.

Sedimentation infolge verminderter Transportkraft des Wassers kann man oft dort beobachten, wo ein reichlich mit Schwebfracht und Sand beladener Bach in einen Tümpel mündet. Da sich an der Mündung der Strömungsquerschnitt sprunghaft vergrößert, läßt die Strömungsgeschwindigkeit schlagartig nach, so daß ein Großteil des mitgeführten Materials in Form eines Schwemmkegels abgelagert wird. Die Korngrößenverteilung im Schwemmkegel zeigt deutliche Abhängigkeit von den Strömungsverhältnissen: Im Scheitelbereich des Schwemmkegels kann sich nur das gröbere Korn halten, da dort der Kegel noch relativ schnell vom Bachwasser überströmt wird. Das feinere Sandkorn kommt erst in den randlichen Bereichen des Kegels zur Ruhe. Die Schwebfracht wird dagegen noch weit in den Tümpel hineingetragen und setzt sich dort in feinen Schlicklagen ab.

Auf ähnliche Weise entstehen auch die großen Schwemmkegel, die Deltaschüttungen der Flüsse. Ein Flußdelta kann sich überall dort bilden, wo ein Fluß in ein größeres Wasserbecken mit geringerer Wasserbewegung mündet, etwa in einen See oder ins Meer. Im Hochgebirge schütten viele Wildbäche Schwemmkegel aus grobem Schutt in die langsamer dahinströmenden Gebirgsflüsse. Ein Beispiel hierfür ist der Schuttkegel, auf dem der Ort Silvaplana bei Sankt Moritz liegt (S. 67; Abb. 4.17). In die Steilstufe unterhalb eines durch Gletscherexaration geformten Hängetals hat das Schmelzwasser eine tiefe Klamm eingeschnitten und bis dahin transportierten Moränenschutt in den Inn geschüttet. Der Schwemmkegel hat den Inn weit zur gegenüberliegenden Talseite verdrängt und dadurch im Inntal einen See aufgestaut.

Auch klimatische Ursachen können ein fließendes Gewässer zur Sedimentation von Gesteinstrümmern veranlassen. So bringt man beispielsweise die reichen Kiesvorkommen Norddeutschlands mit den Inlandvereisungen des letzten Eiszeitalters in Verbindung. In den eisfreien Gebieten vor dem Eisrand herrschte starke Frostsprengung. Eine schützende Vegetationsdecke fehlte weitgehend (siehe S. 70), so daß der Verwitterungsschutt leicht fortgespült werden konnte. Die Flüsse vermochten daher ihre Geröllfracht nicht mehr zu bewältigen und füllten die Täler mit Schottermassen aus. Im Kies findet man hier und da Mammutzähne und Knochen anderer kälteliebender Säugetiere, die auf das eiszeitliche Klima hinweisen.

Typisch für derartige Flußgeröllablagerungen ist die dachziegelartige Packung, aus der man mit Hilfe statistischer Methoden alte Strömungsrichtungen rekonstruieren kann: Mit dem Strom werden plattige Gerölle wie Dachziegel übereinandergeschoben. Sie sind leicht gegen das frühere Gefälle geneigt, und ihre obere Flachseite weist stromauf.

Wie wir an dem kleinen Schwemmkegel im Bach gesehen haben, hängt die Korngröße von den Strömungsverhältnissen ab. Groberes Korn deutet auf starke Wasserbewegung, feineres Korn auf Ablagerung in ruhigerem Wasser hin. Man gliedert die Trümmersedimente nach ihrer vorherrschenden Korngröße in Ton (kleiner als 0,02 mm), Sand 0,02–2 mm), Kies (2–20 mm) und Grobschutt (größer als 20 mm).

In einer Tongrube bei Sarstedt nahe Hannover wird eine rund 100 Millionen Jahre alte Meeresablagerung aus der Unterkreidezeit abgebaut. Der ursprüngliche Tonschlamm hat inzwischen den größten Teil seines Wassers verloren. Er wurde in einem flachen Meer abgelagert, das damals den ganzen nordwestdeutschen Raum überflutet hatte. Die Ausdehnung des Meeresbeckens konnte man unter anderem aus der vorherrschenden Korngröße in den Unterkreideschichten Nordwestdeutschlands rekonstruieren: Im allgemeinen zeugen Tonablagerungen von ruhigem Wasser in Küstenferne, Sand und Geröll dagegen von stärkerer Wasserbewegung in Küstennähe (siehe S. 162). Bei einem solchen weiträumigen Vergleich muß aber zunächst das Alter der untersuchten Schichten geklärt werden. Dabei helfen die Fossilien.

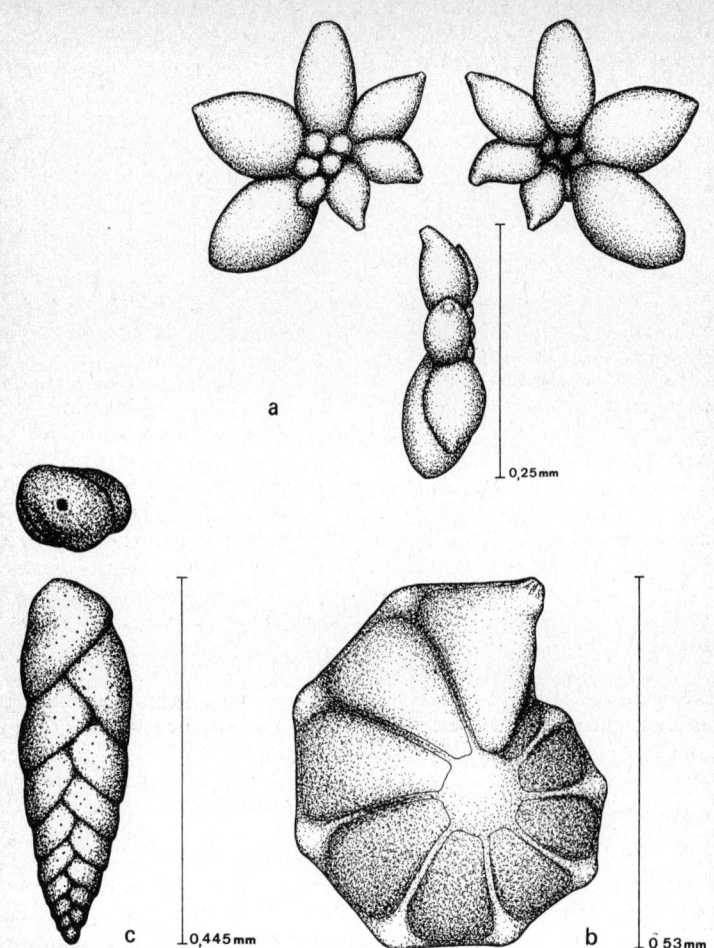

Abb. 5.1: *Foraminiferen sind mit Amöben verwandte Einzeller, die zum Schutz ihres Plasmas ein Gehäuse aus Kalk oder verkitteten Sedimentpartikeln besitzen. a) Schackoina sp., ein Kalkschaler aus dem Unterapt (Unterkreidezeit) des Harzvorlandes, b) Lenticula (Lenticula nodosa), ein Kalkschaler aus dem Oberapt des Harzvorlandes, c) Textularia sp., ein Sandschaler aus dem Mittelalb (Unterkreidezeit) des Harzvorlandes. Alle Exemplare im Besitz des Autors.*

So werden etwa die Meeresablagerungen der Unterkreidezeit gegliedert nach dem Auftreten bestimmter Ammonitenarten. Wer aber einmal nach Ammoniten in einer Tongrube gesucht hat, weiß, wie selten derartige größere Fossilien (Makrofossilien) auftreten können. Mikrofossilien sind dagegen meistens recht zahlreich. Hierzu zählen alle Fossilien, die man erst mit Hilfe eines Mikroskops genauer betrachten kann. Aus einer Tongrube kann man auf einen Schlag Hunderte von Mikrofossilien gewinnen.

Der Ton wird getrocknet und mit wasserstoffsuperoxidhaltigem Wasser übergossen. Der entweichende Sauerstoff sprengt die erhärteten Tonbrocken und legt die Mikrofossilien frei. Mit einem feinen Sieb (Maschenweite 0,06 mm) wird der Ton ausgewaschen. Zurück bleiben Sandverunreinigungen und die meist nur wenige Zehntel Millimeter großen Mikrofossilien.

Entwicklungsgeschichtlich unterlagen die Mikrofossilien den gleichen biologischen Gesetzen wie die Makrofossilien. Daher kann man auch mit ihrer Hilfe alte Meeresablagerungen gliedern und das Alter bestimmen. Damit beschäftigt sich die Mikropaläontologie, die vor allem bei der Suche nach Erdölvorkommen große Bedeutung erlangt hat. Für den Erdölgeologen bietet die Mikropaläontologie oft die einzige Möglichkeit, in der Tiefe erbohrte Schichten altersmäßig zu identifizieren. Makrofossilien sind hierfür wenig geeignet, denn sie sind seltener, und wenn der Bohrer zufällig auf einen Ammoniten trifft, zerstört er ihn. Mikrofossilien werden dagegen meist unversehrt mit dem Bohrgut nach oben gespült.

Unter den Mikrofossilien eignen sich zur Identifizierung alter Meeresablagerungen besonders die Gehäuse der sogenannten Foraminiferen, einzelliger Meerestiere, die mit den Amöben verwandt sind. Im Unterschied zu den Amöben schützen sie ihr Plasma durch ein festes Gehäuse aus Kalk (Kalkschaler, Abb. 5.1a, b) oder aus zusammengekitteten Sedimentpartikeln (Sandschaler, Abb. 5.1c). Die Sandschaler wälzen sich mit ihrer klebrigen Plasmahaut im Bodensediment und lagern so die feinen Sedimentpartikel an.

Die Foraminiferen leben am Meeresboden und im oberen Bodensediment, aber auch freischwebend als Bestandteile des Planktons. Durch ein kleines Loch im Gehäuse, die sogenannte Mündung, und durch feine Poren im Gehäuse schicken sie Plasmafäden zur Nahrungsaufnahme aus. Gattungen und Arten unterscheidet man nach Gehäusemerkmalen, so nach Form und Anordnung der Gehäusekammern oder nach der feinen Berippung auf dem Gehäuse.

Chemische Sedimente bilden sich hauptsächlich in Gewässern durch chemische Vorgänge. So entstanden beispielsweise die norddeutschen Zechsteinsalzlager durch Ausscheidungen aus einer übersättigten Salzlösung. Infolge starker Verdunstung war die Salzkonzentration des vom Ozean abgeschnürten norddeutschen Zechsteinmeeres derart angestiegen, daß die Meersalze ausgeschieden wurden und sich am Meeresbo-

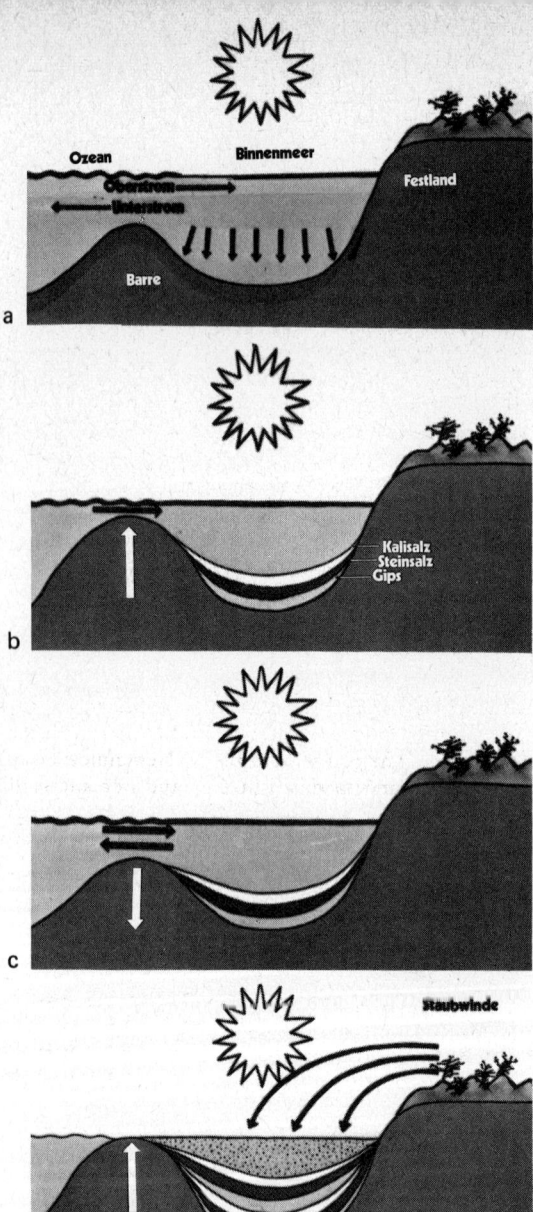

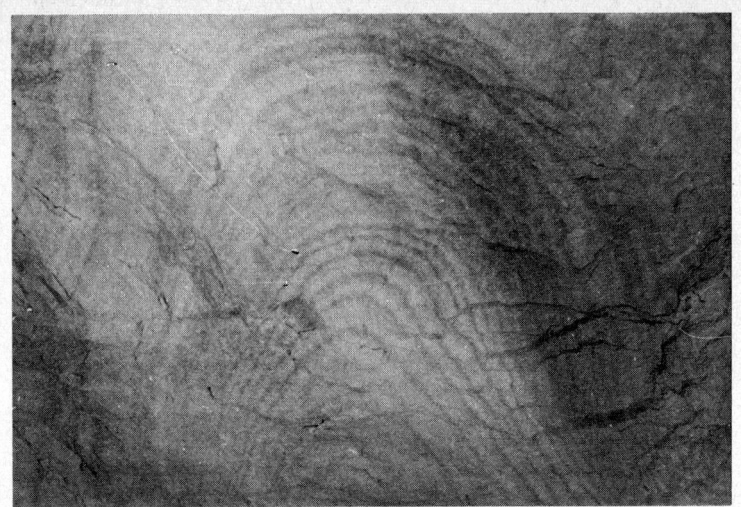

Abb. 5.3: Beim Aufstieg des Salzstocks gefaltete Salzschichten, deren Verlauf hier durch dunkle, tonhaltige Lagen sichtbar wird. 900-Meter-Sohle des Kalisalzbergwerks Friedrichshall in Sehnde bei Hannover.

den ablagerten. Unter solchen Eindampfungssedimenten (Evaporite) sind vor allem Anhydrit, Gips, Steinsalz und Kalisalz zu nennen.

Zur Salzabscheidung neigen subtropische Nebenmeere, aus denen viel Wasser verdunstet und in die vom Festland her kaum Süßwasser nachfließt. So etwa muß man sich die Verhältnisse in Norddeutschland vor rund 220 Millionen Jahren, zur Zechsteinzeit, vorstellen (Abb. 5.2a): Damals war der norddeutsche Raum bis zu den heutigen Mittelgebirgen von einem warmen Binnenmeer überflutet. Auf dem Festland herrschte Wüstenklima. Zwischen Binnenmeer und Ozean bestand nur ein schmaler Durchlaß, der zudem durch eine Untiefe, eine sogenannte Barre, eingeengt war. Das heiße, trockene Klima bewirkte eine starke Verdunstung, so daß sich die gelösten Meersalze im Binnenmeer anreicherten. Übersalzenes und daher schwereres Wasser sank nach unten und wurde mit einem Unterstrom wieder dem Ozean zugeführt. Ein Oberstrom sorgte ständig für die Zufuhr von frischem Ozeanwasser.

Für die Salzbildung trat nun ein entscheidendes erdgeschichtliches Ereignis ein. Die Barre begann sich zu heben und behinderte den Unterstrom und somit die Abfuhr des übersalzenen Wassers. Die Salz-

Links Abb. 5.2: Entstehung der norddeutschen Salzablagerungen zur Zechsteinzeit

konzentration stieg. Zunächst schieden sich schwerlöslicher Anhydrit und Gips aus und setzten sich am Boden des Binnenmeeres ab. Danach folgte das Steinsalz. Schließlich wurde der Unterstrom ganz unterbrochen, so daß auch das sehr leichtlösliche Kalisalz abgeschieden wurde (Abb. 5.2b).

Erneutes und wiederholtes Senken und Heben der Barre führte in Norddeutschland dazu, daß sich nacheinander insgesamt vier Salzfolgen ausbildeten, die allerdings nicht überall vollständig vorhanden sind. Staubwinde vom vegetationsarmen Festland deckten die Salze zu und schützten sie vor chemischer Verwitterung (Abb. 5.2c—d).

Die unterschiedliche Färbung der Salze, vor allem aber die Tonverunreinigungen lassen heute eine deutliche Schichtung im Salz erkennen (Abb. 5.3). Sie verläuft oft in vielen Verbiegungen und feinsten Verfaltungen. Da das Salz ursprünglich annähernd horizontal abgelagert wurde, muß also nach der Salzbildung noch etwas mit dem Salzkörper geschehen sein: Nachdem das Zechsteinmeer eingetrocknet war, wurde der norddeutsche Raum später noch mehrmals überflutet. Es folgten andere Meeresablagerungen wie Kalk, Sand und Ton, die schließlich zu einer mehrere tausend Meter mächtigen Schichtenfolge anwuchsen (Abb. 5.4a). Unter dem gewaltigen Druck dieser überdeckenden Schichten reagierte das Salz plastisch und quoll in Schwächezonen des Deckgebirges nach oben (Abb. 5.4b—c). Solche Aufstiegskörper aus Salz haben oft einen pilzförmigen Querschnitt und zeigen in sich eine intensive Verfaltung. Man nennt sie Salzstöcke. Durch die Aufwölbung beim Salzaufstieg wurden die Schichten über dem Salzstock zum Teil wieder abgetragen, während sie an den Flanken einkippten und sich zum Salzstock hin aufrichteten (Abb. 5.4d—e).

Natürliche Wässer haben eine Vielzahl von Stoffen gelöst, die miteinander in einem chemischen Gleichgewicht stehen. Verschieben sich die Gehalte der gelösten Stoffe — sei es durch Hinzukommen oder Entzug von gelösten Stoffen — über ein gewisses Maß hinaus, kann ein chemisches Sediment ausfallen. Das wichtigste Beispiel für ein solches Ausfällungssediment (Präzipitat) ist anorganisch gebildeter Kalk. Wie wir bereits bei der chemischen Verwitterung des Kalksteins erfahren haben, vermag Wasser erst nach Aufnahme von Kohlendioxid größere Mengen von Kalk (Kalziumkarbonat) zu lösen (siehe S. 26).

Dazu ein Versuch: In einem Reagenzglas mit Wasser und einer milchigen Trübe aus Kalziumkarbonat ($CaCO_3$) wird mit der Atemluft Kohlendioxid (CO_2) eingeleitet. Die Hauptmenge des Kohlendioxids wird als Gas vom Wasser aufgenommen. Nur ein kleiner Teil verbindet sich chemisch mit dem Wasser zu Kohlensäure ($H_2O + CO_2 \rightleftharpoons H_2CO_3$, von der wiederum nur eine geringe Menge in Ionen zu sogenannter aggressiver Kohlensäure aufspaltet ($H_2CO_3 \rightleftharpoons H^+ + HCO_3^-$), die das Kalziumkarbonat angreift. Die milchige Trübe verschwindet, denn das Kalziumkarbonat geht als Kalziumbikarbonat in Lösung ($CaCO_3 + H^+ + HCO_3^- \rightleftharpoons Ca^{++} + 2HCO_3^-$).

Diese Reaktionen führen in der Natur zur Lösungsverwitterung des

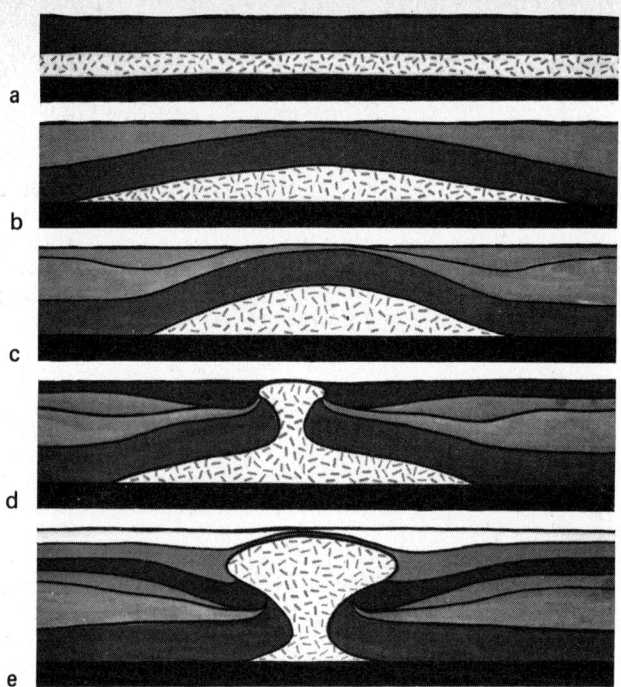

a

b

c

d

e

Abb. 5.4: Entstehung eines Salzstocks

Kalksteins. Als Bikarbonat wird der gelöste Kalk von den Gewässern aufgenommen und transportiert, solange der natürliche Kohlendioxidgehalt der Gewässer dazu ausreicht. Sinkt jedoch irgendwo der Kohlendioxidgehalt unter eine gewisse Grenze, fällt in Umkehrung der obigen Reaktionsgleichungen das Kalziumkarbonat wieder aus, und es bildet sich das Kalksediment.

Die Bereitschaft zur Kalklösung oder Kalkfällung hängt also von dem jeweiligen Kohlendioxidgehalt des Wassers ab. Das soll auch die Weiterführung des vorangegangenen Versuchs demonstrieren: Der klaren, kohlendioxidhaltigen Kalziumbikarbonatlösung wird Ammoniak, ein Stoff, der Kohlendioxid bindet, hinzugegeben. Sofort erscheint wieder der milchige Niederschlag aus Kalziumkarbonat. Durch die Verminderung des Kohlendioxidgehalts ist das Wasser nicht mehr in der Lage, den Kalk in Lösung zu halten.

Der Kohlendioxidgehalt der natürlichen Wässer hängt bei ausreichendem Kohlendioxidangebot aus der Luft von Druck und Temperatur ab. Wie man beim Öffnen einer Seltersflasche beobachten kann, sinkt mit dem Druck auch der Gehalt an Kohlendioxid. Ebenso vermindert sich der Kohlendioxidgehalt des Selterswassers beträchtlich, wenn es erwärmt wird. Das bedeutet aber, daß kaltes und unter Druck stehendes Wasser mehr Kohlendioxid aufzunehmen und somit auch mehr Kalk zu lösen vermag als warmes und unter niedrigem Druck stehendes Wasser. Erwärmung wie auch Druckabnahme fördern also die Kalksedimentation aus natürlichen Gewässern.

Kalksedimentation findet heute vor allem in den Flachmeerbereichen tropischer und subtropischer Breiten statt. Steigt mit Meeresströmungen kaltes, an gelöstem Kalk übersättigtes Tiefenwasser in die Küstenregionen auf, gerät es in Bereiche verminderten Drucks und erhöhter Temperatur. Der Kohlendioxidgehalt sinkt daher. Hinzu kommt, daß in der lichtdurchfluteten Flachsee reichlich Pflanzen vorhanden sind, die durch Assimilation dem Meerwasser Kohlendioxid entziehen.

Auch der Versuch mit dem Ammoniak hat in der Natur Bedeutung. Nämlich dann, wenn im Bodensediment ein Tierkadaver verfault: Beim Zerfall der tierischen Aminosäuren wird Ammoniak frei, welches Kohlendioxid bindet und dadurch in der Umgebung des Kadavers eine Kalkfällung herbeiführen kann. Auf diese Weise ist besonders in tonigen Sedimenten ein Großteil der sogenannten Kalkkonkretionen entstanden (siehe S. 111).

Um Kalkabscheidung zu studieren, müssen wir nicht erst subtropische oder tropische Meere aufsuchen. Der Uracher Wasserfall am Steilrand der Schwäbischen Alb bietet ein treffendes Beispiel für eine heute noch anhaltende Kalksedimentation (Abb. 5.5): Im allgemeinen erodieren Bäche am Wasserfall stark in die Tiefe. Daher wandert ein Wasserfall normalerweise rückwärts auf die Quelle zu. Diese rückschreitende Erosion zeigt der Uracher Wasserfall nicht. Im Gegenteil, er schreitet vorwärts, denn hier wird nicht erodiert, sondern sedimentiert.

Abb. 5.5: Der Uracher Wasserfall in der Schwäbischen Alb stürzt von einer mächtigen Kalksinterstufe herab, die der Bach im Laufe von Jahrtausenden selbst aufgebaut hat.

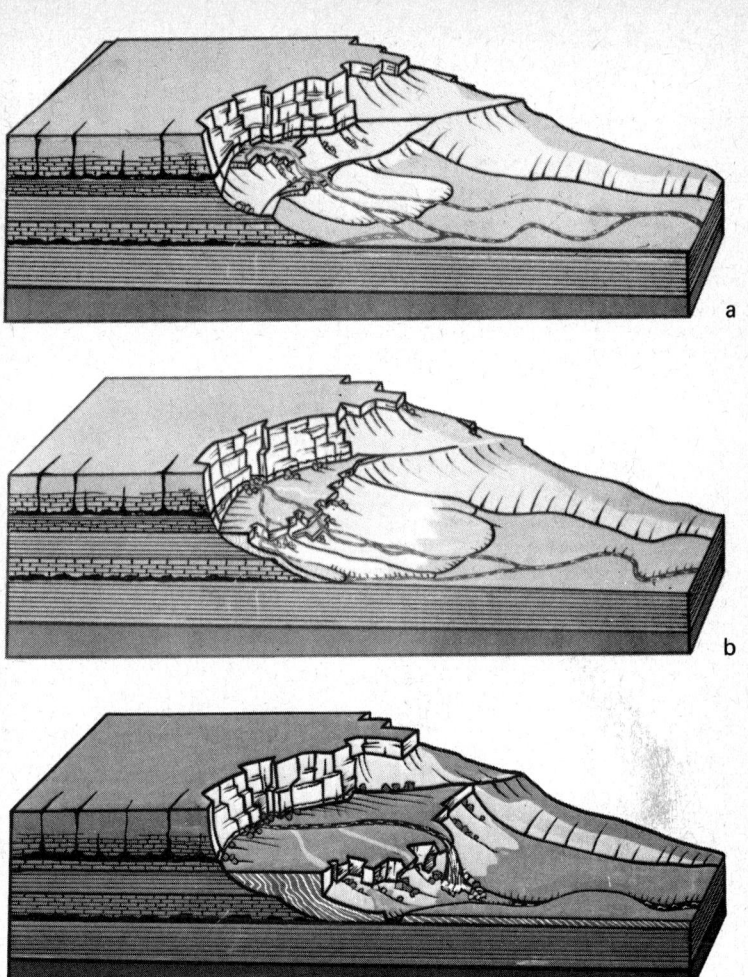

Abb. 5.6: Kalksintersedimentation am Uracher Wasserfall in der Schwäbischen Alb

Vor mehr als 100 000 Jahren (Abb. 5.6a) setzte am Uracher Wasserfall die Sedimentation von sogenanntem Kalksinter in größerem Umfang ein. Kalk- und Mergelsteinschichten der Weißjurazeit (= Malm) bildeten dort wie heute noch die oberen Schichten der Alb. Im verkarsteten Kalkstein versickerte das Regenwasser bis herab zu den darunterliegenden, wasserstauenden Mergelsteinschichten, auf denen es bis zum Fuß des Steilanstiegs geführt wurde, um dort als kalkhaltiges Quellwasser wieder zutage zu treten. Die Quelle speiste Wasserfälle, die schon zwei kleine Kalksinterstufen aufgebaut hatten. Überdies schob sich noch ein flaches Kalksinterpolster ins Vorland.

Vor rund 40 000 Jahren (Abb. 5.6b) hatte die obere Kalksinterstufe die untere bereits eingeholt und überwachsen. Auch das flache Kalksinterpolster hatte sich weiter ausgebreitet. Häufig verlegte der Bach seinen Lauf und bildete nacheinander an den verschiedensten Stellen Wasserfälle. Dadurch entstand eine 150 Meter breite Plattform, von deren Rand der Bach heute über einen tüllenförmigen Vorsprung herunterstürzt (Abb. 5.6c, 5.7).

Beim Versickern im Kalkgebirge hat das immer an Kohlendioxid reiche Regenwasser Kalk gelöst. Vom Quellaustritt an fällt jedoch ein Teil des gelösten Kalks wieder aus, da von nun an dem Wasser Kohlendioxid entzogen wird. Dies geschieht vor allem

1. durch Erwärmung; im Sommer steigt am Wasserfall die Temperatur von oben nach unten um rund drei Grad;

2. durch Druckabnahme; im Kalkgebirge stand das Quellwasser unter höherem Druck als an der Tagesoberfläche;

3. durch Zerstäuben; bei der innigen Vermischung mit Luft entweicht dem Quellwasser Kohlendioxid;

4. durch Assimilationstätigkeit der Wasserpflanzen.

Hinzu kommt, daß beim Zerstäuben Wasser verdunstet. Dadurch erhöht sich die Konzentration an gelöstem Kalk und somit auch die Bereitschaft zur Kalkabscheidung. Jährlich werden rund vier Kubikmeter Kalksinter sedimentiert, oft um Äste und Blätter herum. Wenn diese verfault sind, bleiben ihre[1] Umrisse als Abdrücke im Kalksinter erhalten (Abb. 5.8). Dadurch erklärt sich auch die außerordentliche Porosität des Sinters. Aus der jährlichen Sedimentationsrate von vier Kubikmetern und der Gesamtmenge von 500 000 Kubikmetern konnte man das Alter des Kalksinterkörpers auf etwa 100 000 Jahre schätzen.

Die Mehrzahl der heute in unserer Landschaft anzutreffenden Kalkgesteine entstand jedoch nicht auf festländische Weise. Vielmehr ist der Bildungsort der meisten Kalksedimente der Meeresboden. Dort beschränkt er sich im wesentlichen auf tropische und subtropische Flachmeerregionen. Daß auch in unseren einheimischen Meeresablagerungen der Vorzeit marine Kalksedimente anzutreffen sind, beruht auf Klimaschwankungen, die in geologischer Vergangenheit auch unseren Breiten subtropisches oder tropisches Klima bescherten.

Einen einfachen und schnellen chemischen Nachweis für Kalkstein

Links Abb. 5.7: Von einem tüllenartigen Vorsprung an der Kalksinterplattform stürzt der Uracher Wasserfall in der Schwäbischen Alb in die Tiefe; der Vorsprung wächst heute noch durch Kalksintersedimentation.
Rechts Abb. 5.8: Poröser Kalksinter am Uracher Wasserfall in der Schwäbischen Alb; durch Kalkanlagerung an einem heute nicht mehr vorhandenen Ast entstand diese zylindrische Hohlform.

bietet der Salzsäuretest: Man gibt einige Tropfen zehnprozentiger Salzsäure auf das Gestein. Die Salzsäure treibt die schwächere Kohlensäure aus dem Kalkstein heraus. Kohlendioxid entweicht und läßt die Flüssigkeit aufschäumen.

Zu den biogenen Sedimenten gehören Ablagerungen, die sich unter wesentlicher Beteiligung von Organismen gebildet haben und häufig zu einem Großteil aus Tier- und Pflanzenresten bestehen, wie beispielsweise Schillkalk, Riffsedimente, Kieselgur und Torf.

Im Watt der Nordsee zeigt sich mitunter bei Ebbe, wie Schillkalke entstehen können. Bei Sturm oder durch Veränderung der Prielströme werden häufig die im Bodensediment lebenden Muscheln freigespült (Abb. 5.9). Die noch lebenden Tiere graben sich wieder ein. Die Schalen toter Tiere dagegen werden oftmals zu einem Muschelpflaster angereichert. Durch massenhafte Anreicherung kalkiger Hartteile von Weichtieren, beispielsweise von Muscheln, Schnecken oder Ammoniten, sind in früheren Erdzeitaltern auch die Schillkalke entstanden.

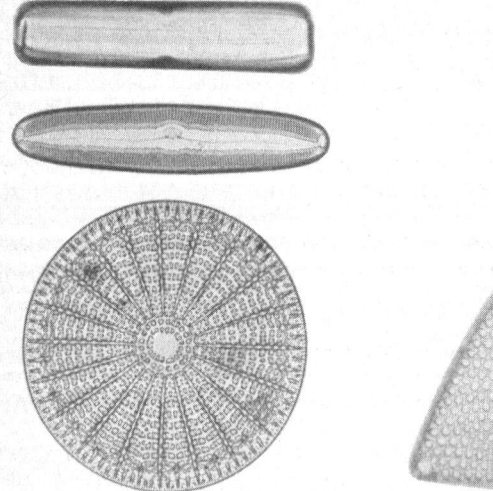

Abb. 5.9: Muschelpflaster am Wattenboden der Nordsee, im Vareler Watt bei Wilhelmshaven

Abb. 5.10: Kieselalgen (Diatomeen) sind einzellige Wasserpflanzen, die zum Schutz ihres Plasmas ein Gehäuse aus erhaltungsfähiger Kieselsubstanz (SiO₂) besitzen; diese Formen sind einige Hundertstel Millimeter groß. Institut für Geologie und Paläontologie der Technischen Universität Hannover.

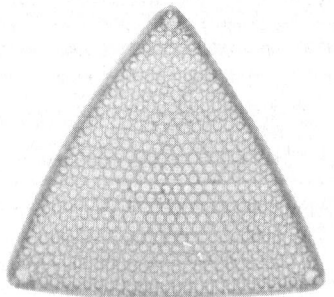

Bei Munster in der Lüneburger Heide wird Kieselgur abgebaut. Die Industrie braucht dieses biogene Sediment unter anderem zur Herstellung von Isoliermaterial, von Filtern und Arzneien. Die Kieselgur besteht hauptsächlich aus den kieseligen Zellwänden einzelliger Pflanzen. Man nennt sie Kieselalgen (Abb. 5.10) oder Diatomeen. Es sind Wasserpflanzen, die sich die Meeresräume erobert haben. Sie können aber auch im Süßwasser und Brackwasser leben. Einigen Arten genügen sogar die sehr geringen Feuchtigkeitsmengen, wie sie beispielsweise in nassem Erdboden vorhanden sind. Etwa 7,5 Prozent des heutigen Meeresbodens ist von abgestorbenen Planktondiatomeen bedeckt.

Bei Munster waren es Süßwasserdiatomeen, die vor rund 300 000 Jahren unter einem warmen Klima zwischen zwei Eiszeiten, also in einer sogenannten Warmzeit (siehe S. 68), gelebt haben. Das Eis hatte sich damals für über 200 000 Jahre weit nach Norden zurückgezogen und eine Reihe wassergefüllter Senken zurückgelassen. In solchen Süßwasserseen lebte diese Diatomeenflora.

Erst unter dem Mikroskop kann man die einzelnen Zellen erkennen. Die Größe der Zellen schwankt zwischen einigen Hundertstel Millimetern und einem zehntel Millimeter. Ausgesprochene Riesenformen können mitunter zwei Millimeter groß werden. Die kieseligen Zellwände besitzen einen Bauplan, der sich mit einer Schachtel vergleichen läßt. Jede Zelle besteht aus zwei ineinander verschachtelten Deckeln, die zu Lebzeiten der Pflanze das Plasma umschließen. Nach der äußeren Form und nach der Struktur der Zellwände werden Gattungen und Arten unterschieden. Die Kieselsubstanz der Zellwand ist nicht gleichmäßig verteilt. Dichte Partien, die sogenannten Rippen, umschließen bei einigen Formen poröse Grübchen, deren Durchmesser etwa ein tausendstel Millimeter beträgt. Bei Verlagerung der Mikroskopschärfe zeigt sich, daß diese Tüpfel von einer weniger dichten, siebartigen Kieselmembran verschlossen sind. Kieselalgen neigen zur Koloniebildung und können sich zu Ketten aneinanderreihen.

Der Sprengstoff Dynamit besteht aus Kieselgur, die mit Nitroglyzerin getränkt ist. Von Alfred Nobel stammt die Erfindung, das auf Stoß explodierende Nitroglyzerin gewissermaßen in den kleinen Schachteln der Diatomeen zu verpacken. Dadurch verlor das Nitroglyzerin seine extreme Stoßempfindlichkeit.

Strenggenommen handelt es sich bei vielen biogenen Sedimenten nur um zusammengeschwemmte Trümmer organischer Herkunft. Anders verhält es sich bei den Riffbildungen. Riffe bestehen nicht nur aus Resten von Organismen, sondern sie sind außerdem organisch gewachsen.

Der Römerstein am Südrand des Harzes bei Tettenborn ist ein Riff aus dem ehemaligen Zechsteinmeer. Wegen seiner Härte widerstand es den abtragenden Kräften besser als das benachbarte Gestein aus Gips und überragt daher heute als Berg seine Umgebung (Abb. 5.11).

Was beim Anblick des Riffs an den Fluß vulkanischer Lava erinnert, sind gewachsene Strukturen der Riffbauer (Abb. 5.12). Die

Abb. 5.11: Der Römerstein bei Tettenborn am südlichen Harzrand, ein Riff im ehemaligen Zechsteinmeer vor über 250 Millionen Jahren

Abb. 5.12: Wachstumsstrukturen im Römerstein-Riff bei Tettenborn am südlichen Harzrand

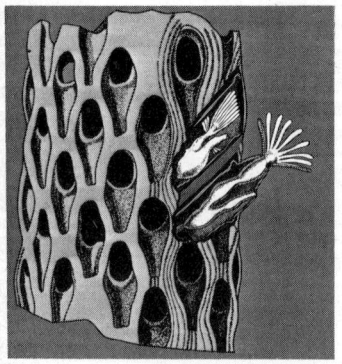

Abb. 5.13: Bryozoenstock mit einzelnen Individuen

jüngeren Generationen riffbildender Organismen bauten ihre Kalkskelette auf die abgestorbenen Reste früherer Generationen. Riffe wachsen nur in warmen Meeren wie in der heutigen Südsee vor allem durch die Bautätigkeit von Steinkorallen und Kalkalgen. In vergangenen Epochen haben aber auch andere Tiergruppen als Riffbildner gewirkt, beispielsweise festaufgewachsene Muscheln oder Kieselschwämme. Am Römersteinriff bauten vor über 200 Millionen Jahren hauptsächlich Kalkalgen und Bryozoen (griech.: bryon: Moos; zoon: Tier)

Bryozoen, auch Moostierchen genannt, ähneln in ihrer äußeren Erscheinung am meisten den Korallen. Ihre Kolonien kann man mit Korallenstöcken vergleichen. Der Weichkörper der Einzellebewesen ist dagegen höherentwickelt und zeigt Verwandtschaft zu den Schnekken und Muscheln (Abb. 5.13). Er besteht aus einem Hautmuskelschlauch, der das Kalziumkarbonat zum Skelettbau ausscheidet. Darin hängt an Muskeln eine U-förmige Leibeshöhle, die aus Speiseröhre, Magen und Darm besteht. Die Mundöffnung wird von einem Tentakelkranz umsäumt, der der Nahrungsaufnahme und Atmung dient. Blut besitzen die Bryozoen nicht, aber ein hochentwickeltes Nervensystem, das von einem Nervenknoten unterhalb der Tentakelkrone gesteuert wird. Bei Gefahr wird durch Muskeln der vordere Körperteil samt der Tentakelkrone eingezogen.

Riffe bilden von Anfang an einen festen Gesteinskörper. Die meisten anderen Sedimente sind jedoch zunächst locker und werden erst mit der Zeit ein festes Gestein, ein sogenanntes Sedimentgestein.

6. Schichtung und Lebensspuren

Wird ein Sediment auf seine Abbauwürdigkeit hin untersucht, interessiert besonders die durchschnittliche Materialbeschaffenheit; aber auch Vorratsmenge und Abbaubedingungen sind von wirtschaftlicher Bedeutung. Wenn ein Geologe Aussagen über Entstehung und Entwicklung eines Sediments machen will, muß er sich darüber hinaus auch mit dem Sedimentgefüge befassen.

Sehr selten ist ein Sediment einheitlich aufgebaut. Oft besteht es aus verschiedenen Mineralen. Größe und Anordnung der Mineralkörner oder der organischen Bestandteile schwanken. Meist lassen sich danach mehrere Materialtypen unterscheiden, die durch ihre Anwesenheit, aber auch durch die Art ihrer Verteilung im Sediment einen Einblick in dessen Bildungsgeschichte erlauben. Wir bezeichnen dabei die Gesamtheit der geometrischen Verteilung aller Einzelkörper im Gegensatz zur durchschnittlichen Materialbeschaffenheit eines Sediments als Sedimentgefüge.

Das in Sedimenten am häufigsten hervorstechende Gefügeelement ist die Schichtung oder Bänderung. Im Bänderton bei Uppsala in Schweden kommt ein besonders markantes Beispiel für eine Form der Schichtung vor: die parallele Feinschichtung. Abwechselnd liegen drei bis fünf Zentimeter dicke, helle und einen halben bis einen Zentimeter dicke, dunkle Tonschichten parallel übereinander. Im Vertikalanschnitt erscheint eine lebhafte Bänderung. Daher kommt auch der Name Bänderton (Abb. 6.1).

Der Bänderton von Uppsala wurde vor etwa 10 000 Jahren in einem eiszeitlichen Stausee abgelagert, zu einer Zeit, als das mittelschwedische Inlandeis stark abschmolz. Nicht überall konnten die großen Schmelzwassermengen ungehindert abfließen. Wenn das Eisvorland zum Gletscher hin geneigt war, bildete sich vor dem Gletscherrand ein, manchmal sehr großer, Stausee. Im Sommer wurde beim Abschmelzen des Eises viel von dem im Gletscher mitgeführten Gesteinsmaterial frei. Ton und auch feinster Sand bildeten eine helle, durch Eisenverbindungen bräunlich gefärbte Schicht am Boden des Stausees. Im Winter, wenn das Abschmelzen und somit auch die Materialzufuhr weitgehend aufhörte, sanken nur noch feinste Schwebteilchen nieder. Es entstand eine dünne, dunkle Lage. Der 40 Meter mächtige Bänderton von Uppsala enthält rund 2000 solcher Doppellagen. Das gesamte Bändertonpaket wurde also innerhalb von 2000 Jahren abgelagert.

Am Sudmerberg, am nördlichen Harzrand bei Goslar, zeigt sich eine andere Art der Schichtung. Ein Gemenge aus Quarz-, Kalk- und Brauneisensteingeröllen ist zu einem Konglomerat verfestigt worden. Ursprünglich wurden die Gerölle an einer alten Meeresküste der Ober-

Abb. 6.1: Bänderton in einer Tongrube am Stadtrand von Uppsala in Schweden, helle, 3—5 Zentimeter mächtige Sommerlagen wechseln mit feinen, dunklen Winterlagen.

Abb. 6.2: Das sogenannte Sudmerbergkonglomerat aus der Oberkreidezeit im Sudmerberg bei Goslar/Harz; die linsenförmigen Gesteinskörper sind in sich schräg geschichtet.

Abb. 6.3: Gezeitenschichtung im Wattsediment: Hellere Sandlagen wechseln mit dunkleren Schlicklagen; rechts eine 5 Zentimeter große Muschelschale. Vareler Watt bei Wilhelmshaven.

kreidezeit in linsenförmigen Körpern abgelagert. In sich sind diese Linsen schräg geschichtet (Abb. 6.2). Besonders deutlich zeigt sich diese Schrägschichtung, wenn sie auf eine markante Grenzfläche stößt, etwa auf die Unter- oder Obergrenze einer Gesteinsbank. Die einzelnen Schrägschichtungsblätter entstanden durch Materialwechsel. Lagen mit gröberen Körnern wechseln mit Lagen aus feinerem Material. Schrägschichtung in einem Meeressediment deutet auf wechselnde Strömungsrichtungen hin, wie sie für küstennahe Meeresbereiche typisch sind.

Horizontalschichtung wie im Bänderton und Schrägschichtung wie im Sudmerberg-Konglomerat sind zwei Haupttypen der Schichtung, deren Bildungsprinzip folgendermaßen zusammengefaßt werden kann: Schichtung entsteht infolge längerer Pausen in den Ablagerungsvorgängen, oft verbunden mit Wechsel im Gesteinsmaterial. Schon bei gleichem Material bleiben die während der Sedimentationspausen längere Zeit vorhandenen Sedimentoberflächen als mehr oder minder markante Schichtflächen erhalten. Das zuvor abgelagerte Material konnte sich nämlich bereits etwas verfestigen, bevor die Sedimentation erneut einsetzte. Besonders markant werden die Schichtflächen aber, wenn nach der Sedimentationspause zudem anderes Material als vorher zur Ablagerung gelangt. Bei geschichteten Sedimenten, die im Medium Wasser entstanden sind, beruht dieser Materialwechsel entweder auf Schwankung im Chemismus des Wassers oder auf Änderung seines Bewegungszustandes.

Im Watt der Nordsee können wir am frischen Sediment beobachten, wie sich eine derartige Schichtung bildet. Die Hauptmenge der marinen Sedimente wird allerdings außerhalb des Watts auf den ständig von Wasser bedeckten Meeresböden abgelagert. Das Watt ist nur ein Spezialfall, doch finden sich hier viele Erscheinungen, wie sie auch in fossilen Sedimenten auftreten. Hier kann man gegenwärtige geologische Vorgänge beobachten und daraus dann Verständnis für erdgeschichtliche Vorgänge gewinnen. Dieses grundlegende Forschungsprinzip der Geologie nennt man Aktualismus.

Im Unterschied zur jahreszeitlich bedingten Schichtung des Bändertons entsteht die parallele Feinschichtung des Wattsediments durch den Wechsel der Gezeiten. Dünne Schichtblätter aus dunklem Schlick und hellem Sand liegen abwechselnd übereinander (Abb. 6.3): Bei Flut und Ebbe bleiben die Tonpartikel und die feinen organischen Reste in der Schwebe. Es wird vor allem Sand abgelagert. Erst mit der verminderten Wasserbewegung während des Wechsels von Flut und Ebbe und umgekehrt — beim „Kentern" des Stroms — sinken die Schwebeteilchen zu Boden. So entsprechen eine Sandlage aus feinen Quarzkörnern und eine Schlicklage, die vor allem aus Tonpartikeln besteht, jeweils einer Tide: Eine Sandlage bei Flutstrom und eine Schlicklage bei ruhigem Hochwasser, dann wieder eine Sandlage bei Ebbstrom und eine Schlicklage bei ruhigem Niedrigwasser. Im Watt haben wir den besonderen Fall, daß die Schichtung durch Unterschiede im Material sichtbar wird. Ursache dieser Änderung ist die Wasserbewegung.

Nicht im gesamten Watt wird zur gleichen Zeit sedimentiert. Vorübergehend sind weite Flächen Abtragungsgebiet. Das zeigt sich zum Beispiel an den freigespülten Muschelschalen (Abb. 5.9), aber auch an den Prielverlagerungen. Neue Rinnen werden ausgespült, älte-

Abb. 6.4: Strömungsrippeln auf dem Wattboden, die Strömung verlief von rechts nach links. Vareler Watt bei Wilhelmshaven.

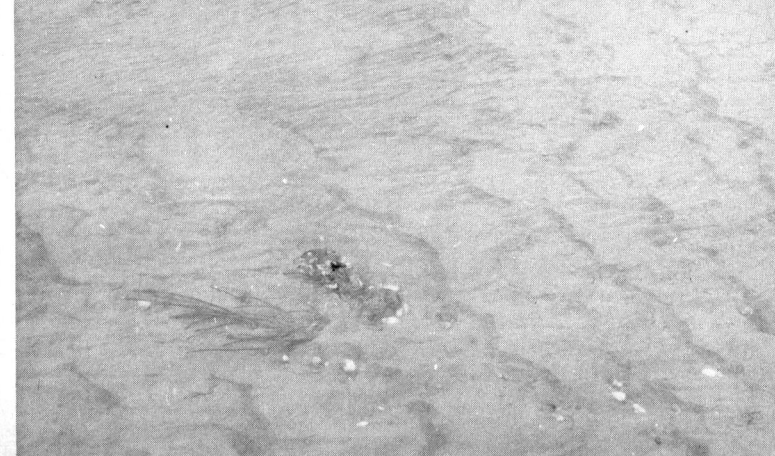

re wieder aufgefüllt.

Besonders in sandigen Sedimenten sind die Schichtflächen mitunter in regelmäßige Wellen gelegt. Solche Rippelmarken werden auf der trockenen Sedimentoberfläche durch den Wind, etwa auf Dünensand, und in Gewässern durch die Wasserbewegung erzeugt. Die Rippelmarken, die durch Wasserbewegung erzeugt werden, lassen sich in zwei Grundtypen unterscheiden, die man bei Niedrigwasser im Watt beobachten kann: Seegangsrippeln und Strömungsrippeln. Seegangsrippeln haben meist einen symmetrischen Querschnitt. Sie werden bei der Wellenbewegung durch auf- und abtanzende Wasserteilchen dem Meeresboden aufgeprägt. Strömungsrippeln besitzen dagegen einen asymmetrischen Querschnitt, einen flachen Luvhang und einen steilen Leehang, der stromabwärts weist (Abb. 6.4 und 6.9).

Wie Strömungsrippeln entstehen, hat man in Strömungskästen genauer untersucht. Es zeigt sich, daß die Rippeln mit der Strömung wandern können. An den flachen Luvhängen wird Material abgetragen, über die Rippelkämme transportiert und an den steilen Leehängen wieder abgelagert, weil dort die Strömung stark nachläßt. Wie man an den Schwebeteilchen sehen kann, ist dort die Wasserbewegung sogar rückläufig, da sich in den Rippelmulden walzenförmige Wasserwirbel bilden. Außerdem kann man beobachten, daß durch diese Art der Materialschüttung Schrägschichtung entsteht. Die Schrägschichtungsblätter sind stromabwärts geneigt (Abb. 6.5).

Was wir soeben an Rippeln im frischen Sediment beobachtet haben, erleichtert uns die Deutung alter Sedimente. Auf Bornholm kommt bei Neksø ein rund 700 Millionen Jahre alter Sandstein vor. Die ältesten Lagen des Neksø-Sandsteins sind auf einem Festland abgelagert worden, die jüngeren in einem Flachmeer. Die Flachmeerablagerungen erkennt man unter anderem am Bau der Rippelmarken. Beim Abbau spaltet der Sandstein vornehmlich nach Schichtflächen. Viele dieser Schichtflächen sind gewellt. Es handelt sich überwiegend um kleine symmetrische Rippeln, um Seegangsrippeln in einem ehemaligen Flachmeer (Abb. 6.6).

Es kommt vor, daß in alten Meeresablagerungen keine Schichtflächen mehr erkennbar sind. Das muß aber nicht bedeuten, daß das Sediment auch ursprünglich ungeschichtet abgelagert wurde. Ein treffendes Beispiel hierfür ist der sogenannte Flammenmergel (Abb. 6.7) des Harzvorlandes, der als kalkreicher Tonschlamm vor über 100 Millionen Jahren in einem Meer der Kreidezeit abgelagert wurde. Nach seinem typischen Sedimentgefüge hat man diesen Mergelstein Flammenmergel genannt. Helle, meist kalkreichere Flecken wechseln mit dunkleren, daher erscheint der Mergelstein aus der Nähe wie geflammt. Das hat folgende Ursache: Meerestiere haben das Sediment durchwühlt und die Schichtung weitgehend zerstört. Der Fachausdruck lautet: Das Sedimentgefüge ist bioturbat.

Wie ein bioturbates Gefüge durch wühlende Sedimentbewohner entsteht, kann man gleichfalls im Watt beobachten. Zahlreiche im Watt-

Abb. 6.5: Künstlich in einem Strömungskasten erzeugte Strömungsrippeln, Strömung von links nach rechts; die Anordnung der weißen Teilchen läßt eine Schrägschichtung erkennen. Institut für Meeresgeologie und Meeresbiologie „Senckenberg", Wilhelmshaven.

Abb. 6.6: Seegangsrippeln auf einer Neksø-Sandsteinplatte. Institut für Geologie und Paläontologie der Technischen Universität Hannover.

Abb. 6.7: Mergelsteinbänke des sogenannten Flammenmergels im Nordostteil der stillgelegten Eisenerzgrube „Morgenstern" am Südende des Salzgitterer Höhenzuges, 2 Kilometer nordöstlich Hahndorf

sediment grabende Tiere, vor allem Würmer, Muscheln und Krebse, zerstören durch ihre Lebenstätigkeit die Schichtung des Sediments. Der Pierwurm (Arenicola mariana), ein Ringelwurm, baut beispielsweise im sandigen Watt einen bis zu 20 Zentimeter tief reichenden U-förmigen Gang, der zum größten Teil im dunklen, sauerstoffarmen Sediment (in der Reduktionszone) liegt (Abb. 6.8). Wie der Regenwurm dem Erdboden seine Nahrung entnimmt, so entzieht der Pierwurm dem helleren, sauerstoffreichen Sediment an der Wattoberfläche (der Oxydationszone) die organischen Bestandteile. Wo er im Untergrund frißt, zeichnet sich auf der Wattoberfläche eine runde, trichterartige Vertiefung ab, da dort das helle, nahrungsreiche Sediment von der Wattoberfläche nach unten in den U-Bau sackt. Das Hinterende des Pierwurms reicht im U-Bau bis nahezu zur Wattoberfläche herauf und befindet sich unterhalb eines Kotschlingenhaufens aus ausgeschiedenem Sediment (Abb. 6.9).

Auch der etwa einen Zentimeter lange Schlickkrebs (Corophium volutator) baut im Wattsediment U-förmige Gänge. Die kleinen Gänge einer Corophium-Siedlung liegen sehr dicht beieinander, so daß die Schichtung oft nur noch in einzelnen Relikten vorhanden ist (Abb. 6.11).

Der kleine Wattringelwurm (Nereis diversicolor) verläßt dagegen zur Nahrungssuche seinen Gang und weidet in dessen Umgebung die Sedimentoberfläche ab. Die Weidespuren sind in charakteristischer Weise verzweigt. Ihr Verlauf erinnert an die Form eines Hirschgeweihs (Abb. 6.10). Weidespuren und Kriechbahnen findet man häufig auf den Schichtflächen alter, mariner Sedimentgesteine. Solche Spurenfossilien, zu denen auch die versteinerten Gänge zählen, sind im Gegensatz zu den möglicherweise von weither herangetriebenen Körperfossilien immer ein sicherer Nachweis für die Bewohnbarkeit einstigen Meeresbodens.

Wenn wir in einem Sedimentgestein ähnliche Bauten nachweisen können, so ergibt sich daraus einiges über die Bedingungen, unter denen sich das Gestein gebildet hat. Dazu ein Beispiel wieder aus Bornholm: Der Felsenstrand von Balka besteht aus dem sogenannten Balka-Quarzit, einem äußerst harten Sandstein. Er ist rund 600 Millionen Jahre alt. Die Löcher an der Oberfläche der etwa horizontalen Gesteinsbänke kennzeichnen senkrechte Wühlgänge, die von der Ostsee ausgespült wurden (Abb. 6.12). Das Gestein muß also einst ein lockeres Sediment gewesen sein, das unter Wasserbedeckung entstanden ist. Außerdem dürfen wir annehmen, daß es sich um eine Flachwasserablagerung handelt; denn röhrenförmige Wühlbauten treten gehäuft im Flachmeer auf, aber auch in Süßwasserseen. Ob der einstige Sand nun in einem Flachmeer oder in einem Süßwassersee abgelagert wurde, können wir anhand eines zweiten Bautentyps beurteilen, an sogenannten Spreitenbauten (Abb. 6.13). Das Tier, vermutlich ein Krebs, lag mit seiner Körperlängsachse etwa parallel zur Sedimentoberfläche und hat beim Auf- und Abwärtswandern im Sediment feine Sandlagen übereinandergestapelt (Abb. 6.14). An der Schichtoberfläche erscheinen die Sprei-

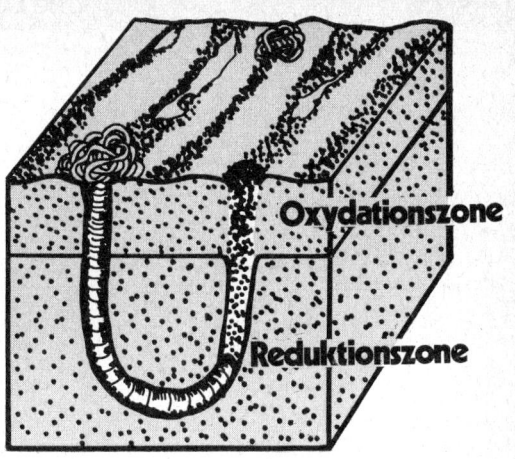

Abb. 6.8: Pierwurm (Arenicola mariana) im Wattsediment

Oxydationszone

Reduktionszone

Links Abb. 6.9: Sackungstrichter über dem Vorderende und Kotschlingenhaufen über dem Hinterende des im Wattsediments lebenden Pierwurms (Arenicola mariana). Der Wattboden ist hier mit Strömungsrippeln überzogen: Hell erscheinen die flachen Luvhänge, dunkel die steileren Leehänge der Rippeln, Strömung von links nach rechts. Vareler Watt bei Wilhelmshaven.

Rechts Abb. 6.10: Hirschgeweihartig verzweigte Weidespuren des Wattringelwurms (Nereis diversicolor) im Vareler Watt bei Wilhelmshaven

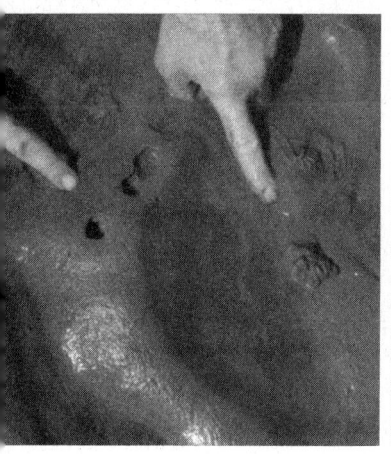

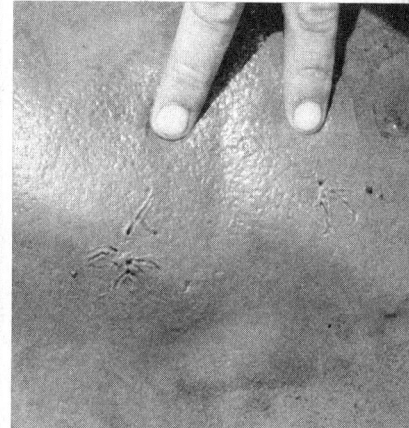

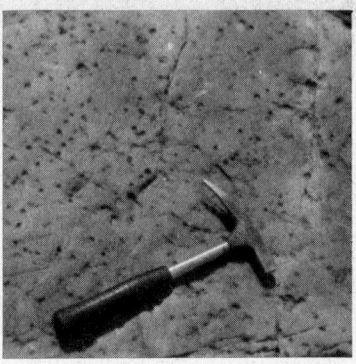

Links Abb. 6.11: Kuntharzabguß von Bauten des etwa 1 Zentimeter langen Schlickkrebses (Corophium volutator); die U-förmigen Gänge sind mit Kunstharz ausgefüllt, das Sediment ist herausgewaschen. Das Präparat steht auf dem Kopf. Institut für Meeresbiologie und Meeresgeologie „Senckenberg", Wilhelmshaven.

Rechts Abb. 6.12: 600 Millionen Jahre alte, röhrenförmige Wühlgänge im Balka-Quarzit am Felsstrand bei Balka auf Bornholm

*Abb. 6.13:
Zahlreiche, sich
oft durchschneidende
Spreitenbauten
im Balka-Quarzit
am Felsstrand bei
Balka auf Bornholm*

tenbauten als schlitzförmige Vertiefungen, denn die weicheren Bautenfüllungen wurden hier von der Meeresbrandung ausgehöhlt (Abb. 6.13). Häufig durchschneidet ein jüngerer Spreitenbau einen älteren. Solche Spreitenbauten hat man bisher nur in Meeressedimenten angetroffen. Wir können daher den Balka-Quarzit als ein verfestigtes Flachmeersediment bezeichnen.

Nicht nur Würmer und Krebse wühlen im Sediment, auch Muscheln tragen zur Bioturbation bei. Im Wattenmeer müssen sich die Muscheln an extreme Lebensbedingungen anpassen. Um sich vor dem Gezeiten-

Links Abb. 6.14: Etwa 10 Zentimeter tiefer Spreitenbau (Längsschnitt) im Balka-Quarzit am Felsstrand bei Balka auf Bornholm

Rechts Abb. 6.15: Pfeffermuschel (Scrobicularia plana) in Lebendstellung; oberhalb der Muschel verlaufen zwei röhrenförmige Gänge zur Wattoberfläche, durch die das Tier sonst seine beiden Siphonen hindurchstreckt. Vareler Watt bei Wilhelmshaven.

Abb. 6.16:
7 Zentimeter lange Sandklaffmuschel (Mya arenaria) in Lebendstellung mit nicht vollständig eingezogenem Siphonalapparat. Auch die Sandklaffmuschel besitzt zwei Siphonen, doch sind diese zusätzlich noch von einem sehr robusten Gewebeschlauch umgeben. Vareler Watt bei Wilhelmshaven.

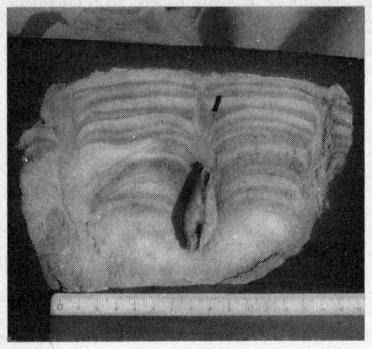

Links Abb. 6.17: Ergebnis eines physiologischen Versuchs mit Sandklaffmuscheln und angefärbten Sedimentlagen: Durch Auflagerung immer neuer Sedimentlagen sind die Muscheln nach oben gewandert. Die Verbiegung der Lagen nach unten erklärt sich dadurch, daß Sediment in die von den Siphonen einst ausgefüllte Röhre nachgesackt ist. Institut für Meeresgeologie und Meeresbiologie „Senckenberg", Wilhelmshaven.

Rechts Abb. 6.18: Herzmuscheln (Cardium edule) haben durch ihre Wühltätigkeit die Schichtung im oberen Teil des Präparats völlig zerstört. Institut für Meeresgeologie und Meeresbiologie „Senckenberg", Wilhelmshaven.

Abb. 6.19: Die Ton- und Sandsteinbänke des Nellenköpfchens entstammen einem 400 Millionen Jahre alten Watt der Unterdevonzeit; später wurden diese Gesteinsbänke um über 90 Grad verstellt. Nellenköpfchen, 1 km nördlich Ehrenbreitstein/Koblenz

strom und dem Wassermangel bei Ebbe zu schützen, legen sie im Sediment eine Wohnhöhle an. Über Hautschläuche, sogenannte Siphonen, stehen diese Muscheln mit der Sedimentoberfläche in Verbindung. Sie besitzen einen Sipho zur Atmung und Nahrungsaufnahme, einen zweiten zum Ausstoßen der Stoffwechselprodukte (Abb. 6.15, 6.16).

Gräbt man eine Pfeffermuschel aus und legt sie auf den Wattboden, kann man zusehen, wie sie wieder in das Sediment eindringt. Zunächst schiebt sie ihren Fuß in den Boden. Hat sich der Fuß eingegraben, zieht sie den Körper nach. Dieser Vorgang wiederholt sich mehrmals. Die Muschel wird sich so tief einwühlen, wie es ihrer Lebensgewohnheit entspricht. Auch später wird sie versuchen, den Abstand zur Sedimentoberfläche konstant zu halten. Je nachdem, ob Sediment abgetragen oder neues aufgelagert wird, reagiert die Muschel daher mit Abwärts- oder Aufwärtsbewegungen. Dadurch entsteht ein Gang senkrecht zur Schichtung (Abb. 6.17).

Sedimente können nach ihrer Ablagerung schräggestellt, aufgerichtet oder gar überkippt werden. Dann ist es mitunter schwierig zu erkennen, wo in einer Schichtfolge die Ober- und Unterseite liegt. Bei der Bestimmung orientiert sich der Geologe nach festen Marken im Gestein, beispielsweise nach Lage der Rippelmarken, nach Wühlgängen, Kriechspuren oder gradierten Abfolgen (siehe S. 72) innerhalb einer Schicht. Auch stromlinienförmige Körper, wie fossile Muschelklappen, können darüber Auskunft geben. Wie sich an Muschelpflastern im Watt zeigt, werden im strömenden Wasser bei weitem die meisten Klappen mit der Wölbung nach oben abgelagert (Abb. 5.9).

Wattbildungen sind im Vergleich zur Hauptmenge der Meeressedimente selten. Außerdem ist die Wahrscheinlichkeit sehr gering, daß ein Watt erhalten bleibt. Die Unterdevonablagerungen des Nellenköpfchens bei Koblenz sind eine der überaus seltenen Ausnahmen (Abb. 6.19). Durch vergleichende Untersuchungen am Institut für Meeresgeologie und Meeresbiologie „Senckenberg" in Wilhelmshaven konnte nachgewiesen werden, daß diese fast 400 Millionen Jahre alte Schichtserie in einem Watt der Unterdevonzeit abgelagert wurde. Die Gesteinsbänke sind durch gebirgsbildende Vorgänge aus der ursprünglich horizontalen Lage um über 90 Grad verstellt worden. Sie sind also überkippt, so daß die Schichtoberflächen heute nach unten zeigen (Abb. 6.20).

In den zu Sand- und Tonstein verfestigten Sand- und Schlicklagen konnte eine Gezeitenschichtung ausgezählt werden. Auch die häufig anzutreffende Rippelflaserschichtung ist typisch für die Sedimentation im Watt (Abb. 6.21). Sie entsteht bei Übereinanderlagerung mehrerer Rippelmarken. Zwischen den gewellten Sandsteinlagen liegen feine, dunkle Tonsteinlagen, sogenannte Flasern.

Einige Bänke haben ein bioturbates Gefüge und zeugen von der Wühltätigkeit ehemaliger Wattbewohner. Sie lebten einst wie die heutigen Wattbewohner im lockeren Schlamm und Sand. Heute sind die ehemals lockeren Wattsedimente festes Gestein.

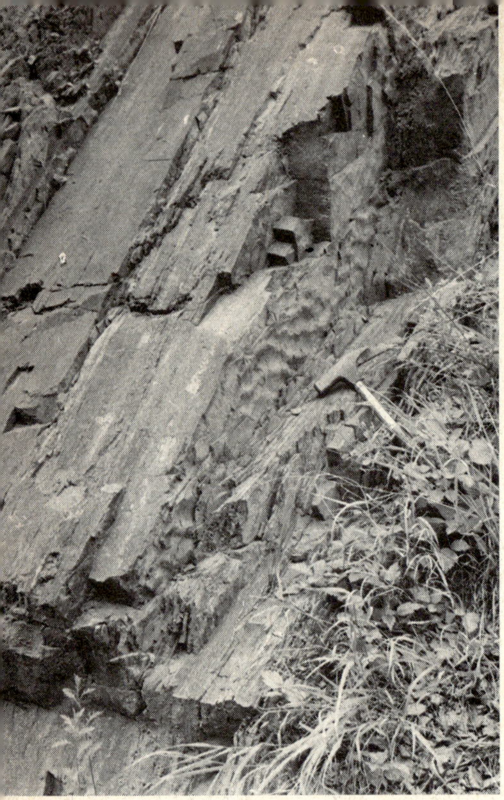

Abb. 6.20: Die überkippte Lagerung der Nellenköpfchenschichten bei Koblenz zeigt sich unter anderem an der Lage der Rippelmarken: Die Rippelkämme auf der Schichtoberfläche links vom Hammer sind nach rechts unten gerichtet. Nellenköpfchen, 1 km nördlich Ehrenbreitstein/Koblenz

Abb. 6.21: Rippelflaserschichtung in einem tonigen Sandsteinstück aus den Nellenköpfchenschichten. Nellenköpfchen, 1 km nördlich Ehrenbreitstein/Koblenz

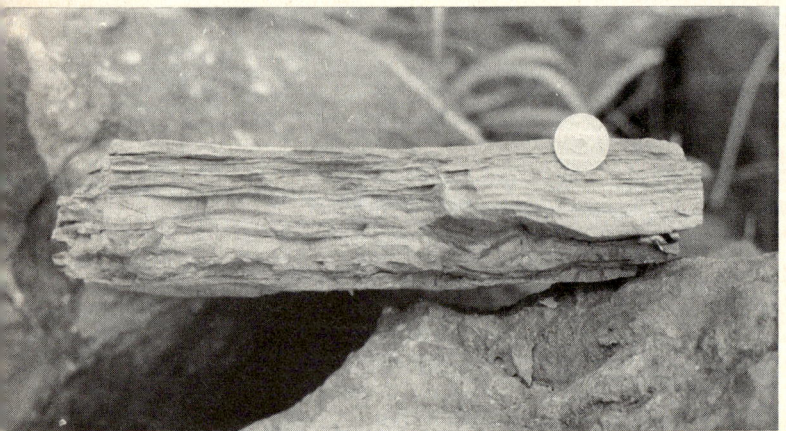

7. Vom Schlamm zum Gestein

In der Eisenerzgrube „Morgenstern" am Südende des Salzgitterer Höhenzuges bei Goslar ist der Abbau schon vor einigen Jahren eingestellt worden. Die Grube wird nun mit Müll zugeschüttet — sehr zum Nachteil für die geologische Forschung, denn dort zeigt sich an einem einzigen Ort fast die gesamte Schichtfolge der Unterkreideablagerungen im Harzvorland. Sie besteht aus Konglomerat-, Tonstein-, Sandstein- und Mergelsteinbänken, die hier insgesamt etwa 150 Meter mächtig sind und unter einem Winkel von etwa 30 Grad nach Nordosten einfallen. Diese Sedimentgesteinbänke sind ursprünglich horizontal abgelagert worden. Erst durch spätere Schollenbewegungen in der Erdkruste wurden sie schräggestellt.

Zur Unterkreidezeit vor 140 bis 100 Millionen Jahren war Nordwestdeutschland von einem Meer bedeckt, während das Gebiet der heutigen deutschen Mittelgebirge Festland war. Von diesem Unterkreidemeer aus erstreckte sich von Braunschweig über den Raum des Salzgitterer Höhenzuges hinweg bis zum Harz eine Meeresbucht. Der Abtragungsschutt des damaligen Festlandes im Süden wurde von Flüssen und Bächen nach Norden in die Meeresbucht transportiert und dort als Ton, Sand und eisenhaltige Gerölle abgelagert. Heute liegen diese ehemals lockeren Sedimente als mehr oder weniger feste Sedimentgesteine vor.

Die Vorgänge, die zur Verfestigung eines Sediments und zur Bildung eines Sedimentgesteins führen, werden in der Geologie unter dem Sammelbegriff Diagenese (griech. dia: nach, griech. genesis: Entstehung) zusammengefaßt. Der Diagenese schreibt man alle Veränderungen zu, die ein Sediment nach seiner Entstehung erfährt, ohne daß sich dabei sein ursprüngliches Gefüge und sein Mineralbestand wesentlich ändern. Darüber hinausgehende Veränderungen fallen bereits unter die Gesteinsmetamorphose, auf die in Kapitel 11 eingegangen wird.

Die Gesteinsfolge aus der Unterkreidezeit beginnt unten mit einem etwa 80 Meter mächtigen, eisenhaltigen Konglomerat, dem Salzgitterer Eisenerz. Es besteht vor allem aus Millimeter bis mehrere Zentimeter großen Brauneisensteingeröllen, die gleichfalls durch Eisenverbindungen, Tonminerale und mitunter auch durch Kalk fest miteinander verkittet sind. Den sedimentären Ursprung beweisen die Gerölle, die beim Transport gerundete Gesteinsbruchstücke des damaligen Festlandes darstellen. Einst war dieses Konglomerat eine lockere Anhäufung von eisenhaltigen Geröllen im Küstenbereich der oben beschriebenen Meeresbucht. Im Laufe von Jahrmillionen entstand daraus durch diagenetische Vorgänge ein festes Sedimentgestein. Im Unterschied zu Eisenerzen magmatischen Ursprungs haben wir hier den

besonderen Fall einer sedimentären Eisenerzlagerstätte. Dem Abbau dieser Eisenerze verdanken wir diesen Aufschluß.

Über dem einst abbauwürdigen Eisenerzkonglomerat liegt eine 20 Meter mächtige, dunkelgraue Tonsteinserie, teilweise mit millimeterdünner Feinschichtung, die auf die Sedimentnatur dieses Gesteins hinweist. Daß es sich bei diesem ehemaligen Tonschlamm um eine Meeresablagerung handelt, bezeugen die lagenweise sehr zahlreich vorkommenden bis fingergroßen Belemniten-Rostren, kalkige Hartteile eines Meerestieres (Abb. 7.1, 7.2).

In ihrem oberen Teil geht die Tonsteinserie in tonreichen grüngrauen Sandstein über. Darauf lagert nochmals Eisenerz in Form einer 60 Zentimeter mächtigen Konglomeratbank. Einen augenfälligen Hinweis auf die ursprüngliche lockere Beschaffenheit des jetzt festen Sandsteins findet man an der Schichtgrenze zwischen diesem und der darüberliegenden Konglomeratbank: Von dieser Schichtgrenze ziehen sich etwa senkrecht nach unten zahlreiche, durchschnittlich zwei Zentimeter dicke, bis 50 Zentimeter lange Röhren in den Sandstein hinein, die mit kleinen Geröllen des darüberliegenden Konglomerats gefüllt sind. Es handelt sich um Bauten ehemaliger Meeressedimentbewohner, die in dem jetzt festen Sandstein zu einer Zeit gelebt haben, als das Konglomerat abgelagert wurde. Durch ihre Wühltätigkeit gelangte das Material des Konglomerats auch in die röhrenförmigen Bauten. Diese Grabgänge besitzen eine gewisse Ähnlichkeit mit Sprei-

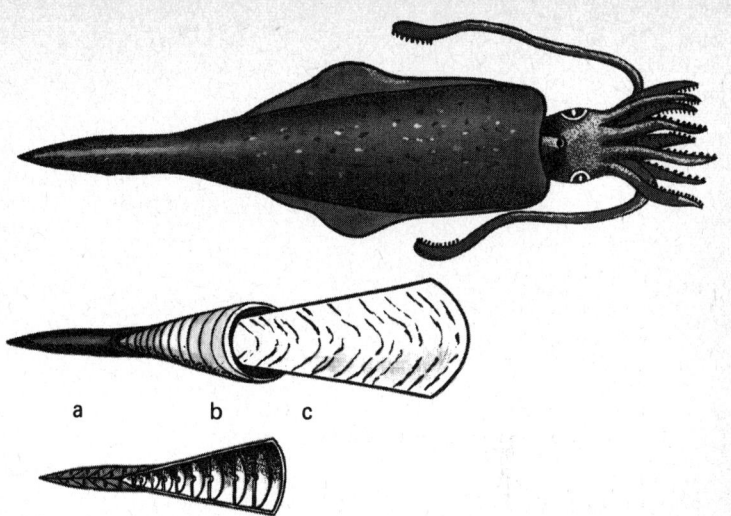

Abb. 7.2: Die heute ausgestorbenen Belemniten waren als ausgezeichnete Schwimmer Bewohner der Jura- und Kreidemeere und gelten als Vorfahren der heute noch lebenden Tintenfische. Sie besaßen einen ähnlichen Körperbau und wie diese einen Tintenbeutel. Das kalkige Innenskelett der Belemniten gliedert sich in Schulp (c), in einen gekammerten Kegel (Phragmokon, b) und in ein Rostrum (a), das bei den heutigen Tintenfischen nicht mehr vorhanden ist. Dieser massive Kalkkörper im Hinterende des Belemniten, im Volksmund Donnerkeil oder Teufelsfinger genannt, ist meist das einzige, was wir vom Belemnitentier als Fossil in alten Meeresablagerungen finden. Einige Arten der Jurazeit haben bis zu 50 Zentimeter große Rostren entwickelt. Wie groß diese Tiere waren, können wir aus dem Verhältnis von Rostrumlänge zur Gesamtlänge des Tieres schließen. Mit dem Rostrum voran, also quasi rückwärts, konnten sich die Belemniten pfeilschnell durch das Wasser bewegen.

tenbauten aus dem viel älteren Neksø-Sandstein auf Bornholm (siehe S. 94), die als Diplocraterion bezeichnet werden. Man vermutet, daß die Bauten beider Vorkommen von grabenden Krebsen angelegt wurden. Das Vorhandensein der Grabgänge beweist also, daß der tonreiche Sandstein einst tonhaltiger Sand war, denn nur in einem lockeren Sediment konnten Sedimentbewohner damals Gänge graben.

Über dem Grabganghorizont und der Konglomeratbank liegt eine 13 Meter mächtige Abfolge aus hellgelben Sandsteinbänken, in die nur im unteren Teil eine 3 Meter mächtige, dunkelgraue Tonmergelsteinbank eingelagert ist. Dieser Sandstein bildet den oberen Teil der nordöstlichen Tagebauwand und wird nach seinem typischen Vorkommen im Hils, einem Bergzug zwischen Leine und Weser, als Hilssandstein bezeichnet (Abb. 7.3).

Abb. 7.3: Blick auf Hilssandstein an der Oberkante der nordöstlichen Tagebauwand der Eisenerzgrube „Morgenstern" am Südende des Salzgitterer Höhenzuges, 2 Kilometer nordöstlich Hahndorf

Auf die nächstjüngeren Unterkreideablagerungen über dem Hilssandstein treffen wir erst außerhalb des Tagebaus. Einige Meter nordöstlich von diesem tritt in Einsturztrichtern, die durch unterirdischen Erzabbau entstanden sind, eine 20 Meter mächtige, zuunterst dunkelgrüne, sonst dunkelgraue Tonsteinserie und darüber — als jüngstes Unterkreidegestein — ein 30 Meter mächtiger, gelb-grau gefleckter Mergelstein, der sogenannte Flammenmergel, zutage. Im Verlauf der Diagenese ist dieses Sedimentgestein aus einem Kalk-Tonschlamm-Gemisch entstanden, das durch wühlende Sedimentbewohner ein bioturbates Gefüge (siehe S. 92) erhalten hatte.

Abbildung 7.3 zeigt den Hilssandstein im oberen Bereich der nordöstlichen Tagebauwand. Zahlreiche Klüfte und scharfe Bruchkanten bezeugen auf den ersten Blick die Härte dieses Gesteins. Unter der Lupe erkennt man dichtgepackte Körner, vor allem aus Quarz und dunkelgrünem Glaukonit, einem eisenhaltigen, glimmerähnlichen Mineral. Bei der Verwitterung des Glaukonits entstehen bräunliche Eisenoxide und Eisenhydroxide, die auf der Oberfläche des Sandsteins gelblichbräunliche Färbungen hervorrufen. Auf das ursprünglich lockere Sediment weisen Schichtung und Bankung ebenso hin wie ein weiterer Grabganghorizont in der obersten Bank des Hilssandsteins, die nordöstlich des Tagebaus in den Einsturztrichtern aufgeschlossen ist: Zahlreiche Grabgänge sind mit dunkelgrünem Material des über dem Hilssandstein liegenden Tonsteins gefüllt (Abb. 7.4).

Wie verläuft nun die Diagenese eines lockeren Sandes zu einem festen Sandstein? Stellen wir uns ein flaches Meer vor, an dessen Boden eine Sandschicht abgelagert wurde. Die Quarzkörner sind zunächst locker gepackt (Abb. 7.5a). Der Porenraum des Sandes ist mit Meerwasser ausgefüllt. Aber schon bald rücken die Quarzkörner auf Grund ihres eigenen Gewichts dichter zusammen. Der Porenraum wird enger, und ein Teil des Porenwassers entweicht nach oben. Das Sediment setzt sich: Dies ist das erste Stadium der Diagenese (Abb. 7.5b).

Untersuchungen in alten Sedimentationsräumen ergaben, daß mehrere tausend Meter Sediment abgelagert wurden, ohne daß sich dabei das Meeresbecken auffüllte oder die Wassertiefe sich wesentlich änderte. Während der Ablagerung erfolgte also auch eine Absenkung des Beckenbodens. Nur so lassen sich die oft außerordentlich hohen Mächtigkeiten von Flachmeerablagerungen der Vergangenheit erklären.

Unter der Last der neuaufgelagerten Sedimente werden die absinkenden Schichtpakete immer stärker zusammengepreßt und entwässert: Die Körner rücken noch dichter zusammen, und ein stetig aufsteigender Porenwasserstrom stellt sich ein (Abb. 7.5c). Dabei geraten die Sedimente mit zunehmender Versenkungstiefe allmählich auch in Bereiche immer höherer Temperatur. Das verbleibende Porenwasser steht nun unter erhöhtem Druck und erhöhter Temperatur. Dadurch steigert sich die Bereitschaft des gesamten Systems zu chemischen Umsetzungen: Im Porenwasser gelöste Stoffe werden mehr und mehr ausgeschieden. Es sind Stoffe, die teils von Anfang an im Porenwasser enthalten waren, teils erst während der Diagenese gelöst wurden. Häufig entstammen letztere tieferen Schichten. Sie werden mit dem Porenwasserstrom nach oben gebracht und nun im Porenraum jüngerer Sedimentlagen wieder ausgeschieden. So bildet sich im ehemaligen Po-

Abb. 7.4: Senkrechte Grabgänge in der oberen Hilssandsteinbank, die in Einsturztrichtern wenige Zehnermeter nordöstlich des Tagebaus der Grube „Morgenstern" aufgeschlossen ist. Grabgänge sind mit dunkelgrünem Material aus dem über hellgelbem Hilssandstein liegenden Tonstein gefüllt (Bandmaß als Maßstab).

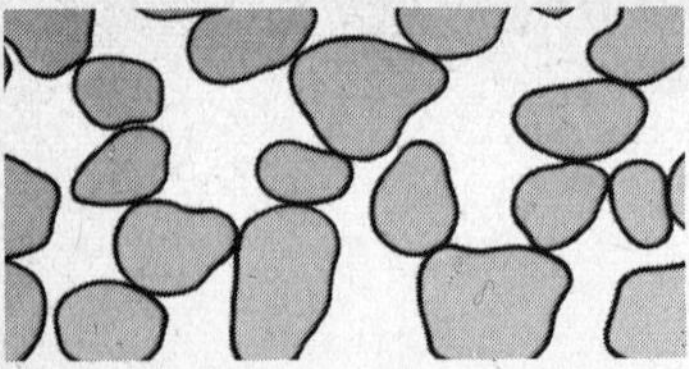

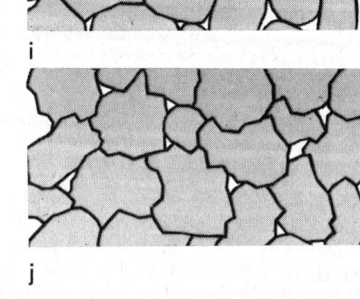

a

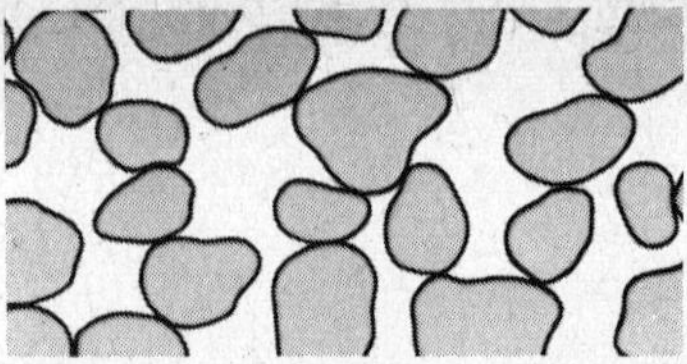

b

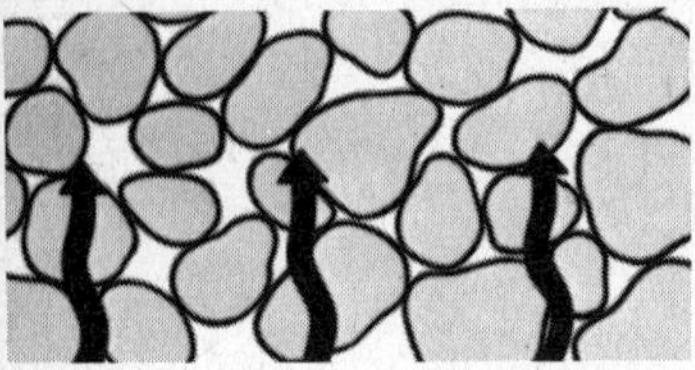

c

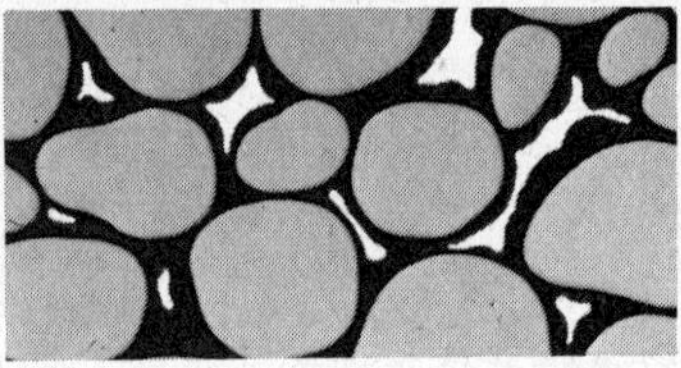

d

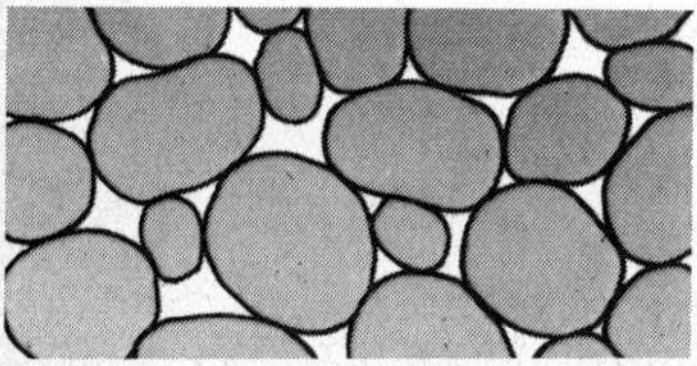

e

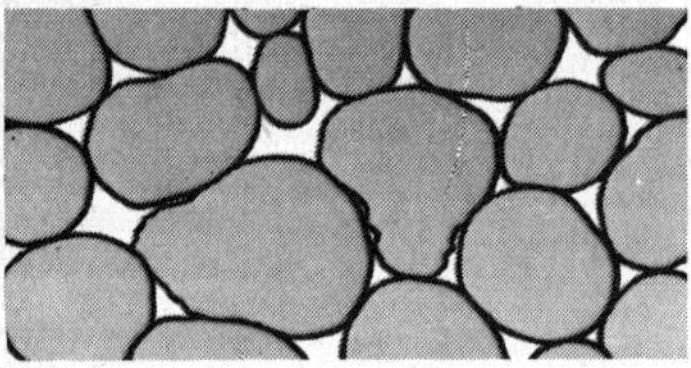

f

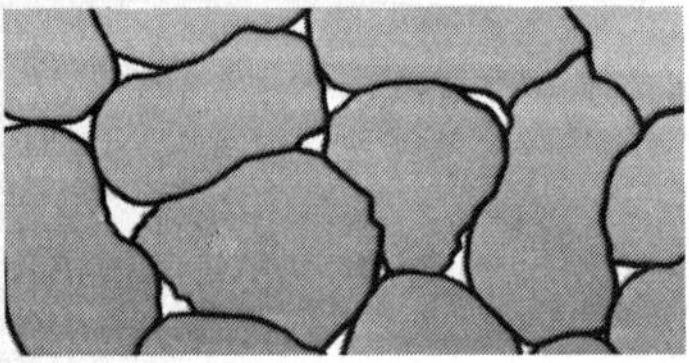

g

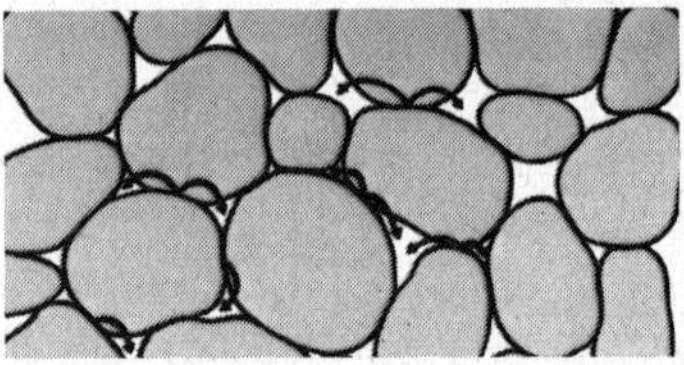

h

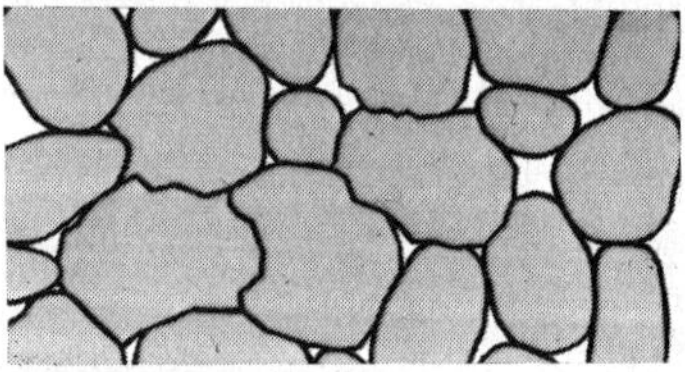

i

j

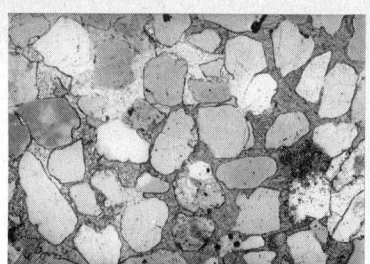 

Links Abb. 7.6: Dünnschliff von Kalksandstein unter dem Polarisationsmikroskop. Ziemlich locker gepackte Quarzkörper (0,1–0,2 mm) sind durch kalkiges Bindemittel miteinander verkittet; offenbar wurde Kalk hier in einem frühen Stadium der Diagenese im Porenraum abgeschieden, so daß die Quarzkörner danach nicht mehr dichter zusammenrücken konnten. Mineralogisches Institut der Technischen Universität Hannover.

Rechts Abb. 7.7: Dünnschliff von sehr dichtem Sandstein unter dem Polarisationsmikroskop: durch Lösung und Wiederanlagerung von Quarzsubstanz miteinander verwachsene Quarzkörner (durchschnittlich 0,2 mm); die Diagenese ist weit fortgeschritten. Mineralogisches Institut der Technischen Universität Hannover.

renraum ein Bindemittel, das die Körner fest miteinander verkittet (Abb. 7.5d).

Das Bindemittel kann aus Tonmineralen, Kalk (Abb. 7.6) oder ebenfalls aus Quarz bestehen, der meist den Quarzkörnern selbst entstammt. Besteht es aus Quarz, dann wachsen die Quarzkörner. Das geschieht etwa so: Da die Löslichkeit weitgehend von der Teilchengröße abhängt, werden kleinere Quarzkörner bevorzugt aufgelöst. Ihre Substanz lagert sich wieder an größere Quarzkörner an: Die großen wachsen auf Kosten der kleinen (Sammelkristallisation, Abb. 7.5e–g).

Unter weiter gesteigertem Druck und zunehmender Entwässerung kann noch eine andere Art des Kornwachstums eintreten: Bei noch nicht vollständig gefülltem Porenraum treten mitunter an den Berührungspunkten der Körner hohe Belastungen auf. Dort wird Quarz gelöst und im noch freien Porenraum wieder an die Quarzkörner angelagert (Drucklösung). So ineinander verzahnt, bilden die Körner ein äußerst dichtes Gefüge. Der Unterschied zwischen dem Quarz des Bindemittels und dem der Sandkörner verliert sich (Abb. 7.5h–j, 7.7).

Bei der Diagenese des Hilssandsteins haben außerdem kieselige Schwammnadeln — die Skelettreste von Kieselschwämmen — eine be-

Abb. 7.5: Vorgänge bei der Diagenese, a Ablagerung, b Setzung, c Kompaktion, Porenwasserstrom nach oben, d Bindemittelbildung, e–g Sammelkristallisation, h–j Drucklösung

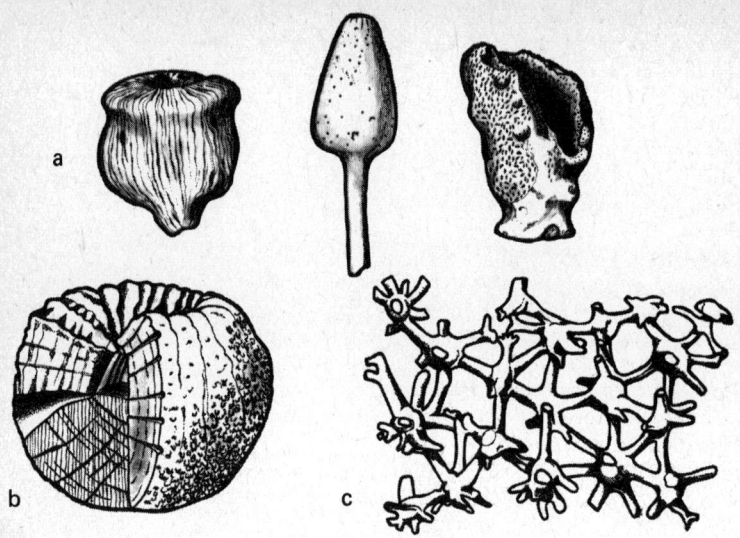

Abb. 7.8: a—b faustgroße Versteinerungen von Kieselschwämmen, c gitterförmig verwachsene Nadeln eines Kieselschwamms (Objektgröße etwa 0,5 cm).

sondere Rolle gespielt. Die nur wenige Zehntelmillimeter großen Nadeln treten im Hilssandstein stellenweise sehr zahlreich auf, sind aber meist nur unter dem Mikroskop zu erkennen. Sie bestehen aus Opal, einer wasserhaltigen Form der Kieselsäure. Unter Kieselsäure versteht der Mineraloge das Siliziumdioxid (SiO_2), das in verschiedenen Formen auftreten kann. In kristalliner Form haben wir Kieselsäure bereits als Quarz kennengelernt. Der Opal der Schwammnadeln ist dagegen nichtkristallin.

Auf Abbildung 7.8a sind die vollständigen Körper einiger Kieselschwämme dargestellt. Die Zeichnungen wurden nach etwa faustgroßen Versteinerungen angefertigt. Außer den Kieselschwämmen gibt es noch Kalkschwämme mit kalkigen Schwammnadeln sowie Hornschwämme. Was wir als Badeschwamm benutzen, ist das Stützskelett eines Hornschwammes.

Der Körper der Schwämme ist sehr porös. So zeigt auf Abb. 7.8b der Anschnitt eines versteinerten Kieselschwamms kanalartige Durchbrüche, in denen unzählige, mit feinen Härchen ausgestattete Zellen saßen, die mit dem Meerwasser Nahrung ins Innere des Tierstocks strudelten.

Den Weichkörper der Kieselschwämme stützen kieselige Schwammnadeln, die teils einzeln im Weichkörper stecken, teils gitterförmig zu größeren Einheiten (Abb. 7.8c) zusammengewachsen sind. Zur Sedimentationszeit des Hilssandsteins haben solche Kieselschwämme in dessen Sedimentationsraum am Meeresboden gelebt. Ihre Weichkörper verfaulten, Relikte ihrer Skelette gelangten jedoch massenhaft in das Sandsediment.

Der Opal der Schwammnadeln ist zwar erhaltungsfähig, aber auf Grund seiner Struktur und seines Gehaltes an chemisch gebundenem Wasser leichter löslich als der (kristalline) Quarz der Sandkörner. Bei der Diagenese des Hilssandsteins wurde der Opal daher bevorzugt gelöst und im Porenraum des derzeit noch wenig verfestigten Sandsediments wieder ausgefällt. Dadurch wurde der Opal quasi zum Bindemittel und trug zur Verfestigung des Sediments bei. Stellenweise reicherte er sich sogar im Porenraum zu linsenförmigen Gebilden an. Man nennt derartige diagenetische Substanzanreicherungen Konkretionen und hier im besonderen Kieselkonkretionen (Abb. 7.9).

Später, im weiteren Verlauf der Diagenese, hat sich jedoch der Opal der Kieselkonkretionen größtenteils verändert. Er verlor seinen ursprünglichen Gehalt an Wasser, und seine kleinsten Bausteine, die Atome, ordneten sich. Dadurch wurde er kristallin. Allerdings sind die Kristalle so fein, daß sie dem bloßen Auge verborgen bleiben und erst unter dem Mikroskop sichtbar werden. Diese aus dem nichtkristallinen, gelartigen Opal hervorgegangene und nun äußerst feinkristalline Kieselsäure bezeichnet man als Chalzedon. Besonders schön gefärbter Chalzedon gilt als Halbedelstein. Zum Chalzedon gehört beispielsweise auch Achat (Abb. 7.10).

Kieselkonkretionen sind in Sandstein relativ selten. Chemisch günstigere Voraussetzungen für Auflösung und Wiederausfällung der „sauren" Kieselsäure bestehen dagegen im „alkalischen" Milieu eines Kalksediments. Häufiger und bekannter sind daher Kieselkonkretio-

Abb. 7.9: Kieselkonkretion (Mitte) im Hilssandstein der Grube „Morgenstern". Hilssandsteinbank etwa 2,5 Meter unterhalb der Hilssandsteinobergrenze, aufgeschlossen in Einsturztrichtern nordöstlich des Tagebaus.

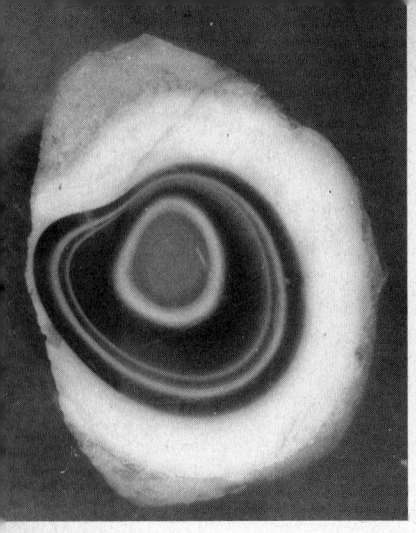

Links Abb. 7.10: Augenachat von 5 Zentimeter Durchmesser, Füllung eines kugelförmigen Gesteinshohlraums, Bänderung durch verschieden gefärbte Chalzedonlagen; jede Lage entspricht einer Ausfällungsphase. Mineralogisches Institut der Technischen Universität Hannover.

Rechts Abb. 7.11: Lagen aus dunklen Feuersteinknollen im Kalkstein der Schreibkreide am Steilufer der dänischen Ostseeinsel Møn (Mønsklint)

nen im Kalkstein, beispielsweise die sogenannten Feuersteine in der nordeuropäischen Schreibkreide, einem Kalkstein der Oberkreidezeit. Einen natürlichen Aufschluß in der Schreibkreide bietet die Steilküste der dänischen Ostseeinsel Møn. In Form von dunklen Lagen durchziehen die Feuersteinknollen die Steilwände der Kreidefelsen (Abb. 7.11).

Der durch organische Substanzen und Schwefel-Eisen-Verbindungen meist dunkelgrau gefärbte Feuerstein ist sehr hart und spröde. Typisch sind seine messerscharfen Bruchkanten und muschelförmigen Bruchflächen. Diese Eigenschaften machten ihn zum beliebten Rohstoff für die Werkzeuge und Waffen des Steinzeitmenschen. Der Feuerstein besteht wie die Kieselkonkretionen im Hilssandstein aus Chalzedon mit eingeschlossenen Opalresten. Auch hier entstammt die Kieselsäure hauptsächlich den Nadeln von Kieselschwämmen, die vor rund 80 Millionen Jahren am Boden des nordeuropäischen Oberkreidemeeres gelebt haben. Während der Diagenese des Kalksediments hat sich der Opal der eingebetteten Nadeln aufgelöst und gelartig zu knollenförmigen Gebilden angereichert. Im Laufe von Jahrmillionen rekristallisierte er dann größtenteils zu äußerst feinkristallinem Chalzedon.

Mitunter schon mit bloßem Auge, besonders aber im Dünnschliff unter dem Mikroskop kann man beobachten, daß im Feuerstein zahlreiche Reste von Meeresorganismen, wie Skeletteile von Bryozoen (siehe S. 87) oder mikroskopisch kleine Gehäuse von Foraminiferen, eingeschlossen sind. Nicht nur in kieseligen Konkretionen, auch in der weitverbreiteten Gruppe der Kalkkonkretionen kommen häufig derartig eingebettete Fossilien vor. Vor allem, wenn die Konkretionen in einem frühen Stadium der Diagenese entstanden sind, trifft man auch gut erhaltene Gehäuse von größeren Meerestieren an, denn im Innern einer Konkretion werden die Gehäuse vor dem Zusammendrücken bei der Setzung des Sediments bewahrt. Solche Konkretionen können daher als „Konserven" aus der Zeit vor der Verdichtung des Sediments angesehen werden. Ein treffendes Beispiel hierfür sind die Kalkkonkretionen mit kaum deformierten Ammonitengehäusen im Tonstein des Schwarzen Jura (= Lias) in der Eisenerzgrube „Eisenkuhle". Dieser schon seit langem stillgelegte Tagebau liegt am Südende des Salzgitterer Höhenzuges, nur einen Kilometer südwestlich der Grube „Morgenstern".

Am Fuße der nordöstlichen Tagebauwand findet man in den steilstehenden Schichten aus dunkelgrauem dünnplattigem Tonstein zahlreiche, bis kopfgroße Kalkkonkretionen. Schlägt man diese meist linsenförmigen Gebilde aus dunkelgrauem Kalkstein mit dem Hammer auf, entdeckt man im Innern fast immer ein oder mehrere Ammonitengehäuse (Abb. 7.12a—e). Offenbar steht hier die Bildungsgeschichte der Kalkkonkretionen in Zusammenhang mit dem Schicksal der im Sediment eingebetteten Kadaver der Ammoniten:

Im Tonschlamm kann sich um ein totes Meerestier nur dann eine Kalkkonkretion bilden, wenn es verhältnismäßig schnell eingebettet wird, nämlich bevor sich die Weichteile zersetzt haben. Beim Verfaulen des Weichkörpers unter Luftabschluß werden die kleinsten Bausteine des Protoplasmas, die Aminosäuren, abgebaut. Ein wichtiges Abbauprodukt ist Ammoniak (NH_3), welches das chemische Gleichgewicht im wasserreichen Tonschlamm stört, insbesondere das Verhältnis von im Porenwasser gelöstem Kohlendioxid zu gelöstem Kalk. In der Umgebung des faulenden Kadavers bindet das freiwerdende Ammoniak das Kohlendioxid, so daß sich dort die Löslichkeit für Kalk verringert (siehe S. 79). Im Porenwasser gelöster Kalk wird daher um den Kadaver herum im Porenraum des Tonsediments ausgeschieden. Dadurch entsteht aber um den Kadaver ein sogenannter Untersättigungshof, ein Bereich, in dem das Porenwasser nun weniger Kalk in Lösung hält als im übrigen Sediment. Dieses Konzentrationsgefälle an gelöstem Kalk versucht sich jedoch wieder auszugleichen: Gelöster Kalk wandert im Porenwasser nach und dringt in den Untersättigungshof ein, wo er auf Grund des dort vorhandenen Ammoniaks gleichfalls ausgeschieden und dem bereits abgesonderten Kalk angelagert wird. Erneut entsteht ein Untersättigungshof, der wieder gelösten Kalk aus der Nachbarschaft anzieht. Diese diagenetischen Vorgänge wiederholen sich. Die Kalkkonkretion wächst und umschließt die Hartteile

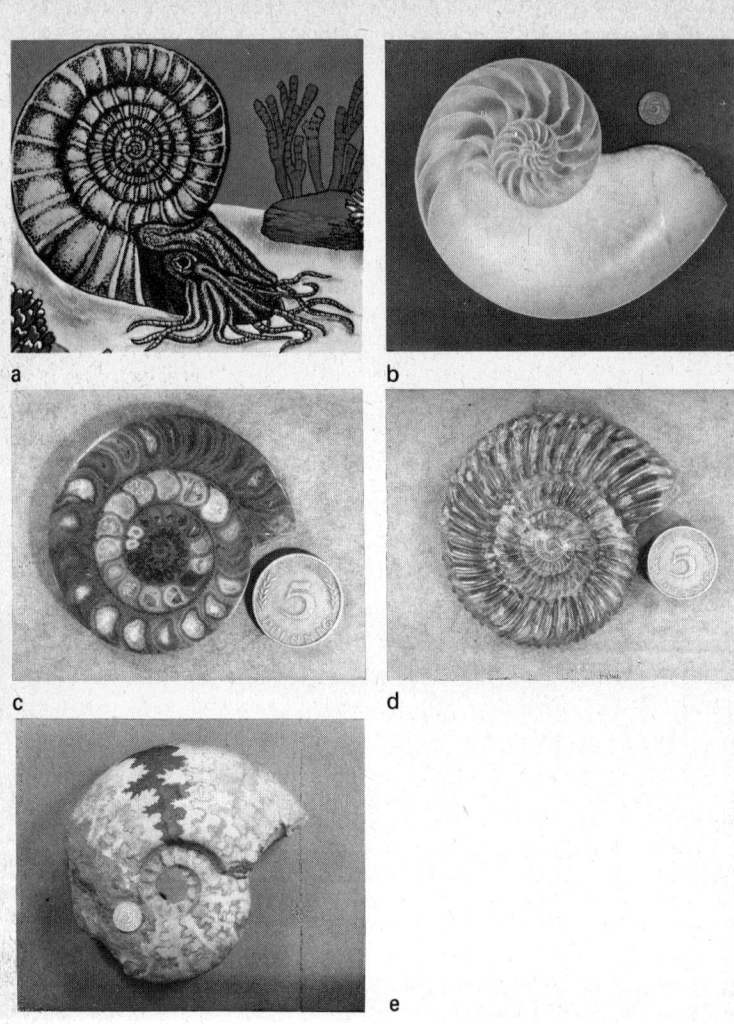

Abb. 7.12: a Rekonstruktion eines lebenden Ammoniten. — b Schnitt durch das Gehäuse des „Nautilus pompilius" aus dem Pazifik, unten die Wohnkammer, rechts oben sind in den Kammerscheidewänden die zu feinen Tüllen ausgezogenen Öffnungen für den Sipho angeschnitten. — c Längsschnitt durch das versteinerte Gehäuse eines Ammoniten aus der Jurazeit; die Kammern wurden während der Diagenese mit groben Kalkspatkristallen ausgefüllt. — d Beripptes Gehäuse eines Ammoniten aus der Jurazeit. — e Steinkern eines Ammonitengehäuses aus der Jurazeit mit vielfach verästelten Lobenlinien; oben ist die Fläche, die einer Kammer entspricht und von zwei Lobenlinien begrenzt wird, mit schwarzer Farbe ausgelegt worden. — Alle Stücke im Institut für Geologie und Paläontologie der Technischen Universität Hannover.

des Meerestieres.

Nicht alle Kalkkonkretionen in der „Eisenkuhle" enthalten in ihrem Innern Ammonitengehäuse oder Hartteilreste anderer Meerestiere. Doch dienten sicherlich auch diesen Konkretionen eingebettete Meerestiere als Ansatzpunkte. Nur besaßen diese Tiere oder Tierreste im Unterschied zu den Ammoniten (Ammon: ägyptischer Gott mit Widderhörnern) keine erhaltungsfähigen Hartteile, die noch heute vom Ursprung der Kalkkonkretionen im Tonstein zeugen könnten.

Im Schwarzjuratonstein der „Eisenkuhle" kommen auch außerhalb der Kalkkonkretionen Ammoniten vor. Jedoch sind diese ohne die schützende Kalkumhüllung bei der Diagenese des Tonschlamms zu hauchdünnen Scheiben zusammengedrückt worden, denn die Diagenese eines Tonsediments verläuft ähnlich wie die eines Sandes, doch kommt es bei Tonschlamm auf Grund seines anfangs viel höheren Porenvolumens zu wesentlich drastischeren Setzungen: Frischer Tonschlamm besteht nicht selten zu 80 Prozent aus Wasser und nur zu 20 Prozent aus regellos im Sediment verteilten Tonmineralblättchen.

Die Ammoniten waren eine sehr formenreiche Gruppe von Meerestieren, die zum Ende der Oberkreidezeit vor etwa 70 Millionen Jahren ausstarben. Sie besaßen eine gewisse Ähnlichkeit mit den heute noch lebenden Tintenfischen, hatten aber im Gegensatz zu diesen ein kalkiges Gehäuse zum Schutz ihrer Weichteile entwickelt. Zusammen mit den heutigen Tintenfischen und den gleichfalls ausgestorbenen Belemniten (siehe S. 102) sowie mit den Nautiloideen, von denen noch heute die Gattung Nautilus mit sechs Arten in tropischen Meeren existiert, bilden sie die Klasse der Kopffüßer. Die Kopffüßer, so genannt nach dem mit Fangarmen ausgestatteten Kopf, gehören wie die Klassen der Muscheln und Schnecken zum Tierstamm der Weichtiere (Mollusken).

Die knopf- bis wagenradgroßen Gehäuse der Ammoniten ähneln in ihrer Spiralform nur äußerlich den Schneckengehäusen. Sie sind indes im Unterschied zu diesen gekammert (Abb. 7.12c). In der größten Kammer am äußeren Ende der Spirale, in der sogenannten Wohnkammer, war der Weichkörper des Tieres untergebracht. Die übrigen Kammern waren mit Gas gefüllt und hatten eine der Fischblase vergleichbare Funktion als Schwimmkörper. Sie standen über einem dünnen Hautschlauch (Sipho) miteinander in Verbindung, der durch entsprechende Öffnungen in den Kammerscheidewänden von der Wohnkammer bis zur Embryonalkammer verlief und wohl zur Regulierung des Gasdrucks diente.

Soweit ist der Aufbau des Gehäuses mit dem des heute noch lebenden Nautilus vergleichbar (Abb. 7.12b). Ein wesentlicher Unterschied besteht jedoch in der Form der Kammerscheidewände. Sie sind nicht wie die des Nautilus gleichmäßig gewölbt, sondern legen sich zu den Rändern hin, dort, wo sie mit dem Außengehäuse verwachsen sind, in Wellen, die sich oftmals wiederum in zahlreiche kleine Falten aufgliedern. Die Anwachsnähte der Kammerscheidewände erscheinen daher auf Steinkernen (dem sedimentären Innenausguß des Gehäuses) als wellige bis sich vielfach verästelnde Linien (Abb. 7.12e). Diese sogenannten Lobenlinien sind neben Form und Skulpturierung (Abb. 7.12d) des Gehäuses wichtige Merkmale zur Gattungs- und Artbestimmung der Ammoniten.

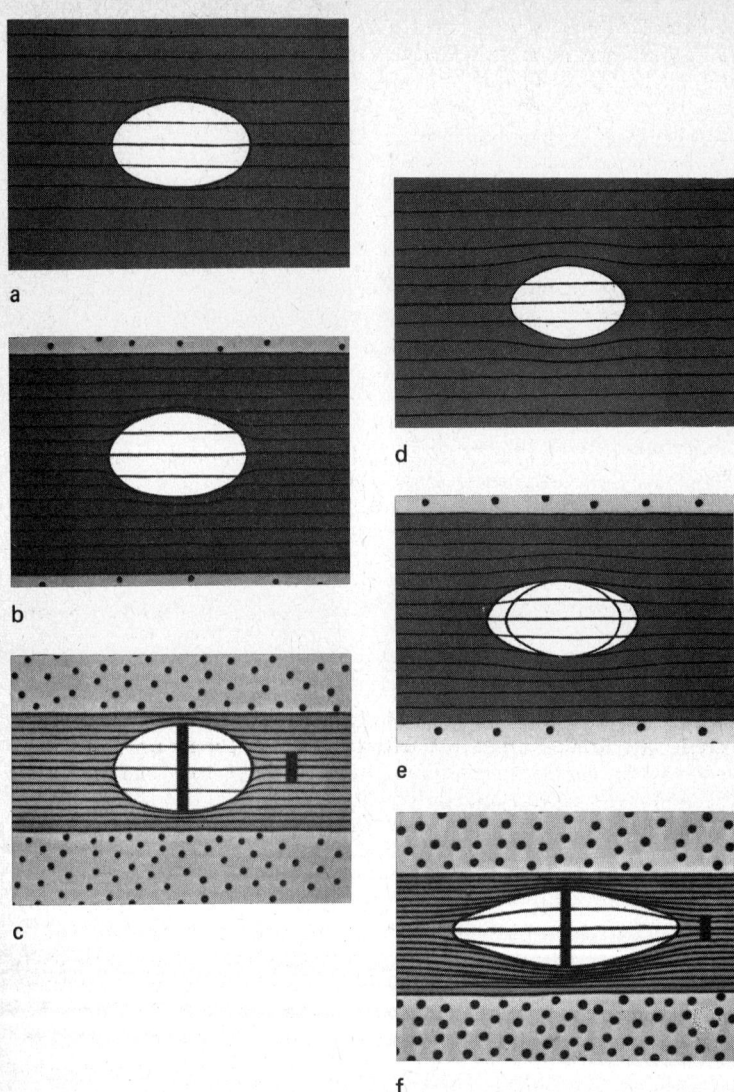

Abb. 7.13: *Unterschiedliche Setzung des Sediments innerhalb und außerhalb einer Konkretion. a—d Die Setzung des Sediments erfolgt im wesentlichen nach Ende der Konkretionsbildung. — e—f Die Setzung des Sediments erfolgt im wesentlichen während der Konkretionsbildung.*

Bei der Diagenese wird der weitaus größte Teil des Wassers ausgepreßt, und die Tonmineralplättchen werden annähernd parallel eingeschichtet. In günstigen Fällen kann man sogar die Mindestbeträge der Setzung ermitteln, beispielsweise mit Hilfe von Kalkkonkretionen, in denen noch die Schichtung des Tonsediments erkennbar ist (Abb. 7.13a–f): Auf Abb. 7.13a hat sich der feingeschichtete Tonschlamm bisher nur wenig gesetzt. Im Bereich der Konkretion ist der Porenraum mit Kalk ausgefüllt und das Sediment dadurch bereits stark verfestigt. Unter der Last neuer Sedimentauflagen behält der feste Konkretionskörper seine Form. Dagegen rücken im übrigen Sediment die Schichten unter Abgabe von Porenwasser immer dichter zusammen (Abb. 7.13b–c). Bei diesem Idealfall läßt sich heute aus der unterschiedlichen Dicke eines ursprünglich zusammenhängenden Schichtstapels inner- und außerhalb der Konkretion direkt ablesen, um wieviel sich das Sediment seit der Konkretionsbildung gesetzt hat.

Ein anderes Bild entsteht, wenn sich schon während der Konkretionsbildung das Sediment stärker setzt: Dann verlaufen innerhalb der Konkretion die Schichten nicht parallel, sondern rücken vom Zentrum zur Peripherie hin zunehmend dichter zusammen (Abb. 7.13d–f). Durch Vergleich eines entsprechenden Schichtstapels im Zentrum der Konkretion und außerhalb dieser läßt sich der Setzungsbetrag seit Beginn der Konkretionsbildung ermitteln.

Zu diesem Bild ein Beispiel — gleichfalls aus einem Schwarzjuraaufschluß, aber im Schichtstufenland vor der Schwäbischen Alb. Der Aufschluß liegt am südlichen Ortsrand von Gomaringen (siehe S. 42) und zeigt, wie Tonsteinschichten Kalkkonkretionen gewissermaßen umschmiegen (Abb. 7.14): Das Tonsediment wurde zusammengepreßt. Die Konkretionen verhielten sich dagegen wie starre Körper. Innerhalb der Konkretionen (auf Abb. 7.14 nicht sichtbar) laufen die Schichten vom Zentrum zur Peripherie hin zusammen, also ein Zeichen dafür, daß sich das Sediment schon stärker setzte, als die Konkretionen noch wuchsen.

Nach der oben beschriebenen Methode erhalten wir für den wirklichen Setzungsbetrag seit Ablagerung des Sediments bis heute nur einen Mindestwert. Die wirkliche Setzung ist größer, denn wir müssen folgende Einschränkungen machen: Erstens kann sich das Sediment nicht nur während, sondern auch schon vor der Konkretionsbildung gesetzt haben; und zweitens können auch die Kalkkonkretionen nach ihrer Bildung wieder etwas schrumpfen. Diese Einschränkungen gelten auch für eine weitere Methode zur Ermittlung des Setzungsbetrages: Wir nehmen an, daß eine Untersuchung des Kalkgehalts in den Kalkkonkretionen 90 Volumenprozent Kalk, im Tonstein 10 Volumenprozent Kalk erbrachte. Die Konkretionen enthalten also 80 Volumenprozent mehr Kalk. Da die Kalkabscheidung seinerzeit im Porenraum eines Tonschlamms stattgefunden hat, muß der Porenraum des ursprünglichen Tonschlamms mindestens um 80 Prozent größer gewesen sein als der des heutigen Tonsteins. Seit der Konkretionsbildung hat

Abb. 7.14:
Der dünnplattige Tonstein
schmiegt sich um eine
Kalkkonkretion (rechts);
er wurde bei der Diagenese
viel stärker zusammengepreßt
als die schon sehr früh
verfestigte Konkretion.
Steinbruch in den Ablagerungen
des oberen Schwarzjura
am südlichen Ortsrand von
Gomaringen südlich Tübingen,
direkt an der Straße
nach Nehren.

sich demnach das Tonsediment um mindestens 80 Prozent gesetzt.

Zusammenfassend läßt sich zur Diagenese folgendes sagen: Die Diagenese ist ein Sammelbegriff für alle Vorgänge, die ein lockeres Sediment in ein festes Sedimentgestein verwandeln, ein Alterungsprozeß, bei dem also die Zeit eine wichtige Rolle spielt. Dabei sind Druck, Temperatur und das Porenwasser mit den darin gelösten Stoffen die wirksamsten Faktoren. Durch die Auflast immer neuer Schichten steigt der Druck und mit zunehmender Versenkungstiefe die Temperatur im Sediment. Dadurch wird das Sediment entwässert, verdichtet und erwärmt. Wachsender Druck und Erwärmung begünstigen aber auch vielfältige Lösungs- und Abscheidungsvorgänge sowie den Stoffaustausch zwischen Sediment und Porenwasser nebst darin gelösten Stoffen. So geht mit der Verdichtung vielfach eine Verkittung durch Bindemittelbildung einher. Durch diese diagenetischen Vorgänge wird Tonschlamm zu Tonstein, Kalkschlamm zu Kalkstein, ein Ton-Kalkschlamm-Gemisch zu Mergelstein, Sand zu Sandstein und eine lockere Geröllanhäufung zu einem Konglomerat.

Zu den diagenetischen Produkten zählen außer den Sedimentgesteinen und den hier behandelten Konkretionen auch die Fossilien, die je nach ihrem diagenetischen Schicksal in den verschiedensten Erhaltungszuständen vorkommen können. Die Weichteile gehen fast immer völlig verloren. Doch auch die Hartteile verändern sich: kalkige Hartteile machen beispielsweise häufig eine Sammelkristallisation durch, so daß die feineren Baustrukturen verschwinden und ein Kalkkörper aus viel gröberen Kalkspatkristallen entsteht. Nicht selten wird der Kalk auch durch Kieselsäure ersetzt (= Verkieselung) oder völlig gelöst, so daß zum Beispiel von Ammonitengehäusen nur ein Abdruck oder ein innerer Ausguß, ein sogenannter Steinkern, erhalten bleibt.

8. Schollenbewegungen in der Erdkruste

Das Zusammenwirken von Abtragung und Transport hält die Gesteinsmaterie an der Erdoberfläche in Bewegung. Doch auch im Erdinnern verändern die Gesteine ihre Lage. Das verspüren wir zeitweise nur allzu deutlich in den Erdbebengebieten (siehe Abb. 12.2). Man unterscheidet vulkanische Beben, Einsturzbeben und tektonische Beben. Vulkanische Beben entstehen durch vulkanische Explosion. Einsturzbeben werden durch Einsturz unterirdischer Hohlräume ausgelöst. Etwa 90 Prozent aller bekannten Erdbeben aber sind tektonische. Dazu gehören auch die schwersten Beben.

Unter Tektonik versteht man die Lehre vom räumlichen Bau der festen Erdkruste, von den Bewegungsvorgängen in derselben und von den Kräften, die diese Bewegungen auslösen. Die Ursache der tektonischen Beben sind Entladungen von Spannungsenergie, die bei Schollenbewegungen im Erdinnern frei wird. In labilen Bereichen des Erdinnern sammelt sich Spannungsenergie bis zur Grenze der Bruchfestigkeit an. Wird diese Grenze überschritten, entstehen Bruchflächen, an denen Gesteinsschollen in eine neue Lage schnellen. Dabei wird jedoch nur ein Teil der zuvor gespeicherten Energie verbraucht. Ein mehr oder minder großer Restbetrag strahlt vom Bebenherd, dem Hypozentrum, nach allen Seiten in Form von Bebenwellen ab. Häufig sind die Bebenherde an schon vorhandene Bruchflächen gebunden, so in Kalifornien, wo sich entlang einer 900 Kilometer langen Erdnaht, der sogenannten San-Andreas-Linie, Schollen horizontal gegeneinander verschieben. Das geschieht jedoch nicht gleichmäßig, sondern ruckweise, jeweils nachdem die Spannung in den Schollen bis zu einem Höchstmaß angewachsen war. Für das Erdbeben in San Francisco im Jahre 1906 hat man die an die Erdoberfläche abgegebene Energiemenge berechnet. Sie entsprach der Energie, die beim Aufprall einer Eisenkugel von etwa einem Kilometer Durchmesser aus einer Höhe von 280 Kilometern frei werden würde.

Im erdbebenreichen Raum um den Pazifischen Ozean wurden bei Tiefenbeben Herdtiefen bis zu 700 Kilometer unterhalb der Erdoberfläche festgestellt. Die meisten bisher registrierten tektonischen Beben wurzelten jedoch in geringerer Tiefe. Mehr als 80 Prozent aller Beben waren Flachbeben, deren Hypozentrum in 5 bis 60 Kilometer Tiefe lag. An der Erdoberfläche sind die stärksten Erschütterungen naturgemäß etwa senkrecht über dem Hypozentrum zu erwarten. Dieses Areal bezeichnet man als Epizentralgebiet und dessen Mittelpunkt als Epizentrum. Mit der Entfernung vom Epizentrum nimmt nach allen Seiten die Bebenstärke ab. Die katastrophalen Schäden, welche Erdbeben in dichtbesiedelten Ortschaften anrichten können — während des Erdbebens in Yokohama/Tokio im Jahre 1923 kamen beispielsweise etwa

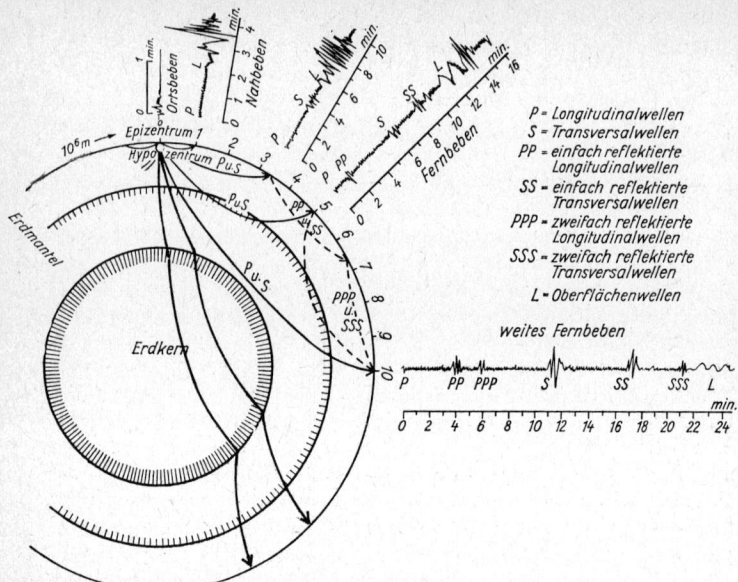

Abb. 8.1: *Eine Auswahl möglicher Wellenwege bei einem Erdbeben mit den dazugehörigen Seismogrammen (vom Seismographen aufgezeichnete Erschütterungen)*

200 000 Menschen ums Leben –, hängen daher nicht allein von der Bebenstärke im Epizentrum ab, sondern auch von der Entfernung der betroffenen Orte zum Epizentrum. Nach der Entfernung der Bebenorte zum Epizentrum unterscheidet man Ortsbeben (direkt im Epizentrum), Nahbeben und Fernbeben (Abb. 8.1).

Die Bebenwellen sind elastische Wellen, die die Gesteine in kurzen Perioden elastisch verformen. Die Massenteilchen der Gesteine schwingen dabei hin und her, sowohl in Fortpflanzungsrichtung der Wellen (Longitudinalwellen) als auch senkrecht zu ihr (Transversalwellen). Mit Hilfe der Erderschütterungsmesser, der Seismographen, lassen sich drei Wellentypen mit unterschiedlicher Fortpflanzungsgeschwindigkeit beobachten, die verschiedene Wege nehmen und mehrfach reflektiert und gebrochen werden können:

1. P-Wellen (undae primae) oder erste Vorläufer sind „schnelle" Longitudinalwellen, die vom Hypozentrum aus mit Geschwindigkeiten bis zu 13 km/sec ihren Weg durch das Erdinnere suchen. Durch das Schwingen der Massenteilchen in Fortpflanzungsrichtung werden die betroffenen Gesteine abwechselnd verdichtet und gedehnt.

2. S-Wellen (undae secundae) oder zweite Vorläufer sind Transversalwellen, die den P-Wellen mit etwa der halben Geschwindigkeit auf gleichem Wege folgen.

3. L-Wellen (undae longae) oder Oberflächenwellen besitzen einen longitudinalen und einen transversalen Anteil und breiten sich relativ langsam längs der Erdoberfläche aus. Man nennt sie auch Hauptbebenwellen, denn sie sind die energiereichsten Wellen mit großen Schwingungsweiten und verursachen auf der Erdoberfläche die stärksten Schäden.

Im Epizentrum registrieren die Seismographen das Erdbeben noch als fast einheitlichen Stoß. Erst mit zunehmender Entfernung vom Epizentrum kündigen an der Erdoberfläche erste und zweite Vorläufer die langsameren, aber gefährlicheren Oberflächenwellen an, die vom Epizentrum ausgingen. Abb. 8.1 mit dem Verlauf der Erdbebenwellen enthält eine Auswahl möglicher Wellenwege und zeigt, daß bei Fernbeben die ersten und zweiten Vorläufer (P- und S-Wellen) schon mehrfach an der Erdoberfläche reflektiert wurden. Die auffällige Krümmung der Wellenwege erklärt sich durch die mit der Erdtiefe zunehmende Elastizität und Dichte der Gesteine. Die dichteren Gesteine in größerer Erdtiefe werden von den P- und S-Wellen schneller durcheilt als die weniger dichten nahe der Erdoberfläche. An Unstetigkeitsflächen (Grenzflächen zwischen Gesteinen mit unterschiedlichen physikalischen Eigenschaften) kommt es zu Reflexionen und Brechungen. So wurden beispielsweise die beiden linken Wellenwege auf Abb. 8.1 an der Unstetigkeitsfläche zwischen Erdmantel und Erdkern gebrochen.

Die Vorhersage eines starken Erdbebens war bisher nur in wenigen Fällen möglich, oft nur dann, wenn dem Hauptschlag schwache Beben als Vorwarnung vorausgegangen waren. Um möglichst viele Erdbeben vorauszusagen, ist heute die gesamte Erde mit einem mehr oder minder engmaschigen Netz von Erdbebenwarten überspannt. Aus den zahlreichen Seismogrammen haben wir aber auch gewissermaßen als Abfallprodukt die wichtigsten Erkenntnisse über den inneren Aufbau der Erde erhalten, vor allem über die erdinnere Dichteverteilung. Für den erdoberflächennahen Bereich hatte man aus Dichtemessungen an den uns zugänglichen Gesteinen eine mittlere Dichte von 2,7 g/ccm errechnet, für die gesamte Erde jedoch auf Grund von Schweremessungen und astronomischen Beobachtungen eine mittlere Dichte um 5,5 g/ccm. Im Erdinnern muß folglich die Dichte den letzteren Wert noch weit übertreffen.

Die Auswertung der Seismogramme, mit der sich die Seismologie (Erdbebenforschung) befaßt, erbrachte nun, daß die Fortpflanzungsgeschwindigkeit von tief in den Erdkörper eingedrungenen P- und S-Wellen in gewissen Tiefenlagen sprunghaft ansteigt. Ganz auffällige Geschwindigkeitssprünge hat man immer wieder in 25 bis über 40 Kilometer und in 2900 Kilometer Tiefe festgestellt, ebenso Bebenwellen, die in diesen Tiefen reflektiert wurden. Da die Fortpflanzungsgeschwindigkeit der Bebenwellen im wesentlichen von der Dichte der betroffenen Materie abhängt, liegen offenbar in diesen Tiefen markante Unstetigkeitsflächen, an denen Materie unterschiedlicher Dichte an-

Tiefe [km]	Schalen	Stoff	Dichte [g/ccm]	Temperatur [°C]	Zustand	Geschwindigkeit der P-Wellen [km/sec]
15–20	obere Kruste	Sial	2,7			5,9
	untere	Sima	3,0			6,5
ca. 35	Mohorovičič-Unstetigk.			800	fest	
	oberer		3,3	1000		8,0
900	Mantel	Sifema				
	unterer					
2900	Wiechert-Gutenberg-Unstetigk.		5,7	2000		13,6
	äußerer		9,4	3000	flüssig	8,0
5100	Kern	Nife	11,5			11,0
	innerer				fest	
6370			15,0	ca. 5000		11,5

Abb. 8.2: Schalenaufbau der Erde (nicht maßstabgetreu)

einandergrenzt. Nach diesen Unstetigkeiten wird die Erdkugel in Kern, Mantel und Kruste gegliedert. Weniger scharfe Geschwindigkeitssprünge erlauben eine weitere Aufteilung dieser Erdschalen jeweils in einen tieferen und höheren Bereich (Abb. 8.2).

Gewisse Rückschlüsse auf die stoffliche Zusammensetzung der Erdschalen lassen sich aus deren seismisch ermittelter Dichte ziehen. So nimmt man an, daß der Erdkern auf Grund seiner hohen Dichte aus einer metallischen Mischung von Eisen und Nickel besteht, worauf auch die vermutlichen Kerntrümmer fremder Weltkörper, die Nickeleisenmeteorite, hinweisen. Doch ist nach Ansicht einiger Forscher durchaus denkbar, daß ebenso andere, normalerweise weniger dichte Stoffe den Erdkern aufbauen könnten, die aber unter dem ungeheuren Druck (am Erdmittelpunkt etwa 3,5 Millionen Atmosphären) auf eine entsprechend hohe Dichte komprimiert sind. Über die stoffliche Zusammensetzung des Erdmantels gehen die Auffassungen gleichfalls noch auseinander. Es wird entsprechend der Dichte dieser Erdschale zumeist angenommen, daß diese vor allem aus den Oxyden des Siliziums, Magnesiums und Eisens besteht. Die stoffliche Zusammensetzung entspräche dann etwa der des Minerals Olivin (siehe S. 233) und der schwerer, extrem siliziumdioxidarmer Erstarrungsgesteine (siehe S. 244). Nach den vorherrschenden Grundstoffen sind für Erdkern bzw. -mantel auch die Bezeichnung Nifekern (Ni: Nickel, Fe: Eisen) und Sifema (Si: Silizium, Fe: Eisen, Ma: Magnesium) gebräuchlich.

Größere Übereinstimmung herrscht über den Aufbau der Erdkruste, das eigentliche Forschungsobjekt der Geologie. Die obere Erdkruste entspricht nach ihren physikalischen Eigenschaften etwa dem Granit, die untere und dichtere den beiden siliziumdioxidarmen Erstarrungsgesteinen Gabbro (siehe S. 241) und Basalt. Nach den neben dem Sauerstoff vorherrschenden Elementen wird diese Granitschale auch als Sial (Silizium und Aluminium) und die dichte Gabbroschale auch als Sima (Silizium und Magnesium) bezeichnet. Die Erdkruste, deren mittlere Mächtigkeit etwa 35 Kilometer beträgt, ist nicht überall gleich dick. Besonders schwankt die Dicke des Sial. In Kontinenten erreicht es im allgemeinen eine Mächtigkeit von 15 bis 20 Kilometer, zu den ozeanischen Räumen hin dünnt das Sial dagegen stark aus und fehlt dort stellenweise gänzlich.

Die Temperatur der Erdkruste nimmt, wie man beispielsweise in Bergwerken spürt, mit der Tiefe zu. Die Tiefenstrecke, bei der die Temperatur um 1 Grad Celsius steigt, bezeichnet man als geothermische Tiefenstufe. Sie ist nicht überall gleich. In jungen Vulkangebieten beträgt sie oft nur 10 Meter, in alten Kontinentalbereichen mitunter über 100 Meter. In Mitteleuropa liegt sie im Mittel bei 33 Meter (pro 33 Meter Tiefe eine Temperaturzunahme um 1 Grad Celsius), schwankt aber auch dort beträchtlich. Unter Berücksichtigung der geothermischen Tiefenstufen hat man für die untere Erdkruste eine Temperatur in der Größenordnung um 800 Grad Celsius berechnet. Für die Temperaturen im Erdmantel und Kern müssen wir zwangsläufig wieder auf Hypothesen zurückgreifen. Mit Sicherheit nimmt im Erdinnern die Temperatur nicht mehr fortlaufend in dem Maße zu, wie in der oberen Erdkruste entsprechend der geothermischen Tiefenstufe. Man käme sonst für den inneren Erdkern auf einen illusorischen Temperaturwert um 100 000 Grad Celsius. Die Auffassungen der meisten Forscher gehen dahin, daß im unteren Erdmantel die Temperatur auf etwa 2000 Grad Celsius und im inneren Erdkern auf etwa 5000 Grad Celsius ansteigt. Bei diesen Temperaturen, weit über dem Schmelzpunkt der Gesteine, müssen wir damit rechnen, daß die Gesteine des Erdmantels und das mutmaßliche Nickeleisen des Erdkerns in flüssigem Zustand vorliegen könnten. Andererseits wirkt der gleichfalls mit der Erdtiefe anwachsende Druck einer Verflüssigung entgegen. Hinweise auf den Aggregatzustand der tieferen Erdschalen lassen sich ebenfalls aus der Fortpflanzungsgeschwindigkeit tief in das Erdinnere eingedrungener Bebenwellen ableiten: Auf Grund der hohen Geschwindigkeiten im Erdmantel nimmt man an, daß auch diese Erdschale überwiegend fest ist. Der starke Geschwindigkeitsabfall an der Unstetigkeit vom Mantel zum Kern läßt dagegen vermuten, daß sich der äußere Erdkern im Gegensatz zum inneren in flüssigem Zustand befindet.

Bei einem Erdbeben sind die Betroffenen Augenzeugen eines gegenwärtigen Bewegungsaktes der Erdkruste. Derartige Bewegungsakte haben aber zu allen Zeiten der geologischen Vergangenheit stattgefunden und die Lage der Gesteine in vielfältigster Weise verändert. Beispiele solcher Lageveränderungen lassen sich sowohl großräumig als auch – im kleinen – innerhalb eines Aufschlusses finden, beispielsweise im Kalksteinbruch eines Zementwerkes bei Vogelbeck im oberen Leine-

Abb. 8.3: Kalksteinplatte aus einem Muschelkalksteinbruch bei Vogelbeck im oberen Leinetal mit zwei sich rechtwinklig kreuzenden Kluftsystemen aus jeweils parallel zueinander liegenden Kluftflächen; die Kluftflächen stehen senkrecht zu den Schichtflächen.

tal. Dort werden Meeresablagerungen aus der Muschelkalkzeit abgebaut, die nach ihrer Verfestigung bewegt wurden und dabei zerbrachen. Wir dürfen aber nicht annehmen, daß die Lageveränderungen der Gesteine in der Erdkruste immer das Ergebnis eines einzigen Bewegungsaktes oder eines einzigen Erdbebens darstellen. Sie sind vielmehr oft erst durch eine Summe von Bewegungsakten innerhalb langer Zeiträume entstanden. Dabei ist es an der Erdoberfläche sicherlich häufig zu erdbebenähnlichen Erscheinungen gekommen. Einen ersten Hinweis dafür, daß die Kalksteinbänke bei Vogelbeck bewegt wurden, liefern die zahlreichen Bruchflächen in den Kalksteinbänken. Bei Bruchflächen, an denen die aneinandergrenzenden Gesteinspakete nicht gegeneinander verschoben wurden, sprechen wir von Kluftflächen. Sie entstanden durch Zerrung der Gesteinsbank. Besonders deutlich wird der Zerrungseffekt, wenn die Kluftflächen auseinandergewichen sind, wie bei den sogenannten offenen Klüften.

Die Klüfte stehen in nicht verfalteten Sedimentgesteinen im allgemeinen senkrecht zu den Schichtflächen. Meist treten sie in größerer Zahl auf und bilden ein Kluftsystem, nach dem sich das Gestein spalten läßt (Abb. 8.3).

Offene Klüfte werden mitunter nachträglich mit mineralischen Stoffen ausgefüllt. Der Bergmann nennt sie dann verheilte Klüfte. Im

Vogelbeck-Kalksteinbruch bestehen die Kluftfüllungen aus Kalkspat-kristallen, die sich aus wäßrigen Lösungen abgeschieden haben; denn innerhalb einer Kalksteinserie hat das immer als Bergfeuchtigkeit vor-handene Formationswasser reichlich Kalk gelöst. Derartige Kluftfül-lungen werden Mineralgänge genannt. Sie können aus den verschieden-sten Mineralen bestehen und in ihrer Ausdehnung von einigen Millime-tern bis zu vielen Kilometern Länge schwanken. Der Bayerische Pfahl beispielsweise ist ein rund 140 Kilometer langer und bis zu 120 Meter breiter Mineralgang aus weißem Quarz. Wie eine Mauer erhebt sich am Südwestrand des Bayerischen Waldes dieser Quarzgang streckenweise über seine Umgebung, denn Quarz ist härter und chemisch wider-standsfähiger als seine Umgebung aus Gneis und Granit. Die Kräfte der Verwitterung und Abtragung haben ihn als sogenannten Härtling im Laufe von Jahrmillionen herauspräpariert. Wann der Quarzgang entstanden ist, kann man nicht mit Sicherheit sagen. Man weiß nur, daß er jünger sein muß als sein Nebengestein, der Gneis in der Umge-bung. Diese Aussage gilt aber für alle Mineralgänge, denn erst muß ja ein Gestein vorhanden sein, in das die Lösungen später eindringen können.

Der Bayerische Pfahl verläuft in nordwest-südöstlicher Richtung. Man sagt, der Pfahl „streicht" Nordwest-Südost (Abb. 8.4). Die Gnei-

Abb. 8.4: Die Hauptbruchflächen der in einzelne Teilschollen zerstückelten Böhmischen Masse (punktiert) sind durch Linien wiedergegeben. Zwischen zwei solchen Teilschollen, zwischen Bayerischem und Böhmerwald, entstand der Quarzgang des Bayerischen Pfahls (schraffiert); er streicht Nordwest-Südost.

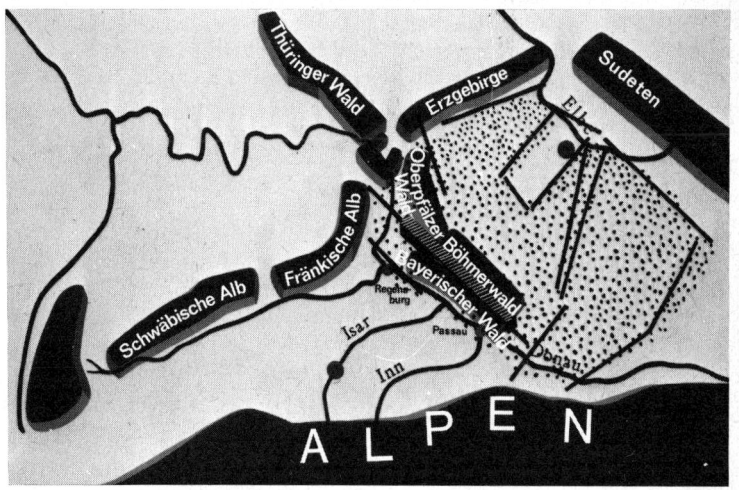

se und Granite in seiner Umgebung gehören dem Sockel eines sehr alten Gebirges an, der sogenannten Böhmischen Masse. Die Gneise sind vor etwa einer Milliarde Jahre in der Erdfrühzeit entstanden. Damals wurde dieser Krustenbereich zum letztenmal in größerem Umfang gefaltet. Seit diesem Stadium einer plastischen Verformung hat sich die Böhmische Masse zunehmend versteift und zu einem starren Block entwickelt. Auf spätere tektonische Bewegungen reagierte sie daher überwiegend mit Brüchen. Weitläufige Bruchlinien zerstückelten die Böhmische Masse in einzelne Teilschollen. Zwischen zwei derartigen Teilschollen sind wäßrige, quarzhaltige Lösungen aus der Tiefe aufgestiegen und haben dann die sich öffnende Spalte nach und nach wieder „verheilt". Lösungen dieser Art haben meist eine Temperatur von 300 bis 400 Grad Celsius, treten aber trotzdem überwiegend in flüssiger Form auf. Sie sind wohl Reste einer magmatischen Schmelze, die in mehreren Kilometern Tiefe erstarrte.

In Quarzgängen magmatischen Ursprungs finden sich mitunter Gold und vor allem Buntmetalle. Auch im Bayerischen Pfahl hat man Goldspuren nachgewiesen. Sie sind jedoch sehr gering und haben daher keinerlei wirtschaftliche Bedeutung. Wirtschaftliche Bedeutung hatten dagegen die Oberharzer Mineralgänge in der Umgebung von Clausthal-Zellerfeld und Andreasberg. Auch hier haben sich heiße Lösungen von einem magmatischen Schmelzkörper abgespalten, der vor etwa 280 Millionen Jahren in dem damals werdenden Gebirge erstarrte (siehe S. 180). Auf Spalten und Klüfte sind metallhaltige Lösungen in das Gebirgsdach eingedrungen und haben dort zerbrochene Gesteinspakete wieder verheilt. Dadurch entstanden in den Oberharzer Tonschiefer- und Grauwackeserien (siehe S. 181) Gänge mit Blei-, Zink-, Kupfer- und Silbererzen, die früher in großem Umfang abgebaut wurden. Heute sind die abbauwürdigen Erzgänge allerdings nahezu erschöpft. Im Clausthaler Heimatmuseum werden aber noch Stücke aus den Erzgängen aufbewahrt. Es handelt sich hauptsächlich um kristalline Metall-Schwefel-Verbindungen, sogenannte sulfidische Erze (chem.: Sulfide = Salze des Schwefelwasserstoffs), wie silbergrauer Bleiglanz mit geringen Mengen Silber, braungraue Zinkblende und goldgelber Kupferkies. Die Gangart — so nennt man die Minerale, die das Erz in den Gängen begleiten — besteht vor allem aus Quarz und Kalkspat.

Nach der Verwachsungsstruktur der Erze mit der Gangart werden unter anderem Banderze mit Lagenstruktur (Abb. 8.5, 8.7) und Brekzienerze (Abb. 8.6) mit eckigen Nebengesteinstrümmern unterschieden. Als Brekzie bezeichnet man ganz allgemein ein Gestein aus miteinander verkitteten eckigen Gesteinstrümmern. Brekzien haben gewisse Ähnlichkeit mit den Konglomeraten (siehe S. 101), besitzen aber im Gegensatz zu diesen nicht gerundete, sondern kantige Trümmer. Hier haben wir den besonderen Fall einer Reibungsbrekzie, deren Entstehung auf ein tektonisches Ereignis zurückgeht: Durch Reibung von Gestein auf Gestein entlang von Bruchflächen sind Gesteinsbruchstücke abgesplittert und später von den metallhaltigen Lösungen ver-

Links Abb. 8.5: Banderz mit Lagenstruktur aus den Oberharzer Mineralgängen. Die weiße Gangart besteht aus Kalkspat, die dunklen Bänder von unten nach oben: silbergrauer Bleiglanz, goldgelber Kupferkies (Mitte) und braungraue Zinkblende. Heimatmuseum Clausthal.

Rechts Abb. 8.6: Brekzienerz aus miteinander verkitteten Tonschieferbruchstücken. Die Kittmasse besteht aus weißem Quarz (= Gangart) und silbergrauem Bleiglanz. Oberharzer Mineralgänge, Heimatmuseum Clausthal.

Abb. 8.7: Banderz aus den Oberharzer Mineralgängen. Der Verlauf des Erzbandes zeigt, daß an zwei Bruchflächen, diagonal von links unten nach rechts oben, kleine Gesteinsschollen des Ganges verschoben . wurden. Derartige Bruchstrukturen werden Verwerfungen genannt. Heimatmuseum Clausthal.

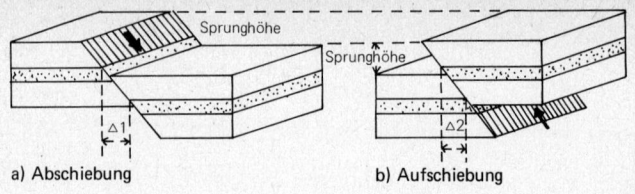

a) Abschiebung

b) Aufschiebung

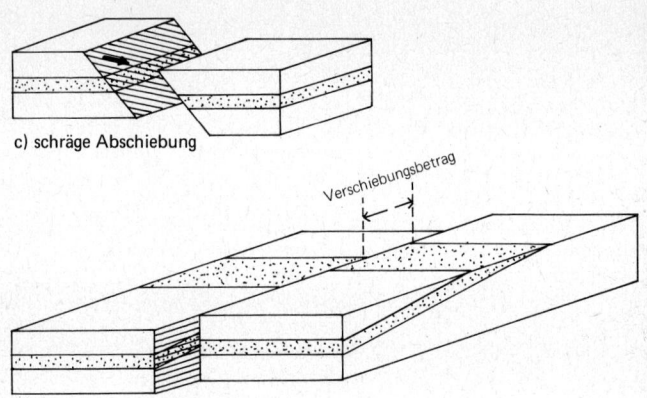

c) schräge Abschiebung

d) Horizontalverschiebung (Blattverschiebung)

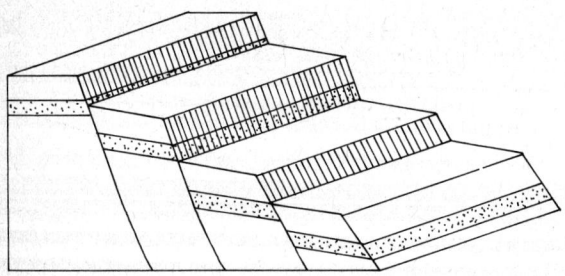

e) Staffelbruch

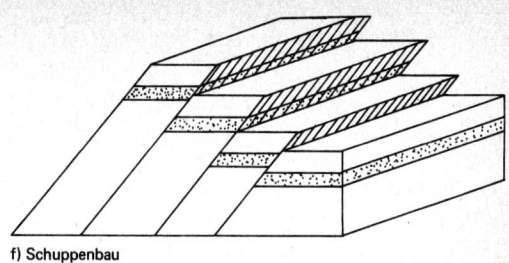

f) Schuppenbau

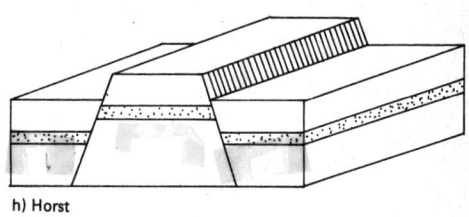

g) Graben

h) Horst

Abb. 8.8a–h: Strukturtypen der Bruchtektonik (Verwerfungen und Verwerfungssysteme)

kittet worden.

Doch auch nach der Mineralabscheidung haben noch tektonische Bewegungen stattgefunden (Abb. 8.7) und die Gänge zerbrochen. Kleine Gesteinsschollen wurden an Bruchflächen gegeneinander verschoben. Im Gegensatz zu den Klüften (ohne Verschiebung benachbarter Gesteinspakete) nennt man solche Bruchstrukturen Verwerfungen. Man unterscheidet zwei Grundtypen von Verwerfungen, die zugleich erkennen lassen, ob die tektonische Bewegung unter Dehnung oder Einengung verlief: Abschiebungen und Auf- oder Überschiebungen (Abb. 8.8a–b).

Bei einer Abschiebung ist nach Dehnung in der Horizontalebene eine Gesteinsscholle gegenüber der benachbarten abgesunken. Der Dehnungseffekt wird durch die Strecke Δ_1 sichtbar, um welche die Enden einer zuvor zusammenhängenden Schicht auseinandergewichen sind. Bei einer Auf- oder Überschiebung wurde dagegen durch horizontale Einengung eine Scholle über die andere geschoben. Die Einengung in der Horizontalen zeigt sich an der Strecke Δ_2, um die sich die entsprechenden Enden einer Schicht beiderseits der Verwerfung überlappen. Den Schichtversatz in der Vertikalen gibt in beiden Fällen die sogenannte Sprunghöhe an. Entlang den Verwerfungsflächen findet aber nur selten allein eine Verschiebung in der Vertikalen statt. In der Regel verlaufen die Verschiebungen schräg, besitzen also neben dem vertikalen noch einen mehr oder minder großen horizontalen Anteil (Abb. 8.8c). Überwiegt der horizontale Anteil bei weitem, spricht man von Horizontal- oder Blattverschiebungen (Abb. 8.8d). Eine derartige Horizontalverschiebung fand beispielsweise an der eingangs erwähnten San-Andreas-Linie in Kalifornien statt. Der horizontale Verschiebungsanteil läßt sich jedoch nur in besonders günstigen Fällen und meist nur im großregionalen Rahmen feststellen, auf Abbildung 8.8d beispielsweise durch die Schnittfläche einer geneigten Schicht mit der Erdoberfläche. Innerhalb einer Aufschlußwand können Schichtgrenzen im allgemeinen nur zur Beurteilung des senkrechten Schichtversatzes herangezogen werden. Entsprechende Markierungen für den Horizontalversatz sind dagegen selten. Eine Hilfe zur Ermittlung des tatsächlichen Verschiebungsaktes, sowohl in der Vertikalen als auch in der Horizontalen, geben uns mitunter die Rutschstreifen von sogenannten Harnischen. Das sind Verwerfungsflächen, die während des Bewegungsvorganges infolge der Reibung von Gestein gegen Gestein geschrammt oder sogar poliert wurden. Die Rutschstreifen, auf Abbildung 8.8c durch Schraffur angedeutet, liegen daher parallel zur Bewegungsrichtung der gegeneinander versetzten Gesteinsschollen. Durch Abtasten der Rauhigkeiten können wir außerdem den Bewegungssinn ermitteln (Abb. 8.9).

Verwerfungen treten häufig gesellig auf. Bei mehreren etwa parallel zueinander liegenden Abschiebungsflächen spricht man von einem Staffelbruch (Abb. 8.8e, 8.10), bei mehreren etwa parallelen Überschiebungsflächen dagegen von Schuppung (Abb. 8.8f).

Abb. 8.9: Freiliegende Verwerfungsfläche mit Harnisch am Großen Sülteberg bei Langelsheim im Harz. Die Rutschstreifen verlaufen diagonal von links oben nach rechts unten und fühlen sich von unten nach oben glatt, in entgegengesetzter Richtung aber infolge feiner Vorsprünge rauh an. An dieser Gesteinsscholle ist folglich eine benachbarte, hier nicht mehr vorhandene Scholle von rechts unten nach links oben entlanggeglitten.

Abb. 8.10: Staffelbruch in den Buntsandsteinbänken der Helgoländer Steilküste: Zwei Verwerfungsflächen verlaufen hier schräg von links oben nach rechts unten. Daß entlang diesen Verwerfungsflächen auf Grund horizontaler Zerrung Abschiebungen stattgefunden haben, erkennt man besonders deutlich an der linken Verwerfung: Die Enden der entsprechenden Bänke beiderseits der Verwerfungsfläche sind auseinandergerückt.

In einem von Verwerfungen zerstückelten Gesteinspaket lassen sich meist Gräben und Horste als örtliche Wechsel von Hoch- und Tiefschollen unterscheiden: Ein geologischer Graben entsteht durch Dehnung eines Gesteinspaketes, wenn eine Tiefscholle zwischen zwei benachbarten Hochschollen relativ absinkt (Abb. 8.8g). Wir müssen relativ sagen, da die Sprunghöhe eines Grabens teilweise auch auf aktive Hebung der Hochschollen zurückgehen kann. Die Tief- oder Grabenscholle wird von mindestens zwei, einander etwa parallelen, aber im allgemeinen entgegengesetzt geneigten Abschiebungsflächen begrenzt. Das Gegenstück zum Graben, der Horst, entsteht in den meisten Fällen ebenfalls durch Dehnung, und zwar dann, wenn eine Hochscholle gegenüber zwei benachbarten Tiefschollen gehoben wird oder bei deren Absenkung stehenbleibt. Die unter Dehnung gebildeten Horste (Abb. 8.8h) werden von Abschiebungsflächen begrenzt.

Bruchstrukturen dieser Art können in riesigen Dimensionen auftreten und Landschaften prägen. So im Verlauf der sogenannten Mittelmeer-Mjösen-Zone, einer alten Erdnaht, die aus zahlreichen Horizontalverschiebungen und Dehnungsstrukturen besteht. Im Erdaltertum brach vor etwa 280 Millionen Jahren in dieser Schwächezone der Oslograben ein, in dem heute der Oslofjord und weiter nördlich der Mjösasee liegen. Im Erdmittelalter, vor etwa 140 Millionen Jahren, entstand der Leinetalgraben, in der Erdneuzeit der Oberrheingraben (8.11) und der Rhônegraben.

Im oberrheinischen Raum setzte die Grabenbildung in der Tertiärzeit vor etwa 50 Millionen Jahren ein. Im Laufe von Jahrmillionen entstand dort ein über 300 Kilometer langer und durchschnittlich 35 Kilometer breiter geologischer Graben, der sich in nordsüdlicher Richtung zwischen Frankfurt und Basel erstreckt. Auch morphologisch ist er als solcher erkennbar, was nicht immer der Fall sein muß, denn

Abb. 8.11: Blockbild des Oberrheingrabens mit Kaiserstuhl (Mitte, östlich des Rheins)

durch Reliefumkehr (siehe S. 47) können geologische Gräben heute auch als Erhebungen vorliegen. Bei guter Sicht kann man vom Westrand des Schwarzwaldes aus die einzelnen Bauelemente des Grabens gut überblicken: Grabenschultern, Vorbergzonen und Rheinebene.

Im Süden bildet das freiliegende kristalline Grundgebirge des Schwarzwaldes die östliche und das der Vogesen die westliche Grabenschulter (Hochscholle). Das kristalline Grundgebirge besteht vorwiegend aus Granit des Paläozoikums (Erdaltertum) und aus metamorphen Gesteinen (Kap. 11), unter denen erdfrühzeitlicher Gneis vorherrscht. Mit zunehmender Entfernung vom Oberrheingraben taucht das Grundgebirge wieder mehr und mehr unter jüngere Ablagerungen des Mesozoikums (Erdmittelalter) ab, so das Grundgebirge des Schwarzwaldes unter das südwestdeutsche Schichtstufenland, dessen oberste Stufen die Jura-Ablagerungen der Schwäbischen Alb bilden (siehe S. 41).

Die Rheinebene nimmt den größten Teil der Grabenoberfläche ein. Rheinschotter, jüngste Sedimente aus der Quartärzeit, haben das unruhige Relief der zerstückelten Grabenscholle zu einer Ebene nahezu ausgeglichen. Sie liegt bei Freiburg um 200 Meter über dem Meeresspiegel, also rund 1300 Meter niedriger als der 1493 Meter hohe Feldberg, die höchste Erhebung des Schwarzwaldes. Die tatsächlichen Sprunghöhen sind jedoch wesentlich größer, denn bei Bohrungen in der Rheinebene traf man erst unter einer bis zu 3000 Meter mächtigen Decke aus Rheinschottern und jungen, tertiärzeitlichen Sedimentgesteinen auf die Ablagerungen des Mesozoikums (jura- und triaszeitliche Sedimentgesteine, keine kreidezeitlichen), darunter schließlich auf das kristalline Grundgebirge. Sprunghöhen von 4000 bis 5000 Meter konnten nachgewiesen werden. Der Unterschied zwischen den Sprunghöhen und den Höhendifferenzen der Erdoberfläche erklärt sich durch das ausgleichende Zusammenwirken von Abtragung und Sedimentation: Die Grabenschultern wurden abgetragen und der Graben mit Abtragungsschutt wieder aufgefüllt.

Eine vermittelnde Stellung nehmen je eine westliche und östliche Vorbergzone ein, die beiderseits der Rheinebene den Übergang zu den Grabenschultern bilden. Die östliche Vorbergzone vor dem kristallinen Grundgebirge des Schwarzwaldes ist im Gegensatz zum düsteren, mit Nadelwäldern bestandenen Hochschwarzwald ein flaches Hügelland mit Laubwäldern und Weinhängen. Geographisch rechnet man diese Vorbergzone oft noch zum Schwarzwald, geologisch gehört sie aber schon dem Oberrheingraben an. Sie besteht aus einer gestaffelten Reihe von Schollen, die bei der Abschiebung an der östlichen Grabenschulter hängengeblieben sind. Ähnliche Verhältnisse bestehen auch am westlichen Grabenrand, zu den Vogesen hin. Die Übergänge von der Grabenscholle zu den Grabenschultern vollziehen sich also nicht jeweils auf einer einzigen Abschiebungsfläche, sondern stufenförmig in Form eines durch mehrere Abschiebungen gegliederten Staffelbruchs. Diesem Umstand verdanken wir es, daß uns die im Graben tief versenkten mesozoischen Ablagerungen hier an der Erdoberfläche zugänglich sind, z. B. am Schönberg in der Vorbergzone südlich Freiburg.

Bei einem Blick vom Schönberg nach Süden fällt auf, daß sich hier die Hügelkette der Vorberge morphologisch deutlich abhebt: Eine nordsüdlich verlaufende Senke markiert die Hauptabschiebungszone zwischen Schwarzwald und Vorbergen. Ebenso markant ist die Grenze zur Rheinebene. Ein abrupter Geländeabfall leitet von den Vorbergen zur Rheinebene über. Der Schönberg (644 m ü. NN) besteht teils aus Meeresablagerungen der Braunjurazeit, teils aus wesentlich jüngeren Ablagerungen der Alttertiärzeit. Letztere gehören einer gesonderten Staffelbruchscholle des Schönbergs an, die sich an eine zuoberst aus Braunjuragesteinen bestehende Scholle weiter grabenwärts anlehnt und an die Rheinebene grenzt.

In den Braunjuraablagerungen liegen an einer kleinen Straße von Wittnau zum Schönberg zwei Aufschlüsse, der eine etwa auf halber Höhe des Berges. In einer Tongrube wird dort Opalinuston abgebaut, ein schwarzgrauer Tonstein, der seinen Namen nach dem Leitfossil (siehe S. 168) Leioceras opalinum, einer Ammonitenart, erhalten hat. Als Folge der Oxydationsverwitterung weist der Tonstein zur Geländeoberkante hin die für Braunjuragesteine typische Braunfärbung (siehe S. 44) auf. Der im Oberrheingraben bis zu 130 Meter mächtige Opalinuston ist das unterste Schichtglied der Braunjuraschichten.

Auf den zweiten Braunjuraaufschluß, einen kleinen stillgelegten Kalksteinbruch, trifft man weiter bergauf, am Westhang des Schönbergs. Die beträchtliche Neigung der gelblichweißen Kalksteinbänke in Richtung Rheinebene (Abb. 8.12) läßt erkennen, daß die Scholle nicht nur abgeschoben wurde, sondern außerdem noch zur Grabenmitte hin abkippte. Der Kalkstein besitzt ein besonderes Gefüge. Er besteht aus dichtgepackten, einige Millimeter großen Kalkkügelchen, sogenannten Ooiden, die durch ein kalkiges Bindemittel miteinander verkittet sind. Solche Gesteine nennt man Oolithe oder Rogensteine, da die Ooide an den Rogen eines Fisches erinnern. Kalkooide bilden sich noch heute in warmen und bewegten Flachmeerbereichen, beispielsweise bei den Bahamas: Der im Meereswasser gelöste Kalk wird um winzige Fremdkörper herum abgeschieden, so um Schalenbruchstücke und kleine Gesteinstrümmer (Abb. 8.13). Gleichzeitig wird das wachsende Kalkkügelchen durch Wellenschlag hin und her bewegt, so daß sich der Kalk rundherum frei anlagern kann. Die genaue stratigraphische Bezeichnung (Stratigraphie: Schichtbeschreibung) dieses Rogensteinvorkommens lautet Hauptrogenstein. Im Oberrheingraben wird der Hauptrogenstein bis zu 80 Meter mächtig und stellt ein Schichtglied im oberen Teil der Braunjuraschichten dar.

Auch in den alttertiärzeitlichen Ablagerungen des Schönbergs befindet sich ein Aufschluß. Er liegt in einem dichten Laubwald bei einem alten Gemäuer am Westhang des Schönbergs, nur wenige hundert Meter westlich vom Hauptrogensteinaufschluß. Es handelt sich um ein marines Konglomerat, eine küstennahe Meeresablagerung. Die Herkunft der mitunter über kopfgroßen Strandgerölle des Konglomerats

Abb. 8.12: Kalksteinbruch am Westhang des Schönbergs südlich Freiburg i. Br., wenig unterhalb des Gipfels. Kalksteinbänke des sogenannten Hauptrogensteins (Brauner Jura), hier einer Staffelbruchscholle in der östlichen Vorbergzone des Oberrheingrabens angehörend. Die Gesteinsbänke fallen nach links, in Richtung Rheinebene, ein.

Abb. 8.13: Dünnschliff von Kalkoolith mit durchschnittlich 1,5 Millimeter großen Ooiden unter dem Polarisationsmikroskop: Kalk hat sich in feinen Lagen konzentrisch um winzige Gesteinsbruchstücke abgelagert. Die kreuzförmige Schattierung in den Ooiden hat optische Ursachen. „Erbsenstein" aus Karlovy Vary (Karlsbad), Böhmen, im Mineralogischen Institut der Technischen Universität Hannover.

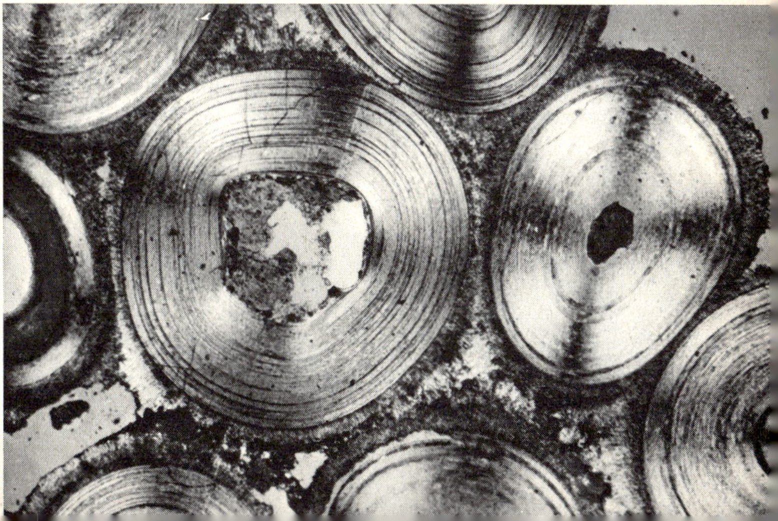

können wir sofort bestimmen: Sie bestehen hauptsächlich aus dem uns schon bekannten Hauptrogenstein der Braunjurazeit.

Aus Art, Alter und Lagerungsverhältnissen der Gesteine werden erdgeschichtliche Vorgänge rekonstruiert. Auch wir können bereits an Hand der in den letzten beiden Aufschlüssen gemachten Beobachtungen einiges zur Entstehungsgeschichte des Oberrheingrabens aussagen:

1. Die Hauptrogensteinbänke gehören einer Staffelbruchscholle des Oberrheingrabens an. Folglich kann die Grabenbildung erst nach der Entstehungszeit des Hauptrogensteins voll eingesetzt haben – also entweder noch zum Ende der Braunjurazeit vor 160 Millionen Jahren oder irgendwann danach.

2. Auf Grund der in Südwestdeutschland fehlenden Kreidegesteine wissen wir, daß in der zwischen Jura- und Tertiärzeit liegenden Kreidezeit der südwestdeutsche Raum Festland war. Das etwa 50 Millionen Jahre alte Meereskonglomerat aus dem Alttertiär beweist aber, daß das Oberrheingrabengebiet bereits in der Alttertiärzeit so weit eingesunken war, daß das Meer erneut in den oberrheinischen Raum vordringen konnte.

3. Auch das Konglomerat ist ein Teil einer Staffelbruchscholle. Demnach haben noch nach der Entstehungszeit des Konglomerats beträchtliche tektonische Bewegungen am Graben stattgefunden. Die Grabenbildung war also in der Alttertiärzeit vor 50 Millionen Jahren noch nicht abgeschlossen.

4. Das Konglomerat liegt am Schönberg etwa 600 Meter über dem Meeresspiegel. Abgelagert wurde es aber einst unter Meeresniveau. Das bedeutet, daß die Staffelbruchscholle nur im Vergleich zur Grabenschulter abgesunken ist, in Wirklichkeit jedoch seit der Alttertiärzeit mindestens um 600 Meter gehoben wurde, oder anders gesehen: die Staffelbruchschollen stellen weniger gehobene Teile des Grabens dar als die Grabenschultern. Wir haben also bei der Bildungsgeschichte des Oberrheingrabens nicht nur mit Absinken der Graben- bzw. Tiefscholle zu rechnen, sondern auch mit Hebungen der Hochschollen.

5. Die beträchtliche Größe der Gerölle aus Hauptrogenstein im Konglomerat läßt auf einen nur sehr geringen Transportweg schließen. Vor 50 Millionen Jahren standen folglich noch unmittelbar am Grabenrand Braunjuragesteine an, also obere Schichtserien der mesozoischen Ablagerungen im oberrheinischen Raum (Trias-Jura). Heute

Abb. 8.14: Entwicklungsgeschichte des Oberrheingrabens. a vor 140, c vor 60, d vor 50, f vor 20 Millionen Jahren, g heute.

a

b

c

Süßwassersedimente

d

e

f

g

sind durch Hebung der Grabenschultern die mesozoischen Schichten beiderseits des südlichen Oberrheingrabens abgetragen. Auf Juragesteine außerhalb des Grabens trifft man im Osten erst in der Schwäbischen Alb. Offenbar hat erst vor 50 Millionen Jahren die Hebung der Grabenschultern in größerem Umfang eingesetzt, denn sonst wären schon damals die Juragesteine am Grabenrand abgetragen gewesen und weiter von diesen zurückgewichen.

Derartige Gesteinsuntersuchungen, vor allem solche Geröllanalysen, die Auskunft über heute längst abgetragene Gesteinsserien geben, hat man vielerorts am Rande des Oberrheingrabens und an Bohrkernen aus dem Untergrund der Rheinebene vorgenommen. Daraus und aus zahlreichen Vermessungen der tektonischen Bruchlinien konnte man die Entwicklungsgeschichte des Oberrheingrabens rekonstruieren: Nach der Ablagerung der marinen Jurasedimente vor etwa 140 Millionen Jahren hob sich im oberrheinischen Raum die Erdkruste. Das Meer zog sich zurück. Fast ganz Süddeutschland wurde damals, zur Kreidezeit, zum Festland (Abb. 8.14a–b). Im Oberrheingebiet war das Grundgebirge schon von sehr alten Bruchflächen durchzogen, die bei Horizontalverschiebungen innerhalb der Mittelmeer-Mjösen-Zone entstanden waren. Zu Beginn der Tertiärzeit, vor etwa 60 Millionen Jahren, gewannen diese Strukturen wieder Bedeutung, allerdings in einem anderen Bewegungssinn. Jetzt fanden durch Dehnung der Erdkruste vor allem Vertikalbewegungen statt. Zunächst senkte sich der Untergrund ziemlich gleichmäßig. In der Senke bildeten sich Binnenseen, die verschiedene Süßwassersedimente hinterlassen haben (Abb. 8.14c).

Vor etwa 50 Millionen Jahren ging die gleichmäßige Einsenkung in abbrechende Bewegungen über. Die Grabenscholle brach so tief ein, daß das Meer erneut heranfluten konnte (Abb. 8.14d). Die Sprunghöhen bis zu 5000 Metern erklären sich aber nur teilweise durch echte Abwärtsbewegungen der Grabenscholle. Viel stärker waren die gleichzeitigen Aufwärtsbewegungen der Grabenschultern. Hierdurch wurden nun die dort auflagernden mesozoischen Gesteine verstärkt abgetragen und von Wasserläufen in den Graben verfrachtet. Damals bildete sich beispielsweise das alttertiärzeitliche Konglomerat aus Rogensteingeröllen am Schönberg (Abb. 8.14e).

Vor rund 20 Millionen Jahren, in der Jungtertiärzeit, nahm die Aufwärtsbewegung der Grabenschultern zu. Sogar die Grabenscholle hob sich mit. Bei den Hebungen wurde die Grabenscholle in zahlreiche Teilschollen zerstückelt. In einigen Bruchzonen konnten deshalb Gesteinsschmelzen aufsteigen, wovon die vulkanischen Gesteine des Kaiserstuhls zeugen (Abb. 8.14f). Das kristalline Grundgebirge der Grabenschultern wurde mehr und mehr freigelegt, und die Trias- und Juragesteine formierten sich zu den heutigen Schichtstufenlandschaften beiderseits des Oberrheingrabens. Rheinschotter überdeckten den zerstückelten Untergrund des Oberrheingrabens (Abb. 8.14g). Abtragung und Sedimentation sind noch heute dabei, die durch erdinnere Kräfte geschaffenen Reliefunterschiede wieder auszugleichen.

9. Faltung und Gebirge

Die Faltung in Gesteinen kann auf vielerlei Weise entstanden sein. So haben wir an den Zwergenlöchern im Südharz beobachtet, daß allein durch den Quellungsdruck, der bei der verwitterungsbedingten Umwandlung von Anhydrit zu Gips entsteht, Gesteinsbänke gefaltet wurden. Auch diagenetische Vorgänge können eine Faltung herbeiführen, wenn beispielsweise der aufsteigende Porenwasserstrom (siehe S. 105) von einer abdichtenden Schicht gestaut wird und dadurch einen gerichteten Druck auf die sich verfestigenden Sedimente ausübt. Weiterhin kann frisches Sediment bei Rutschungen an untermeerischen Böschungen in kleine Falten gelegt werden.

Wir wollen uns im folgenden jedoch auf die wichtigste und verbreitetste Art der Faltung beschränken, die im Laufe der Erdgeschichte mehrfach zu großräumigen Umgestaltungen der Erdkruste geführt hat. Diese Faltung wird durch seitliche Einengung von Erdkrustenteilen im Zuge einer Gebirgsbildung hervorgerufen. Voraussetzung hierfür ist eine Anhäufung von mehreren tausend Metern Meeressediment, das nach seiner diagenetischen Verfestigung und Versenkung in der Tiefe der Erdkruste gefaltet wird.

Auf mechanische Beanspruchung können feste Körper auf dreierlei Weise reagieren: mit elastischer Verformung, plastischer Verformung und mit Bruch. Dies läßt sich beispielsweise sehr gut an einer Spiralfeder aus Kupfer demonstrieren. Auf geringe Zugspannung reagiert die Kupferfeder elastisch. Nach der Beanspruchung nimmt sie wieder ihre alte Form an. Mit stärkeren Zugspannungen erreicht man aber eine Grenze, von der an eine bleibende (plastische) Verformung eintritt. Die Spannungen werden also nun durch plastische Verformungsarbeit abgebaut. Übersteigen die Spannungen jedoch ein gewisses Maß, dann bricht bzw. zerreißt schließlich die Kupferfeder.

Wenn mechanische Spannungen innerhalb der Erdkruste abgebaut werden, erfolgt das in Gesteinen nahe der Erdoberfläche oft durch Brüche. Auf diese Weise entstehen die im vorangegangenen Kapitel behandelten Erscheinungen der Bruchtektonik wie Klüfte, Spalten und Verwerfungen. Die Gesteinsmaterie durchschreitet rasch die Bereiche der Elastizität und der Plastizität und reagiert dann mit Bruch. In größeren Tiefen mit entsprechend höheren Temperaturen und gestiegenem lithostatischem Druck — einem allseitig wirkenden Druck, der sich durch das Gewicht auflagernder Gesteinsserien einstellt — erreichen dagegen die Gesteine die Bruchgrenze seltener und werden häufiger bruchlos verformt. Diese plastische Verformung äußert sich unter anderem in vielfach verbogenen und verfalteten Gesteinsbänken. Solche Erscheinungen der Faltentektonik zeigen besonders eindrucksvoll die Kalksteinbänke einer Felswand im Aaretal (Abb. 9.1).

Abb. 9.1: Intensiv gefaltete Gesteinswand im Aaretal (Schweiz), an der Straße von Meiringen nach Brienz

Die Folgen von Hebung, Verwitterung und Abtragung gewähren uns dort einen Einblick in Vorgänge, wie sie sich heute noch in mehreren tausend Metern Tiefe abspielen. Es sind harte Kalksteinbänke, die aus einem einst horizontal geschichteten Kalksediment hervorgegangen sind, das vor über 100 Millionen Jahren in einem südeuropäischen Meer der Unterkreidezeit abgelagert und später versenkt wurde.

In frischem Kalksediment geht die Verfestigung während der Diagenese im allgemeinen sehr rasch vor sich, wie Untersuchungen in unseren heutigen Gewässern ergeben haben. Wir dürfen daher annehmen, daß unsere Kalksteinbänke beim Eintritt der Faltung bereits verfestigt waren. Daß sich tatsächlich ein so sprödes Material wie Kalkstein unter gewissen Bedingungen plastisch verformen läßt, hat man auch experimentell nachgewiesen. Das Ergebnis eines derartigen Druckverformungsversuchs an einem dichten Kalkstein ist auf Abb. 9.2 dargestellt:

Unter gewöhnlichen Druckbedingungen, wie sie an der Erdoberfläche herrschen (allseitiger Druck ca. 1 Atmosphäre = 1 at), zerbricht dieser Kalkstein bei einer Preßlast (= gerichteter Druck) von 2300 at. Wird der Kalkstein jedoch einem allseitigen Druck von beispielsweise 3000 at ausgesetzt, tritt der Bruch erst ein, wenn dem allseitigen Druck ein gerichteter Überdruck von 3200 at hinzugefügt wird. Je höher der allseitige Druck ist, um so mehr lassen sich die Gesteinsproben verformen und um so später wird die Bruchgrenze erreicht.

Bei einem allseitigen Druck von 8000 at, wie er in Erdtiefen von 30 Kilometer herrscht, erzielen entsprechende Überdruckerhöhungen eine auffällig starke Verformung. Die sogenannte Fließgrenze, welche die Bereiche elastischen und plastischen Verhaltens trennt, ist überschritten. Nunmehr läßt sich der sonst spröde Kalkstein wie Ton beliebig plastisch verformen.

Das Erreichen der Fließgrenze eines Gesteins hängt außer von dessen stofflichen Eigenschaften und dem lithostatischen Druck auch von der Temperatur und der Dauer der mechanischen Beanspruchung ab. Entsprechende Verformungsversuche haben gezeigt, daß bei gleicher Beanspruchung die Fließgrenze sowohl mit steigenden Temperaturen als auch mit der Dauer der Beanspruchung sinkt.

Der Natur stehen geologische Zeiträume zur Verfügung, so daß im Vergleich zu den Versuchen auch geringe Drucke bereits eine plastische Verformung bzw. eine Faltung erzielen können. Wir müssen deshalb auch keineswegs annehmen, daß die gefalteten Kalksteinbänke des Aaretales einst mindestens 30 km tief versenkt waren. Dank der mit der Erdtiefe steigenden Temperaturen und vor allem dem geologisch wichtigen Faktor Zeit kann die Faltung auch in weit geringerer Tiefe erfolgt sein.

Wie bei der Bruchtektonik werden auch bei der bruchlosen plastischen Verformung mechanische Spannungen in der Erdkruste durch Materialverschiebungen abgebaut. Nur werden hierbei nicht ganze Gesteinspakete entlang einigen großflächigen Verwerfungen verschoben, sondern die Materialverschiebungen finden im Korn- oder Kristallbereich entlang feinsten Scherflächen statt, die oft erst unter dem Mikroskop sichtbar werden. Es gibt jedoch zahlreiche Fälle, in denen diese auch mit bloßem Auge im Gelände zu erkennen sind, insbesondere in gefalteten Tonschieferserien. Das Gefüge des Tonschiefers — eine dichte Aufeinanderfolge von parallelliegenden Tonmineralblättchen — ist für eine auch makroskopisch deutliche Ausprägung der Scherflächen gut geeignet:

Abb. 9.2: Druckverformungsdiagramm von dichtem Kalkstein bei 25 Grad Celsius. In fünf Experimenten wurden Kalksteinproben jeweils einem höheren, allseitig wirksamen Druck und zusätzlich einem wachsenden, einseitig gerichteten Überdruck ausgesetzt. Bei den Kurven ist der allseitige Druck eingetragen, auf der Ordinate (Senkrechten) der gerichtete Druck als Differenzbetrag zum allseitigen, auf der Abszisse (Waagerechten) die Verkürzung der Proben in Prozent.

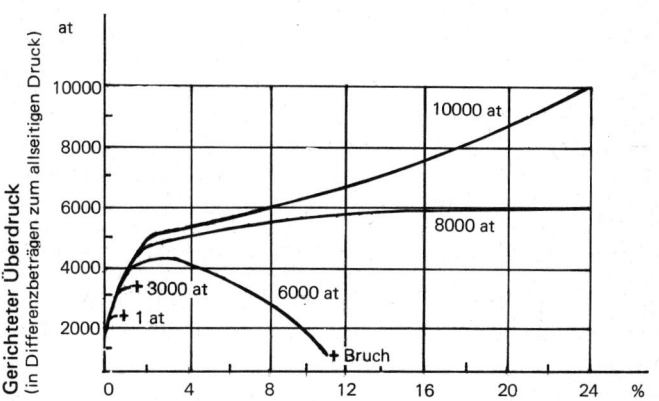

Abb. 9.3: Tonschieferwand im Nordostende der stillgelegten Ratsschiefergrube am Hessenkopf, etwa 3 Kilometer südwestlich Goslar. Flach nach rechts einfallend und mit zwei Kreidestrichen nachgezogen die schwer erkennbare Schichtung des Tonschiefers; sie wird von einem System steil einfallender Schieferungsflächen, gleichfalls durch parallele Striche angedeutet, gekreuzt.

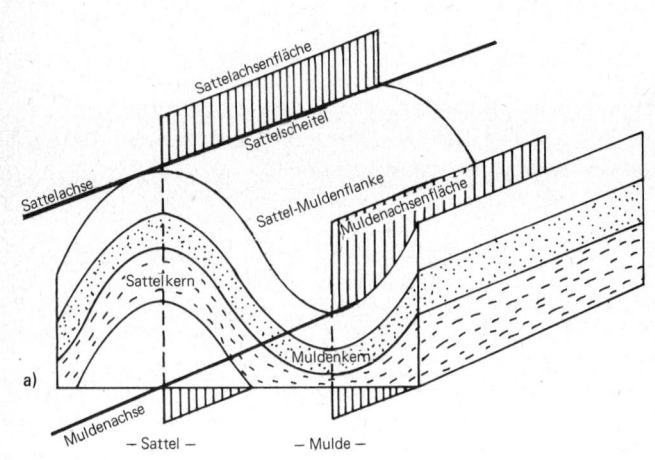

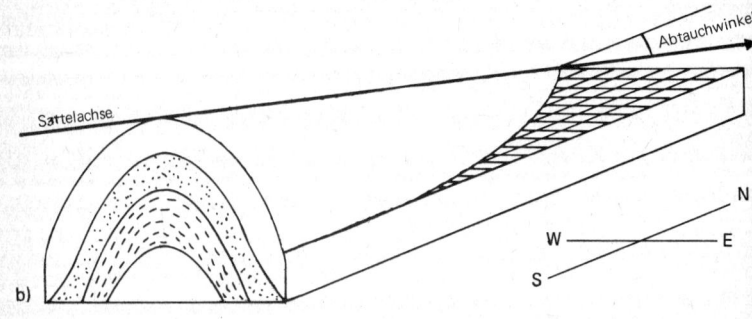

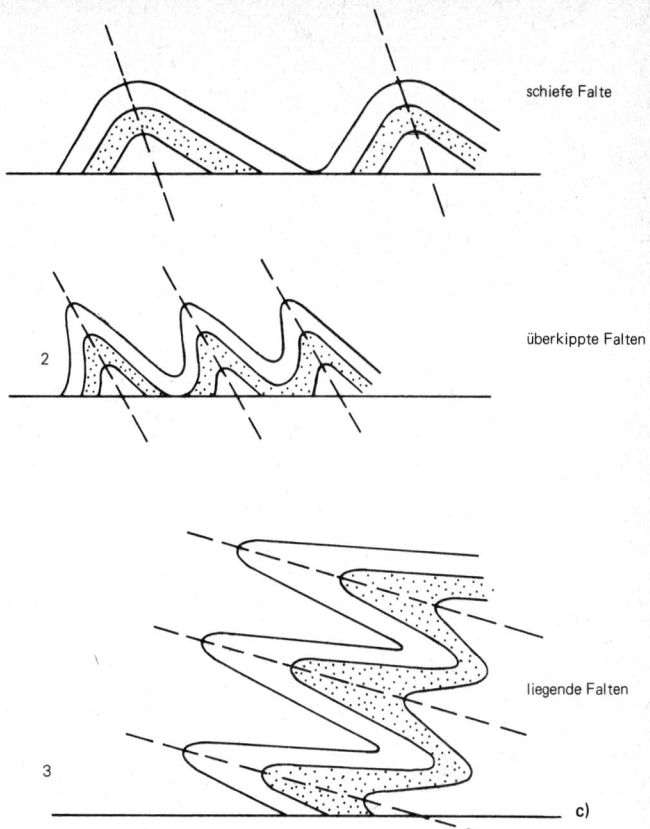

schiefe Falte

überkippte Falten

liegende Falten

c)

Abb. 9.4a: Bauplan einer symmetrischen Falte im Blockbild. Abb. 9.4b: Symmetrischer Faltensattel mit abtauchender Achse im Blockbild; gemäß dem Verlauf der Sattelachse streicht dieser Faltensattel Nord-Süd. Rechte Seite Abb. 9.4c: Asymmetrische (vergente) Falten im Profilschnitt; die Lage der Achsenebenen ist jeweils durch Schnittlinien zwischen diesen und der Profilebene dargestellt. 1) schiefe Falte: die Flanken der Sättel und Mulden sind gegensinnig geneigt, 2) überkippte Falten: die Flanken sind gleichsinnig geneigt, 3) liegende Falten.

Auf Abb. 9.3 werden die älteren Schichtflächen des Tonschiefers von einem (jüngeren) System engständiger, untereinander paralleler Scherflächen gekreuzt. Man nennt letztere auch Schieferungsflächen und bezeichnet daher derart geschieferte Tonsteine als Tonschiefer. Bei der Faltung des Gesteinspaketes haben sich die Tonmineralblättchen senkrecht zur Richtung des tektonischen Druckes oder diagonal zwischen dem größten und kleinsten Druck in oft nur einige tausendstel Millimeter dünne Platten angeordnet. Die Flächen dieser Platten sind die Schieferungsflächen, die bei der plastischen Verformung als Bahnen für kleinste Teilbewegungen dienten. Dadurch hat das Gestein ein neues, tektonisches Parallelgefüge erhalten, eine Schieferung. Hierauf beruht auch die Spaltbarkeit und Eignung des Tonschiefers zur Herstellung von Dachplatten.

Das bekannteste Beispiel für eine plastische Verformung von Gesteinen stellt wohl die Falte dar (Abb. 9.5). Rückschlüsse auf die Bewegungsabläufe und tektonischen Kräfte während der Verfaltung können nen wir aus ihrem Bauplan ziehen.

Die Falte ist eine regelmäßige Verbiegung von geschichteten Gesteinen in Dimensionen von einigen Millimetern bis zu mehreren Kilometern und besteht aus einem aufgewölbten Teil, dem Faltensattel, und einem nach unten gewölbten Teil, der Faltenmulde. Zwei Sattelflanken umschließen den Sattelkern, zwei Muldenflanken den Muldenkern. Eine gedachte Linie längs der obersten Schichtumbiegung im Sattel, dem sogenannten Sattelscheitel, bezeichnet man als Sattelachse, eine entsprechende im Muldentiefsten als Muldenachse. Der Verlauf dieser Faltenachsen in der Horizontalebene ergibt die Streichrichtung des jeweiligen Faltenteils (Abb. 9.4a). Meist liegen im Gebirge die Faltenachsen aber nicht wie auf Abb. 9.4a horizontal, sondern geneigt. Man spricht dann vom Auftauchen oder Abtauchen einer Falte. Die Steilheit des Abtauchens einer Falte ergibt sich aus dem Schnittwinkel zwischen Faltenachse und der Horizontalen (Abb. 9.4b).

Für die Beschreibung einer Falte ist außerdem die Lage der Faltenachsenebenen von Bedeutung, gedachten Flächen, die alle Umbiegungen jeder einzelnen Schicht des Sattels bzw. der Mulde miteinander verbinden. Hiernach unterscheidet man symmetrische Falten (Abb. 9.4a, b; 9.5) mit senkrechten Achsenebenen und asymmetrische oder vergente Falten mit geneigten Achsenebenen (Abb. $9.4c_{1-3}$, Abb. 9.6). Die Vergenz (lat. vergere: sich neigen) eines Faltenzuges gibt an, in welcher Richtung sich die Sättel zu ihren benachbarten Mulden neigen. Die Falten auf Abb. $9.4c_{1-3}$ sind beispielsweise gegen links vergent.

Eine wenn auch nur grobe Vorstellung von den Kräften und Bewegungen bei dem im Detail sehr komplizierten Faltungsvorgang erhalten wir, wenn wir uns die gefalteten Schichten in ihre Ursprungslage zurückgebogen denken. Die so wieder geglätteten Schichten nehmen dann in der Horizontalen eine weit größere Strecke ein als im gefalte-

Abb. 9.5: Symmetrischer Faltensattel an der Straße von Wildemann nach Claus-thal-Zellerfeld bei km 6,2. Die linke Sattelflanke ist stark erodiert. Grauwacke-bänke der Unterkarbonzeit, vor etwa 320 Millionen Jahren während der Varis-kischen Gebirgsbildung gefaltet.

ten Zustand. Mit der Faltung geht also eine Einengung einher. Bei symmetrischen Falten läßt sich diese durch eine horizontale Pressung erklären, unter der die Schichten nach oben und unten ausweichen und sich zu Sätteln und Mulden formieren. Bei asymmetrischen Fal-ten aber läßt deren Vergenz außerdem noch eine bevorzugte Schub-richtung erkennen. Solche Falten können entstehen, wenn ein Schichtstapel in Richtung der Vergenz — auf Abb. $9.4c_{1-3}$ also nach links — gegen ein sich starr verhaltendes Widerlager gepreßt wird. Andererseits kann auch eine schräg zum Schichtstapel gerichtete Pres-sung asymmetrische Falten erzeugen.

Echte Biegefalten, wie sie bisher beschrieben wurden, trifft man fast nur in geschichteten Gesteinen an. Offenbar ermöglichen über-haupt erst die Schichtflächen eine derartige Verbiegung. Versucht man beispielsweise, aus einem Stapel Filzstreifen eine Falte zu formen, kann man beobachten, daß sich dabei die Streifen relativ zueinander verschieben. Auch an natürlichen Biegefalten haben solche Relativ-bewegungen auf den Schichtflächen stattgefunden. Sie haben auf den Schichtflächen oft mehr oder minder deutliche Spuren in Form von Rutschstreifen (= Harnisch, siehe S. 128) hinterlassen. In einigen Fällen hat die Natur noch für zusätzliche Markierungen gesorgt, an denen man sogar die Beträge der Relativverschiebungen direkt ablesen kann.

143

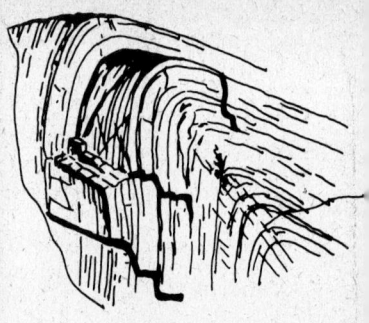

Abb. 9.6 und 9.7: Gegen links vergenter, schiefer Faltensattel im Ahrtal am südlichen Ortsende von Altenahr, direkt an der Bundesstraße 257 nach Adenau. Sattelkern besteht aus Tonschiefer, dessen Schieferungsflächen parallel zur Achsenebene liegen. Sattelflanken werden von Grauwackebänken aufgebaut, deren Schichtoberflächen zahlreiche Rutschstreifen tragen. Diese und die treppenförmig versetzten Quarzgänge in den Sattelflanken zeugen von Relativverschiebungen während der Faltung.

So an einem kleinen asymmetrischen Faltensattel im Ahrtal des Rheinischen Schiefergebirges (Abb. 9.6, 9.7):

Die Sattelflanken bestehen aus Grauwacke, der Kern aber aus Tonschiefer, dessen Schieferungsflächen parallel zur Achsenebene liegen. Vor über 350 Millionen Jahren wurde dieses Gesteinsmaterial in einem Meer der Devonzeit abgelagert und zum Ende dieser Zeit im Zuge der variskischen Gebirgsbildung gefaltet. Auf den Schichtoberflächen der Grauwackebänke verlaufen in Schubrichtung (Richtung der Vergenz) zahlreiche Rutschstreifen und beweisen, daß sich bei der Faltung die Gesteinsbänke in dieser Richtung gegeneinander verschoben haben. Außerdem werden an mehreren Stellen die Grauwackebänke von treppenförmig versetzten Quarzgängen senkrecht zur Schichtung durchbrochen. Ursprünglich war aber jede dieser mit Quarz gefüllten Klüfte im Zusammenhang. Der treppenförmige Versatz zeigt nun an, daß sich die äußeren Grauwackebänke gegenüber den inneren zum Sattelscheitel hin vorgeschoben haben, und zwar waren die Verschiebungsbeträge in der Flankenmitte am größten.

Diese zu den Sattel- wie Muldenscheiteln gerichtete Materialwanderung führt aber zwangsläufig zur Ausdünnung der Flanken unter oft gleichzeitigem Anschwellen der Kerne. Bei einem liegenden Faltensattel kann schließlich mit zunehmender Faltungsintensität die überkippte Flanke an der Stelle größter Ausdünnung ganz abreißen und sich so der Sattel als eigenständiges Faltengebilde weit von seinem Ursprungsort entfernen (Abb. 9.8a–d). Solche losgelösten und über

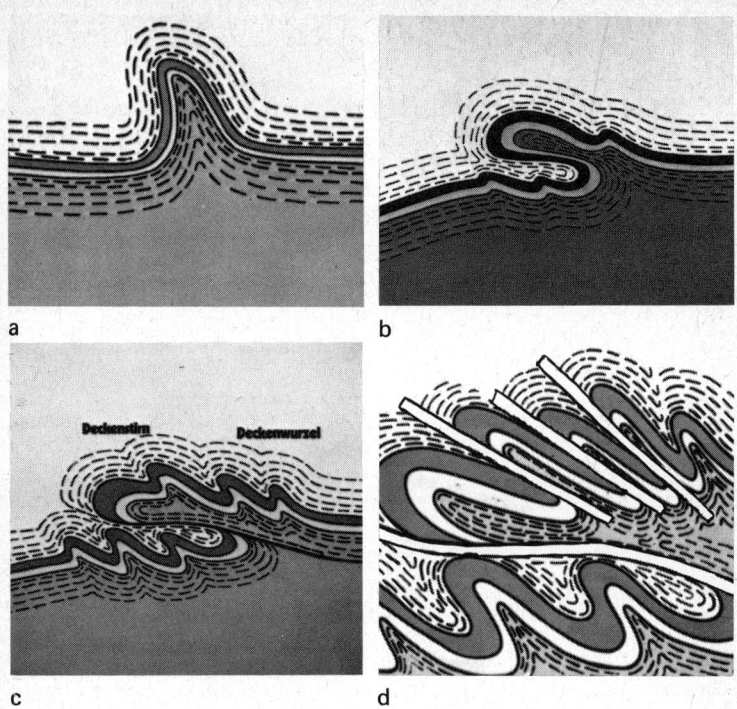

a b

c d

Deckenstirn Deckenwurzel

Abb. 9.8: Entstehung einer Überschiebungsdecke; auf d sind die Überschiebungsbahnen stark hervorgehoben.

benachbarte, auch ungefaltete Gesteine überschobenen Faltenteile bezeichnet man als Überschiebungsdecken. Das am weitesten vorgewanderte Ende der Decke nennt man Deckenstirn, den Ursprungsort Deckenwurzel. Oftmals sind Überschiebungsdecken wiederum in kleinere Falten gegliedert, die wie Schuppen eines Fisches übereinandergestapelt sein können (Abb. 9.8d).

Riesige Überschiebungsdecken kennzeichnen beispielsweise den Gebirgsbau der Alpen, die man daher auch im Unterschied zu den eigentlichen Faltengebirgen ohne nennenswerten Deckenbau, wie dem alten Variskischen Gebirge in Mitteleuropa oder dem Schweizer Jura, als Deckengebirge bezeichnet. Geologisch gesehen sind die Alpen ein sehr junges Deckengebirge. Erst in der Tertiärzeit vor 60 bis 10 Millionen Jahren wurden die Alpen in größerem Umfang gefaltet und zu einem Hochgebirge herausgehoben. Dagegen war die Bildung des heute wieder weitgehend abgetragenen und größtenteils unter jüngeren Deckschichten verborgenen Variskischen Gebirges bereits zum Ende des Paläozoikums (Erdaltertum) vor 250 Millionen Jahren abgeschlos-

a

b

Abb. 9.9: Blockbild des Säntisgipfels (Schweiz): Stirn einer Überschiebungsdecke. Rechts Rekonstruktion der abgetragenen Faltenteile; Überschiebungsbahn durch Linie mit Dreiecken dargestellt.

sen. Nur vereinzelt, in Gestalt von stark eingeebneten und später zum Teil zerbrochenen Rümpfen (Rheinisches Schiefergebirge, Harz, Sudeten) ragen noch Reste dieses mitteleuropäischen Faltengebirges aus der jüngeren Sedimentüberdeckung heraus.

In den Alpen haben sich Überschiebungsdecken mitunter über 100 Kilometer weit von ihrem Ursprungsort entfernt, insbesondere in den nördlichen Regionen, wo sich Decken weit in Richtung auf das süddeutsche Alpenvorland vorgeschoben haben. Deckenstirn und Deckenwurzeln liegen dort über 100 Kilometer weit auseinander. Überschiebungsdecken zeigen in eindrucksvoller Weise, daß Gestein nicht nur in Form von Abtragungsschutt durch Kräfte an der Erdoberfläche transportiert wird. Auch tektonische Kräfte also können Gestein kilometerweit in horizontaler Richtung fortbewegen.

Einen günstigen Einblick in den komplizierten Faltenbau der Überschiebungsdecken bietet eine Bootsfahrt auf dem Vierwaldstätter See von Brunnen zum Südende des Sees. In den Steilwänden am Ost- und Westufer türmen sich gefaltete Kalk- und Mergelsteinbänke der Kreidezeit übereinander. Sie gehören zu zwei gegen Nordnordwesten vergenten, helvetischen Decken — der Säntisdecke im Norden und der weiter südlich gelegenen Axendecke.

Es ist oft sehr schwierig, das Gesamtbild einer Überschiebungsdecke zu entwerfen, denn weite Teile der Decken liegen im Untergrund verborgen. Doch auch der an der Erdoberfläche zugängliche Teil ist nur schwer überschaubar, da die Decken von später ausgeformten Tälern zerschnitten sind. Man muß erst die entsprechenden Gesteinsbänke gewissermaßen durch die Luft und durch den Untergrund miteinander verbinden, um den Faltenbau einer Überschiebungsdecke zu entschlüsseln. Das Ergebnis einer solchen Konstruktion stellt Abbildung 9.9 dar. Sie zeigt einen Ausschnitt aus der Deckenstirn der Säntisdecke.

Am nördlichen Steilhang des Säntis, über dem eine Seilbahn mehr als 1000 Meter Höhenunterschied überwindet, treten wiederholt die gleichen Gesteinsbänke zutage. Es handelt sich um Kalk- und Mergelsteinbänke, die vor über 100 Millionen Jahren in einem Meer der Unterkreidezeit mehrere Zehnerkilometer weiter südlich abgelagert wurden. Nach Vermessungen und Beobachtungen auch in benachbarten Bergeinschnitten lassen sich diese Gesteinsbänke zu einzelnen, übereinandergeschobenen Faltenteilen verbinden, die durch schräge Überschiebungsbahnen voneinander getrennt sind (Schuppenbau, siehe S. 128). Die Hauptüberschiebungsbahn der Säntisdecke verläuft nahezu horizontal als leicht gewellte Fläche an der Basis der Decke.

Die härteren Gesteinsbänke der durch den Steilhang angeschnittenen Faltenteile sind zu Vorsprüngen herausgewittert, zu sogenannten Schichtkämmen oder Schichtköpfen. Girlandenartig durchziehen diese den Steilhang. Der höchste Schichtkopf bildet den Säntisgipfel.

Die Entstehung der großen Überschiebungsdecken läßt sich nur schwerlich allein durch seitliche Einengung erklären. Es ist geomechanisch kaum vorstellbar, daß durch horizontale Pressung an der Deckenwurzel ein im Vergleich zu seiner Erstreckung nur geringmächtiger Gesteinskörper derart weit über anderes Gestein hinweggeschoben werden kann. Als Hauptmotor der Deckenbewegungen wird daher von vielen Fachleuten die Schwerkraft angesehen, die ein Hinabgleiten liegender Falten in Senken des entstehenden Gebirges bedingt. Verständlich wird diese Auffassung, wenn man sich die Gebirgsbildung als Ganzes vor Augen hält. Man unterscheidet drei Stadien:

1. Das Geosynklinalstadium (Abb. 9.10a): Zunächst kündigt sich das werdende Gebirge durch einen kräftig absinkenden Flachmeertrog an. Mehr und mehr taucht dort die Erdkruste in den darunterliegenden Erdmantel ein. In dem Maße aber, wie dieser Trog einsinkt — man nennt ihn Geosynklinale —, wird er gleichzeitig wieder mit Abtragungsschutt vom Festland aufgefüllt. Die Geosynklinale ist gewissermaßen die Keimzelle des künftigen Gebirges, ein Sammelbecken für mehrere tausend Meter Sediment.

2. Das Faltungsstadium (Abb. 9.10b): Die Geosynklinale wird beim Einsinken seitlich eingeengt und zusammengepreßt. Die nun schon durch diagenetische Vorgänge (siehe S. 105) zu Sedimentgesteinen verfestigten Geosynklinalablagerungen erleiden dadurch mit zunehmender Versenkung eine plastische Verformung und Faltung.

3. Das Hebungsstadium (Abb. 9.10c): Die in die Tiefe gefalteten Geosynklinalgesteine werden emporgehoben und tauchen nun als weitgehend fertiggefalteter Gebirgskörper an der Erdoberfläche auf. Erst jetzt zeigt sich das Gebirge auch im geographischen Sinne. Die faltenbildende Einengungstendenz hat aufgehört und wird von Dehnungen abgelöst, die Raum schaffen für den Aufstieg unterirdischer Schmelzen hauptsächlich granitischer Zusammensetzung (siehe S. 183). Mit der Heraushebung des Gebirges setzt zugleich auch seine Abtragung ein. Daher kann auch ein Faltengebirge nie, wie auf Abb. 9.10c der Einfachheit halber dargestellt, als „heiler" Körper an der Erdoberfläche bestanden haben.

Allerdings wird ein Gebirgskörper nicht in einem Stück gefaltet und gehoben, sondern etappenweise durchläuft das werdende Gebirge die

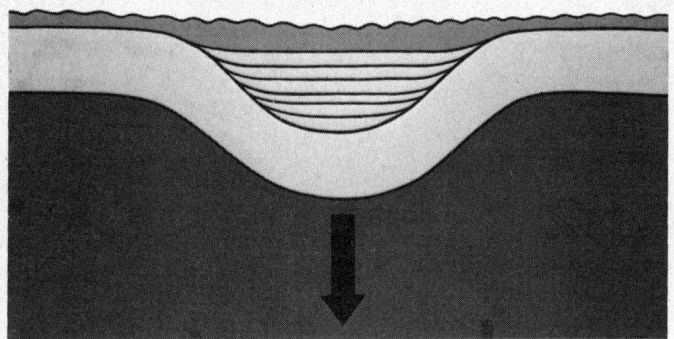

Geosynklinalstadium

a

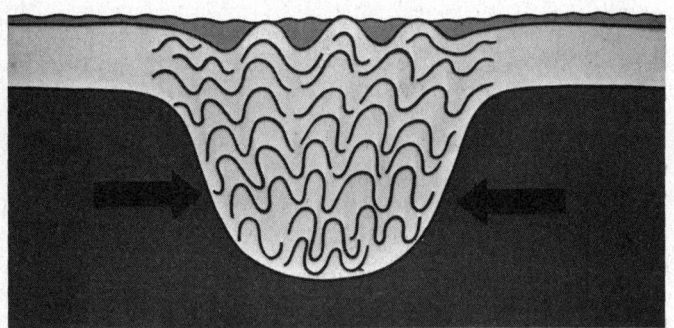

Faltungsstadium

b

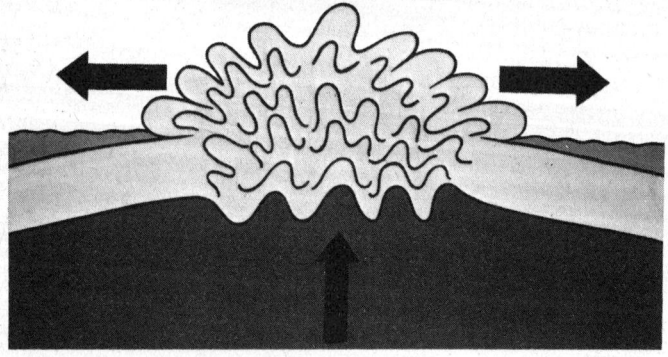

Hebungsstadium

c

Abb. 9.10: Stadien der Gebirgsbildung

Stadien der Absenkung, Faltung und Hebung: Während ein gefaltetes und gehobenes Erdkrustenteil schon wieder der Abtragung verfallen ist, sinkt davor häufig ein weiteres Erdkrustenteil ein, in welchem die Gebirgsbildung also noch im Geosynklinalstadium ist. Diese Vortiefe wird vor allem mit dem nun stark anfallenden Abtragungsschutt des bereits herausgehobenen Erdkrustenteils aufgefüllt. Zu einem späteren Zeitpunkt werden dann auch diese Vortiefengesteine gefaltet, gehoben und dem übrigen Gebirgskörper einverleibt. Eine weitere Vortiefe kann einsinken, die dann die gleichen Stadien hintereinander durchläuft. Wie eine Welle wandert die Gebirgsbildung und kann so fortlaufend von immer neuen Teilen der Erdkruste Besitz ergreifen (Abb. 9.11a–c).

Mit Hilfe dieser wellenartigen Wanderung von Vortiefe und Hebungszone ist jetzt auch die Entstehung der großen Überschiebungsdecken erklärbar. Von der Hebungszone zur Vortiefe besteht ein Gefälle. Liegende Faltensättel, die sich in einer günstigen Position zur Vortiefe befinden, können daher der Schwerkraft folgend in Richtung dieser Vortiefe hinabgleiten (Abb. 9.11a). Wenn dann die Vortiefengesteine herausgehoben werden, wird auch die darüberliegende Decke mitgehoben. Dadurch kann diese aber wieder in die nächst jüngere Vortiefe hinabgleiten (Abb. 9.11b). Gleich einem Wellenreiter, der sich von einer Brandungswoge auf den Strand zu tragen läßt, gleitet so die Überschiebungsdecke vor der wandernden Hebungszone des werdenden Gebirges auf das Vorland zu. Irgendwann wird schließlich die Decke an ihrer Wurzel abreißen. Aus einem Stapel mehrerer solcher wurzelloser Überschiebungsdecken bestehen beispielsweise die nördlichen Alpen (Abb. 9.11c).

Was sind aber nun die eigentlichen Ursachen der Gebirgsbildung? Darauf kann man heute noch keine endgültige Antwort geben. Soviel läßt sich aber sagen: Die Ursachen der Gebirgsbildung sind im Erdinnern zu suchen, wo vor allem Energien aus der Eigenschwere und dem Wärmevorrat der Erde zur Verfügung stehen. Noch bis in unser Jahrhundert nahm man beispielsweise an, daß die Erde infolge Abkühlung schrumpft und sich daher die Erdkruste wie die Schale eines schrumpfenden Apfels in Falten legt. Eine anhaltende Abkühlung des Erdinnern läßt sich aber nicht nachweisen. Ganz im Gegenteil darf man annehmen, daß durch eine schwerkraftbedingte Stoffverdichtung im Erdinnern und durch radioaktiven Zerfall laufend Wärme erzeugt wird, die einer Abkühlung entgegenwirkt. Außerdem erklärt diese Schrumpfungshypothese zwar die Einengungszonen, die Faltengebirgszüge der Erde, aber nicht die Dehnungsbereiche wie die ozeanischen Schwellengebiete, die Grabengebiete in Ostafrika oder die Mittelmeer-Mjösen-Zone mit dem Oberrheingraben (Abb. 12.13). Offenbar wird Einengung an einer Stelle durch Dehnung an anderer Stelle wieder ausgeglichen.

Unter anderem versuchte man auch mit Hilfe der Kontinentalverschiebungstheorie, die heute als hinlänglich bewiesen gelten darf, die Gebirgsbildung zu begründen. Besonders aus der Westverschiebung des

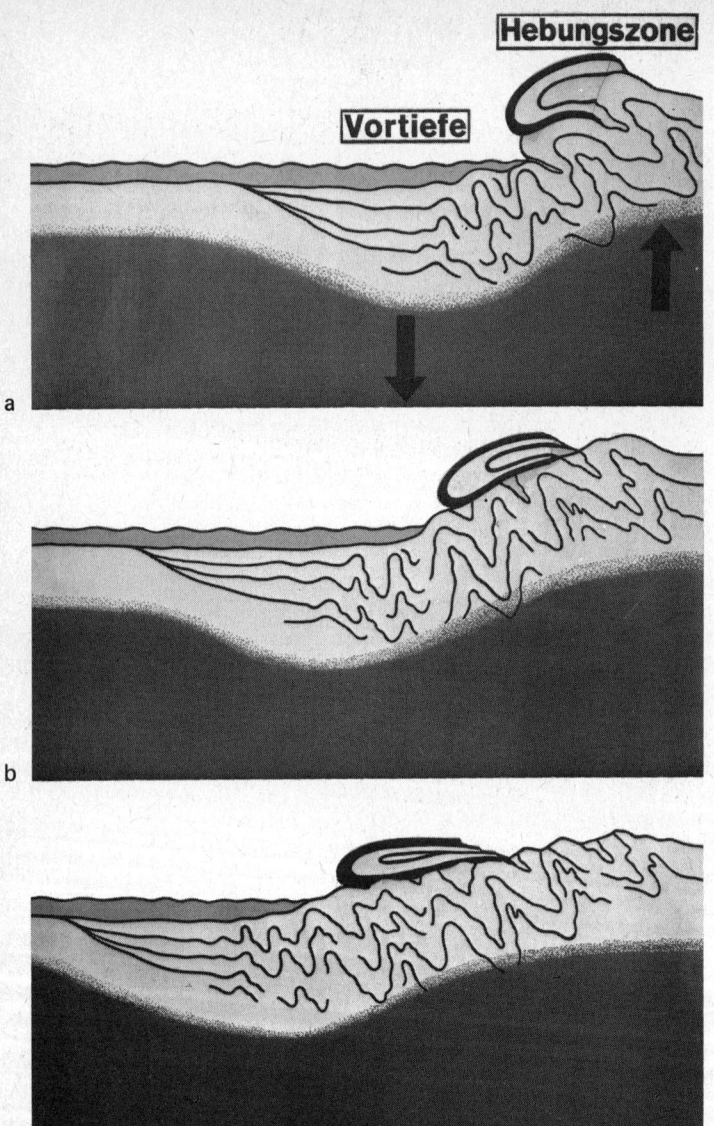

Abb. 9.11: Wellenartige Wanderung von Vortiefe und Hebungszone bei der Gebirgsbildung

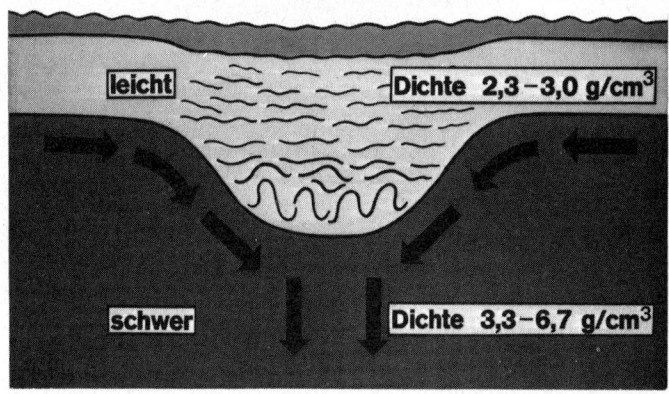

Konvektionsstrom–Theorie

leicht

Dichte 2,3 – 3,0 g/cm³

schwer

Dichte 3,3 – 6,7 g/cm³

Abb. 9.12: Modell zur Konvektionsstromtheorie

Abb. 9.13: Liegende Falte im Wiedemer Kopf, oberhalb des Prinz-Luitpold-Hauses, in den Allgäuer Alpen.

amerikanischen Doppelkontinents möchte man schließen, daß hierdurch die Kordilleren am Westrand Amerikas aufgestaut worden seien. Das läßt sich aber geophysikalisch nur schwer erklären und wird daher von vielen Wissenschaftlern stark angezweifelt.

Beide Theorien enthalten aber keine Begründung zur Entstehung einer Geosynklinale. Hier setzt die Konvektionsstromtheorie an, die von Konvektionsströmen im Erdmantel ausgeht. Konvektionsströme entstehen bei Temperaturunterschieden. Es sind Wärmeausgleichsbewegungen, die auf Materialwanderung beruhen. Konvektionsströme werden beispielsweise in einem Glas heißen Tees sichtbar durch auf- und abschwebende Teeblättchen. Aus der Erdbebenforschung weiß man, daß auch der Erdmantel überwiegend fest ist. Doch stehen die Mantelgesteine unter sehr hohem Druck und sehr hoher Temperatur. Sie zeigen daher ein hochgradig plastisches Verhalten. Die Wärmeausgleichsbewegungen im Erdmantel laufen unter ständiger Umkristallisation der Minerale ab, wodurch sich insgesamt eine sehr langsame Materialwanderung ergeben kann. Die Geosynklinale sinkt nun dort ein, wo Konvektionsströme nach unten gerichtet sind (Abb. 9.13). Immer mehr leichtes Krustenmaterial wird dadurch in eine Tiefe verschleppt, wo normalerweise dichteres und schwereres Mantelgestein anzutreffen ist. Beim fortlaufenden Absinken werden die Dichteverhältnisse im Erdmantel immer mehr gestört, bis zu einer kritischen Grenze. Dann schlägt die Absenkung in Hebung um. Die leichten und inzwischen schon gefalteten Krustengesteine schwimmen gewissermaßen nach oben auf. Ein Gebirge erhebt sich über seine Umgebung. Diesen Vorgang kann man damit vergleichen, daß ein Stück Holz durch einen Wasserstrudel nach unten gezogen wird und dann dank seiner geringeren Schwere wieder nach oben aufschwimmt.

Bei der Betrachtung eines gefalteten Gebirgsmassivs gibt sich ein geschlossener Kreislauf der Gesteinsmaterie zu erkennen: Durch Verwitterung gelockerter Abtragungsschutt eines vergangenen Festlandes wurde einer Geosynklinale von fließenden Gewässern zugetragen und dort sedimentiert. Die Sedimente wurden versenkt, dabei diagenetisch verfestigt, gefaltet und schließlich wieder emporgehoben, so daß sie nun erneut der Verwitterung und den abtragenden Kräften ausgesetzt sind.

10. Hebungen und Senkungen an Meeresküsten

Die Erdkruste ist keine einheitlich starre und unbewegliche Hülle der Erde. Nicht nur an der Erdoberfläche wird die Gesteinsmaterie durch Abtragung und Transport bewegt — auch innerhalb der Erdkruste kommt sie dank der Kräfte aus dem Erdinnern nicht zur Ruhe. Wie in den vorangegangenen Kapiteln beschrieben, lassen sich solche Krustenbewegungen an Bruchbildungen und Verwerfungen (Bruchtektonik) sowie an verbogenen und gefalteten Gesteinsbänken (Faltentektonik) nachweisen. Mehrmals wurden im Laufe der Erdgeschichte weite Teile der Erdkruste gefaltet und zu Gebirgen herausgehoben oder — denken wir an die Geosynklinalen (siehe S. 147) und Grabenbrüche — versenkt. Hebungen und Senkungen von Erdkrustenteilen sind für den Kreislauf der Gesteine von großer Bedeutung:

Bei der Versenkung werden lockere Sedimente durch diagenetische Vorgänge zu festen Sedimentgesteinen verdichtet, die dann in der Tiefe gefaltet und unter den dort herrschenden hohen Temperatur- und Druckbedingungen zu neuartigen Gesteinen umgewandelt oder gar aufgeschmolzen werden können. Durch Hebung aber gelangt die Gesteinsmaterie wieder an die Erdoberfläche und so erneut in den Einflußbereich von Verwitterung und Abtragung. Hebungen und Senkungen sorgen immer wieder für neue Reliefunterschiede auf der Erde, die durch das ausgleichende Zusammenwirken von Abtragung und Sedimentation eingeebnet werden. Aus dem Meer auftauchende Festländer werden abgetragen, sinkende Meeresräume dagegen wieder mit dem Abtragungsschutt der Festländer aufgefüllt.

Hebungen und Senkungen der Erdkruste lassen sich durch Beobachtung von Küstenlinien oft sehr genau verfolgen: Hebt sich ein Festlandsgebiet, so wird sich seine Küste in Richtung Meer verlagern. Das Meer weicht zurück. Wir nennen das Regression. Beim Sinken der Festlandsscholle vollzieht sich dagegen der umgekehrte Vorgang. Das Festland wird überflutet. Eine Transgression des Meeres hat begonnen.

Zu gleichen Erscheinungen kann es allerdings kommen, wenn nicht das Festland in aktiver Bewegung ist, sondern der Meeresspiegel durch Veränderungen im Wasserhaushalt der Erde Höhenschwankungen unterliegt. Das geschah in einigen Epochen der Erdgeschichte, so nach der letzten Inlandvereisung vor 10 000 Jahren, als die Eiskappen an den Polen abschmolzen und damit beträchtliche Wassermengen frei wurden. Die Anteile von Krustenbewegungen einerseits und absoluten Weltmeerspiegelschwankungen andererseits am Ursprung von Transgression und Regression sind oft schwer voneinander zu unterscheiden. Wir wollen uns im folgenden jedoch auf Beispiele beschränken, in denen Krustenbewegungen allein als Motor dieser Vorgänge angesehen werden können.

Abb. 10.1:
Der sogenannte Serapistempel im Stadtgebiet von Pozzuoli, einer Hafenstadt nördlich Neapel. Die drei Säulen tragen Spuren mariner Bohrmuscheltätigkeit.

Abb. 10.2:
Plakat mit den Hebungsdaten Pozzuolis (Italien) im Jahr 1970

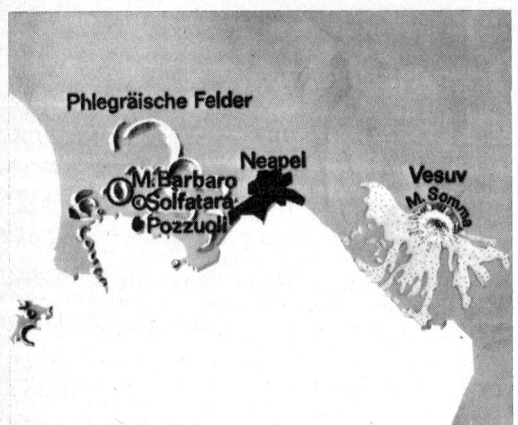

COMUNE DI POZZUOLI

IL SINDACO

per tenere al corrente la popolazione sugli sviluppi del BRADISISMO comunica i dati del sollevamento desunti dai bollettini mensili del Provveditorato delle Opere Pubbliche per il periodo 9 marzo - 10 settembre:

	Aprile	Maggio	Giugno	Luglio	Agosto	Settembre
Fuorigrotta - Chiesa S. Antonio Ardia cm.	0,5	0	0,5	0,4	0,08	0,14
Bagnoli - Cumana "	1,7	1,5	1,7	0,8	0,27	0,92
La Pietra - Cumana "	2,9	3,3	3,0	1,7	0,97	1,03
Gerolomini ex cava scogli "	6,7	5,6	6,3	3,4	2,48	2,26
Pozzuoli Corso Umberto I, 71 "	6,2	6,1	5,3	3,6	2,52	2,41
Pozzuoli Monumento ai caduti "	5,6	5,9	5,3	3,5	2,52	2,37
Pozzuoli - Serapeo "	5,6	5,6	5,1	3,0	2,27	2,53

Da quanto sopra indicato può dedursi che la velocità media di sollevamento lungo il tratto Gerolomini - Pozzuoli nei predetti periodi è stata la seguente e, pertanto, in progressiva diminuzione:

Aprile	mm. 2	giornalieri
Maggio	" 2	"
Giugno	" 1,67	"
Luglio	" 1,25	"
Agosto	" 0,85	"
Settembre	" 0,72	"

La popolazione sarà tenuta al corrente di ogni altro eventuale evol situazione del fenomeno.

IL SINI
Prof. Angelo

Abb. 10.3:
Die Oberflächengestalt der Phlegräischen Felder bei Neapel erinnert an eine Mondlandschaft.

Gerade in geologischer Hinsicht vor kurzem wieder in das Blickfeld der Öffentlichkeit gerückt ist die Hafenstadt Pozzuoli bei Neapel, denn sie ist wohl das bekannteste Beispiel für vertikale Krustenbewegung in historischer Zeit: Seit dem 16. Jahrhundert senkte sich das Stadtgebiet bis zu zweieinhalb Zentimeter im Jahr. Das ist nach geologischen Maßstäben sehr rasch. Jedoch wurden diese Senkungen jüngst von Hebungen abgelöst, die sich im Frühjahr 1970 auf fast sieben Zentimeter pro Monat steigerten.

Noch ältere, vor dem 16. Jahrhundert stattgefundene Bewegungen kann man heute an den drei größten Säulen eines römischen Bauwerks aus dem 3. Jahrhundert ablesen. Es ist eine antike Marktanlage, die man nach einer aufgefundenen Statue des ägyptischen Totengottes irrtümlicherweise als Serapistempel bezeichnet hatte.

In der unteren Hälfte sind die Säulen (Abb. 10.1) dunkel verfärbt, am Fuß aber wieder hell. Die dunkle Verfärbung wird durch zahlreiche Bohrmuschellöcher hervorgerufen. Es handelt sich um Wohnflächen der sogenannten Steindattel, einer Meeresmuschel, die durch Drehbewegungen und vor allem durch Ausscheidung ätzender Sekrete den Kalkstein der Säulen angebohrt hat. Nur die Säulenfüße wurden bei dieser Meerestransgression nicht von der Steindattel befallen, denn sie steckten in den vergangenen Jahrhunderten noch in einer zwei bis drei Meter mächtigen Schicht aus Schutt und vulkanischer Asche. Die Obergrenze der Bohrmuschelzone liegt sechs Meter über dem Boden der Marktanlage. So weit also waren die Säulen einst unter Wasser gesunken. Dieser höchste Wasserstand wurde im 10. Jahrhundert erreicht. Da zur Römerzeit der Boden vier Meter über dem Meeresspiegel gelegen hatte, läßt sich somit innerhalb von sieben Jahrhunderten insgesamt eine Absenkung von 10 Metern nachweisen.

Da heute der Wasserspiegel im Serapistempel über ein Kanalrohr mit dem offenen Meer in Verbindung steht, konnte man im Frühjahr 1970 an frischen Wasserstandsmarken genau erkennen, daß sich die Landoberfläche ziemlich schnell hob. Auch an anderen Orten in und um Pozzuoli wurden Niveaumessungen vorgenommen und durch Plakatanschläge bekanntgegeben (Abb. 10.2). Die stärksten Hebungen von 6,7 Zentimeter pro Monat traten im April 1970 auf. Es zeigte sich aber, daß im selben Monat die Hebungen örtlich unterschiedlich stark waren, denn die Werte für April schwankten auf engstem Raum von 0,5 Zentimeter bis 6,7 Zentimeter. Es handelte sich also nicht um eine Hebung en bloc, sondern um eine kleinräumige, beulenartige Aufwölbung, ein Vorgang, der sich in den folgenden Monaten wieder abschwächte, wie aus dem Plakat hervorgeht.

Sicherlich hat man den Anschlag auch zur Beruhigung der Bevölkerung herausgegeben, denn die Krustenbewegungen stehen hier in engem Zusammenhang mit dem vulkanischen Geschehen: Pozzuoli liegt inmitten der Phlegräischen Felder. Aus dem Griechischen übersetzt, bedeutet es so viel wie brennende Felder. Mindestens 30 Kraterberge und Ringwälle aus vulkanischer Asche und Schlacke formen hier die

Landschaft (Abb. 10.3). Die Vulkanschlote haben offenbar einen gemeinsamen Ursprung: einen Magmaherd (siehe S. 206), der in nur drei Kilometern Tiefe liegt. Noch in vorgeschichtlicher Zeit, vor etwa 10 000 Jahren, waren hier mehrere Vulkane tätig. Seither treten auf den Phlegräischen Feldern mit wechselnder Stärke noch heiße, meist schwefelhaltige Dämpfe und Thermalquellen zutage und bezeugen so die ungewöhnlich geringe Tiefe des glutflüssigen Magmaherdes (siehe S. 222), dessen Ausgleichsbewegungen die Hebungen und Senkungen Pozzuolis verursachen.

Ob die Vulkane der Phlegräischen Felder endgültig erloschen sind, kann man nicht mit Sicherheit sagen. Wie im Frühjahr 1970, so zog sich auch im Jahre 1538 das Meer von der bisherigen Küste Pozzuolis zurück, allerdings um mehrere hundert Meter. Dieser Meeresregression waren in zunehmendem Maße Erdbeben vorausgegangen. Dann brach im Jahre 1538 direkt vor den Toren Pozzuolis ein Vulkan aus. Es entstand der 140 Meter hohe Monte Nuovo aus vulkanischer Asche und Schlacke.

Die Befürchtung, daß möglicherweise auch 1970 ein Vulkanausbruch oder starke Erdbeben bevorstünden, war also nicht unbegründet. Denn auch 1538 wurden ja die zunächst relativ langsamen, aber dann sprunghaft zunehmenden Hebungen örtlich von starken Erdbeben begleitet, bis das nach oben drängende Magma schließlich eine Ausbruchsstelle gefunden hatte. Die jüngsten Hebungen haben einige Häuserschäden hervorgerufen, besonders in der ohnehin baufälligen Altstadt, die daher wegen Einsturzgefahr evakuiert wurde (Abb. 10.4). Einzige Nutznießer der jüngsten Hebungen sind die Fischer, die nun ihre Boote auf den neuentstandenen Strand vor der Kaimauer ziehen können (Abb. 10.5).

Einen anderen Typ der Krustenbewegungen von erheblich großräumiger und langandauernder Aktivität können wir im skandinavischen Raum beobachten. Seit dem Erdaltertum ist Skandinavien ein Gebiet mit Hebungstendenz. Besonders aber für die jüngste geologische Vergangenheit hat man sehr genaue Hebungsbeträge mit Hilfe quartärzeitlicher Küstenlinien ermitteln können. Gleichaltrige Küstenlinien lassen sich an alten Strandwällen und Abrasionsflächen (siehe S. 55) über weite Strecken verfolgen.

Bei Billudden beispielsweise, etwa 150 Kilometer nördlich Uppsala, liegen am Strand einer flachen Landzunge mehrere Ostseestrandwälle stufenförmig hintereinander. Die Böschungen weisen in Richtung Meer und wechseln mit einzelnen Plattformen, die girlandenartig den Küstenstreifen umsäumen (Abb. 10.6). Der höchste und zugleich älteste Strandwall liegt 8 Meter über dem Meeresspiegel und stammt wie auch die tiefer liegenden Strandwälle noch aus historischer Zeit. Gegenwärtig hebt sich das Land hier durchschnittlich um vier bis fünf Zentimeter in hundert Jahren.

Bei Stenstorget (schwedisch: Steinmarkt) in der näheren nördlichen Umgebung Uppsalas liegen Strandwälle sogar 100 Kilometer von der

*Abb. 10.4: Die ohnehin baufällige
Altstadt von Pozzuoli wurde
anläßlich der Hebungen 1970
wegen Einsturzgefahr geräumt.*

*Abb. 10.5:
Im Verlauf der
Hebungen Pozzuolis
im Jahre 1970
tauchte vor der
Kaimauer des Hafens
neuer Strand auf.*

*Abb. 10.6:
Bis 2000 Jahre
alte Strandwälle
bei Billudden,
östlich Gävle im
nördlichen Mittel-
schweden*

heutigen Ostseeküste entfernt und rund 50 Meter über Meeresniveau. Wie in Billudden, so hat das Meer auch dort das feine Material aus den eiszeitlichen Gletscherablagerungen herausgewaschen und die nur kantengerundeten Geschiebe (siehe S. 66) weiter zu Strandgeröllen gerundet. Da das Feinmaterial fehlt, konnte die Vegetation auf den oberen Strandwällen bis heute noch nicht Fuß fassen (Abb. 10.7). Die Strandwälle von Stenstorget in 50 Meter Höhe über dem Meeresspiegel sind rund 5000 Jahre alt. Um annähernd 50 Meter hat sich das Land also in diesem Zeitraum gehoben. Wir müssen „annähernd" sagen, denn die durch Hebung des Landes bedingten Meeresregressionen wurden mitunter, wenn auch geringfügig, durch Schwankungen des Meeresspiegels beeinflußt.

Aber nicht überall in Skandinavien zeugen Strandwälle so augenfällig von alten Küstenlinien. Mitunter sind es nur Küstensedimente, an denen man die nacheiszeitlichen Hebungen ablesen kann, wie bei Uddevalla im westlichen Mittelschweden. Am Stadtrand von Uddevalla liegen heute 60 Meter über dem Meeresspiegel weithin leuchtende und nur spärlich bewachsene Hügel eines weißen Kalksediments, das sich aus unzähligen kalkigen Hartteilen von Muscheln, Meeresschnecken und Krebsen zusammensetzt (Abb. 10.8, 10.9). Meeresströmungen schwemmten die Schalen und Gehäuse der abgestorbenen Meeresbewohner dort vor 10 000 Jahren zusammen.

Wie schon erwähnt, besteht in Skandinavien seit dem Erdaltertum, seit über 500 Millionen Jahren, Hebungstendenz. Der skandinavische Block war daher seit dem Erdaltertum Abtragungsgebiet. So erklärt es sich auch, daß in Skandinavien die ältesten Gesteine Europas auf weiten Flächen freiliegen. Als Ursache dieser schon lange anhaltenden Hebung werden Ausgleichsbewegungen innerhalb des Erdmantels angesehen. Die jüngsten Hebungen aber, die man aus der Höhen-

Abb. 10.7: Bis 5000 Jahre alte Strandwälle von Stenstorget, nördlich Uppsala, Mittelschweden

Abb. 10.8 und 10.9: 10 000 Jahre alte Meeresablagerungen aus kalkigen Hart-teilen von Meerestieren am Stadtrand von Uddevalla, nördlich Göteborg, West-schweden

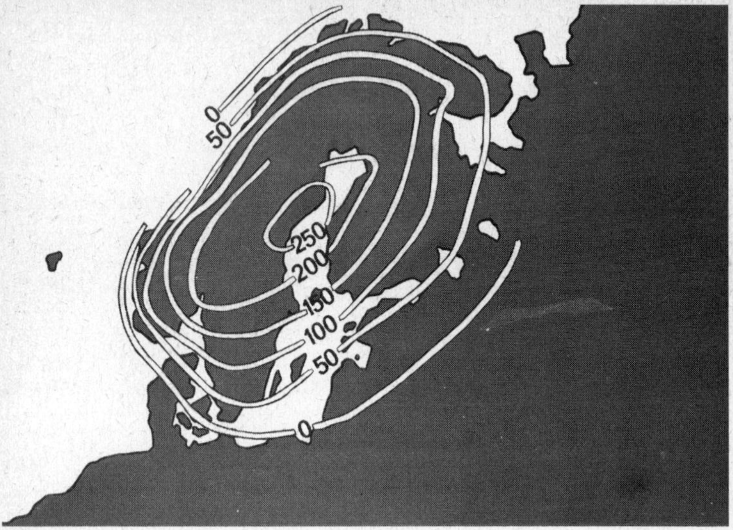

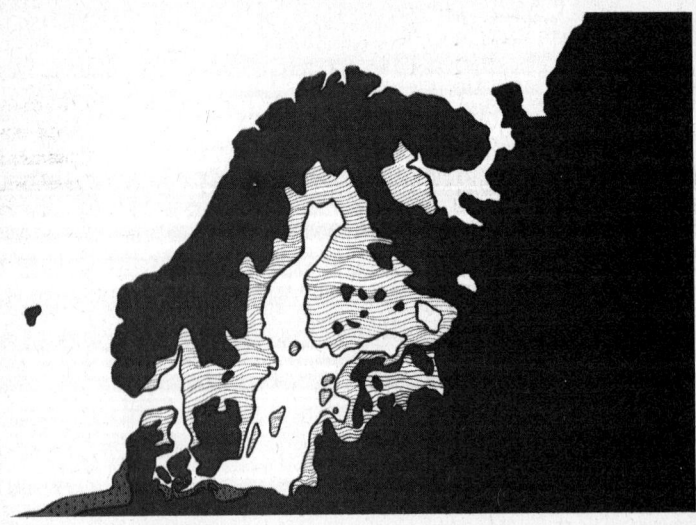

*Abb. 10.10: Hebung Skandinaviens seit der Eiszeit, rekonstruiert aus der unter-
schiedlichen Höhenlage gleich alter nacheiszeitlicher Küstenlinien. Die Linien
(Isobasen) verbinden die Orte gleicher Hebungsbeträge. Das Maximum dieser
beulenartigen Aufwölbung liegt in der nördlichen Ostsee, wo sich die Erdkruste
innerhalb von 10 000 Jahren um fast 300 Meter gehoben hat.*

*Abb. 10.11: Maximale Wasserbedeckung des skandinavischen Raums nach der
letzten Eiszeit*

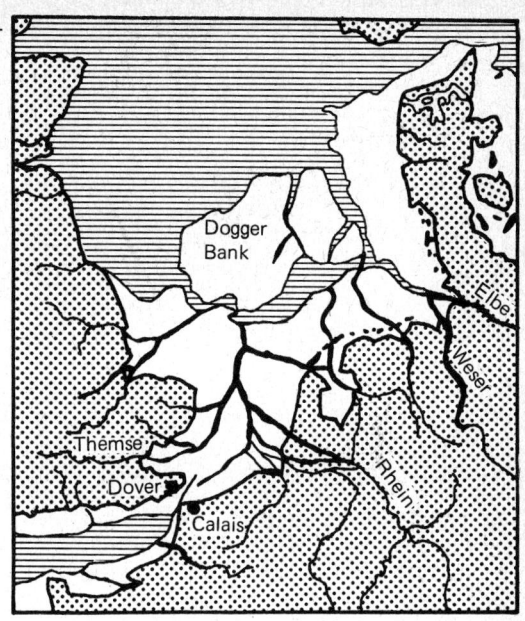

Abb. 10.12: Land-Meer-Verteilung im Nordseeraum vor 7000 Jahren und heute

Labels in figure: Dogger Bank, Elbe, Weser, Rhein, Themse, Dover, Calais

lage der nacheiszeitlichen Küstenlinien rekonstruieren konnte (Abb. 10.10), stehen offenbar im Zusammenhang mit der Inlandvereisung: In der Eiszeit brachte das ungeheure Gewicht der kilometerdicken Eisdecke die Hebungen sicherlich zum Stillstand. Als jedoch Skandinavien später durch das Abschmelzen des Eises wieder entlastet wurde, hob es sich um so mehr. Zunächst ziemlich rasch, gewissermaßen, um das Versäumte nachzuholen, dann langsamer. Insgesamt hat das Wasser vor den nacheiszeitlichen Hebungen einmal die auf Abb. 10.11 dargestellte Fläche bedeckt. Aus dem Vergleich mit der heutigen Land-Meer-Verteilung erkennen wir die nacheiszeitliche Regression.

Die Aufwölbung Skandinaviens steht wahrscheinlich außerdem in Zusammenhang mit den gleichzeitigen Senkungen im Nordseeraum. Die Krustenbewegungen gleichen einem weitgespannten Wellenwurf, dessen aufsteigender Bereich in Skandinavien, dessen sinkender in der Nordsee liegt. Die Forschung nimmt an, daß plastisch verformbares Gesteinsmaterial des Erdmantels allmählich vom Nordseeraum in den skandinavischen Raum strömt. Noch vor 7000 Jahren verlief die deutsch-holländische Nordseeküste jenseits der Doggerbank (Abb. 10.12). Dort liegen nacheiszeitliche Torfbildungen, die auf dem Festland entstanden sein müssen, heute 40 Meter unter dem Meeresspiegel. Die Themse war damals noch ein Nebenfluß des Rheins, der erst bei der Doggerbank in die damalige Nordsee mündete. Infolge der Kru-

Abb. 10.13: Unterkreidezeitliches Transgressionskonglomerat aus Toneisenstein-geröllen auf dünnplattigem Tonstein (Dörntener Schiefer) der Schwarzjurazeit. Mitte: Tonsteinplatte mit Bohrmuschellöchern an der Oberkante. Nordwest-wand der stillgelegten Eisenerzgrube „Eisenkuhle", 1,5 Kilometer nordöstlich Hahndorf, am Südende des Salzgitterer Höhenzuges.

stensenkung greift das Meer auch heute noch immer mehr auf das Festland über. Diese Senkung macht sich im Vordringen der Nordsee, an ihrer Transgression, bemerkbar.

Transgressionen und Regressionen in historischer und prähistorischer Zeit sind heute noch gut rekonstruierbar. Wie erkennt man nun aber die Verlagerung der Küstenlinien in älteren erdgeschichtlichen Epochen? Strandwälle und Steilküsten erhalten sich kaum über geologische Zeiträume hinweg, Hauptrekonstruktionsmittel ist das Studium der Meeressedimente, in deren Zusammensetzung und Lagerungsverhältnissen sich alte Meeresbewegungen widerspiegeln können. Die Jurasteine der Eisenerzgrube „Eisenkuhle" am Südende des Salzgitterer Höhenzuges (siehe S. 111) überflutete beispielsweise vor 120 Millionen Jahren das nordeuropäische Unterkreidemeer.

Daß der in der Nordwestwand des Tagebaus anstehende dünnplattige Tonstein der Jurazeit damals den Felsgrund dieses transgredierenden Meeres abgab, bezeugen unter anderem zahlreiche Bohrmuschellöcher im Tonstein, denn Bohrmuscheln sind hauptsächlich in den Brandungszonen der Meere anzutreffen (siehe S. 57).

Auch die Zusammensetzung der ersten unterkreidezeitlichen Ablagerungen direkt auf dem Tonstein läßt erkennen, daß derzeit die Küstenlinie in unmittelbarer Nähe verlief. Diese Ablagerungen bestehen aus miteinander durch Eisenverbindungen verkitteten Toneisensteingeröllen, einem massigen Konglomerat, das heute an der Landoberfläche durch Verwitterungsvorgänge wieder gelockert wird (Abb. 10.13). Geröllablagerungen eines Meeres aber kennzeichnen dessen Küstenregion. Solche Konglomerate, die eine Meerestransgression anzeigen, bezeichnet man als Transgressionskonglomerate. Wir haben also folgenden geologischen Befund: Ein Transgressionskonglomerat der Unterkreidezeit liegt auf einem von Bohrmuscheln angebohrten Juragestein. Die Grenzfläche zwischen beiden Gesteinen ist eine Abrasionsfläche (siehe S. 55) des Unterkreidemeeres.

Die Anhäufung von Geröllen am Küstensaum eines Meeres erklärt sich dadurch, daß Brandungswellen, Turbulenz und relativ hohe Strömungsgeschwindigkeiten dort die Ablagerung des feinkörnigen Anteils aus dem von Flüssen herantransportierten Abtragungsschutt verhindern. Im allgemeinen wird weiter meerwärts der Sand und schließlich unter tieferem und ruhigem Wasser das feinste Material, der Ton, abgelagert. Die Korngröße des Sediments nimmt mit zunehmender Küstenentfernung und Wassertiefe ab.

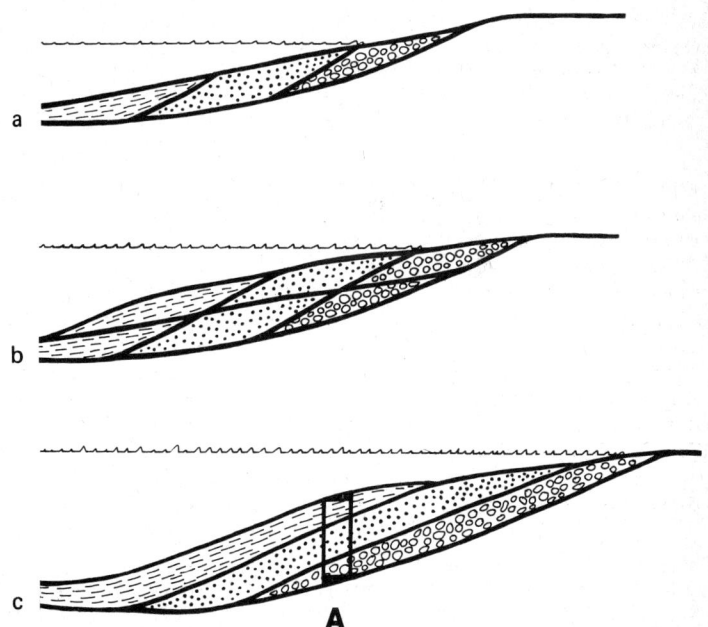

Abb. 10.14: Verschiebung der Sedimentationsbereiche bei einer Meerestransgression

*Abb. 10.15: Unterkreidezeitliche (Albzeit) Transgressionsschichten im stillgeleg-
ten Tagebau „Morgenstern", 2 Kilometer nordöstlich Hahndorf, am Südende des
Salzgitterer Höhenzuges. Am rechten Bildrand von unten nach oben: Transgressionskonglomerat, Doppelbank aus Hilssandstein, Tonmergelstein.*

Wenn ein Meer transgrediert — auf Abb. 10.14a—c durch Senkung
des Untergrundes hervorgerufen —, wird nicht nur fortlaufend neues
Festland überflutet, auch die Sedimentationsbereiche verschieben sich
in Transgressionsrichtung: Grobe Geröllablagerungen legen sich auf
ehemaliges Festland, Sand auf Geröllablagerungen und feiner Ton auf
Sand. Wenn wir eine Schichtfolge wie am Ort A auf Abb. 14c in der
Natur antreffen, läßt sich daraus also folgendes ablesen: Als die Gerölle abgelagert wurden, lag der Ort A noch etwa an der Küste. Der darüberliegende Sand zeigt an, daß die Küstenlinie sich landeinwärts ver-
lagert hatte. Als sich der Ton darüber absetzte, lag dieser Ort bereits
im offenen Meer. In der Schichtfolge — von grobkörnigen zu feinkörnigen Schichten — spiegelt sich also die Transgression eines Meeres
wider.

Dazu ein konkretes Beispiel aus den Meeresablagerungen der Unterkreidezeit in der Eisenerzgrube „Morgenstern" (siehe S. 101). Die über
100 Millionen Jahre alten Meeressedimente sind inzwischen durch diagenetische Vorgänge zu Tonstein, Sandstein und Konglomerat verfestigt worden. Ein 60 Zentimeter mächtiges Transgressionskonglomerat, das im Zusammenhang mit den darunterliegenden Grabgängen in
Kapitel 7 (S. 102) schon beschrieben wurde, lagert dort auf einem vom
Unterkreidemeer einst eingeebneten Untergrund, einer Abrasions-

fläche. Darüber folgen zwei Sandsteinbänke des Hilssandsteins (siehe S. 103) und anschließend dünne Lagen aus Tonmergelstein (Abb. 10.15). Von unten nach oben, von den älteren zu den jüngeren Schichten, nimmt also die durchschnittliche Korngröße ab, ein Hinweis darauf, daß der Ort allmählich in größere Wassertiefe und größere Entfernung zur Küste geraten ist.

Für eine Transgression möchte man aber auch wissen, aus welcher Richtung das Meer transgredierte und wie sich die Lage von Land und Meer mit der Zeit änderte. Hierfür ist es zunächst notwendig, Verbreitung und wechselnde Mächtigkeiten der Transgressionsschichten über ein weites Gebiet zu verfolgen.

Auf einer Untersuchungsstrecke von einigen Kilometern Länge trifft man zum Beispiel in der auf Abb. 10.16 dargestellten Weise die Transgressionsschichten in mehreren Aufschlüssen und Bohrungen an. Unabhängig von ihrer heutigen Höhenlage werden die Schichtprofile so nebeneinandergestellt, daß die Basisfläche des Transgressionskonglomerats jedes Aufschlusses auf einer gemeinsamen Horizontalen liegt. Die Schichtmächtigkeiten innerhalb der nicht untersuchten Zwischengebiete lassen sich annähernd ermitteln, indem man die entsprechenden Schichtgrenzen miteinander verbindet.

Diese Zuordnung allein nach der Gesteinsbeschaffenheit erlaubt jedoch noch keine Aussage über den zeitlichen und räumlichen Verlauf der Transgression. Dazu müssen die Schichten noch nach einem anderen Prinzip einander zugeordnet werden: nach ihrem Alter.

Bevor wir die Schichtprofile unserer Grafik nach diesem Prinzip neu ordnen, seien an dieser Stelle einige Bemerkungen zur Altersbe-

Abb. 10.16: Gesteinskundliche Parallelisierung von Transgressionsschichten

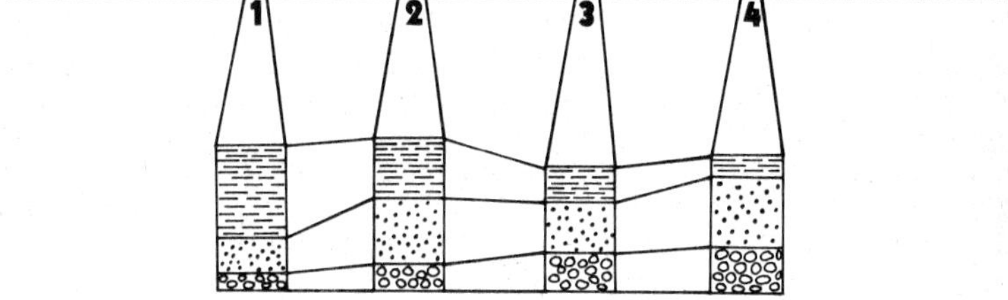

stimmung der Sedimentsgesteine eingefügt:

Die mit Jahrmillionen rechnende physikalische Altersbestimmung beruht auf Messungen des radioaktiven Zerfalls bestimmer Elemente. Bei bekannter Halbwertzeit — 1 Gramm des Uranisotops ^{238}U zerfällt beispielsweise in $4,5 \cdot 10^9$ Jahren zur Hälfte in 0,43 Gramm Blei (^{206}Pb) und 0,07 Gramm Helium — läßt sich aus dem in einem Mineral vorhandenen Mengenverhältnis zwischen einem radioaktiven Element und dessen Zerfallsprodukten das absolute Alter des Minerals errechnen. Diese Methode kann man jedoch nur bei solchen Gesteinen anwenden, deren Minerale etwa gleiches Alter haben wie das Gesamtgestein. Hauptsächlich kommen hierfür nur die Erstarrungsgesteine (siehe Kapitel 13) in Frage, deren Entstehung auf Auskristallisation ihrer Minerale aus einer erkaltenden glutflüssigen Schmelze zurückgeht. Für die Sedimentgesteine ist dagegen diese Methode seltener geeignet, denn diese entstehen ja vor allem aus den Verwitterungsprodukten des Festlandes, also überwiegend aus Mineralen viel älterer Gesteine. Wenn wir trotzdem das Alter der Sedimentgesteine angeben können, so beruht das in einigen Fällen auf Altersbestimmungen an im Meer neugebildeten Mineralen (z. B. Glaukonit, siehe S. 104), in den meisten Fällen aber mangels solcher Möglichkeit auf Analogieschlüssen zu datierbaren Erstarrungsgesteinen unter Zuhilfenahme geologischer Lagerungsverhältnisse: Liegt beispielsweise eine Sedimentgesteinsserie einerseits auf einem 500 Millionen Jahre alten Granit und wird andererseits von einem 450 Millionen Jahre alten Basaltgang durchbrochen, so läßt sich die Entstehung dieser Sedimentgesteine auf die Zeit zwischen 450 bis 500 Millionen Jahre vor heute einengen.

Doch schon lange bevor man durch die Erkenntnisse der Atomphysik in der Lage war, auch das absolute Alter der Gesteine zu bestimmen, hat man in der Geologie mit dem Zeitbegriff gearbeitet, allerdings nicht mit einem absoluten, sondern einem relativen: Als Arbeitsgrundlage diente ein Zeitprinzip, das letztlich auf der Erkenntnis aufgebaut war, daß in einer tektonisch ungestörten Sedimentgesteinsserie immer die jüngeren Schichten über den älteren liegen. Um aber die Ablagerungen eines größeren Gebietes oder gar der gesamten Erde in eine solche Zeitfolge einzuordnen, mußte erforscht werden, welche Ablagerungen an verschiedenen Orten gleich alt sind.

Da sich ähnliche Gesteine in den unterschiedlichsten Zeitepochen gebildet haben können, ist die gleiche Gesteinsbeschaffenheit kein Kriterium für eine Gleichaltrigkeit. Sogar von einer über große Räume gleichbleibend ausgebildeten Sedimentgesteinsserie kann man nicht mit Sicherheit annehmen, daß sie überall den gleichen Zeitabschnitt der Erdgeschichte repräsentiert.

Die Überwindung dieser Schwierigkeit gelang durch das Studium der Fossilien in den Sedimentgesteinen. Bei der Untersuchung zahlreicher Schichtfolgen zeigte sich, daß bestimmte Tier- und Pflanzenarten nur in bestimmten Schichtabschnitten auftreten, in darüber- und darunterliegenden Abschnitten dagegen andere Arten vorhanden sind.

Erdzeitalter	Formation	Abteilung	Stufe	Beginn vor Millionen Jahren
Känozoikum (Erdneuzeit)	Quartär		Holozän Pleistozän	$1,5 \pm 0,5$
	Tertiär	Jungtertiär	Pliozän Miozän	26 ± 2
		Alttertiär	Oligozän Eozän Paleozän	67 ± 3
Mesozoikum (Erdmittelalter)	Kreide	Oberkreide	Dan Maastricht Campan Santon Coniac Turon Cenoman	100 ± 5
		Unterkreide	Alb Apt Barrême Hauterive Valendis	137 ± 5
	Jura	Malm (Weißer Jura) Dogger (Brauner Jura) Lias (Schwarzer Jura)		195 ± 5
	Trias	Keuper	Rät Nor Karn	
		Muschelkalk	Ladin Anis	
		Buntsandstein	Skyth	230 ± 5
	Perm	Oberperm Mittelperm Unterperm	Zechstein Rotliegendes	285 ± 10
Paläozoikum (Erdaltertum)	Karbon	Oberkarbon	Stephan Westfal Namur	325 ± 10
		Unterkarbon	Visé Tournai	350 ± 10
	Devon	Oberdevon	Famenne Frasne	360 ± 10
		Mitteldevon	Givet Couvin (Eifel)	370 ± 10
		Unterdevon	Ems Siegen Gedinne	405 ± 10
	Silur	Ludlow Wenlock Llandovery		440 ± 10
	Ordovizium	Ashgill Caradoc Llandeilo Llanvirn Arenig Tremadoc		500 ± 15
	Kambrium	Oberkambrium Mittelkambrium Unterkambrium		570 ± 15
Kryptozoikum (Erdfrühzeit)				ca. 4000
Azoikum (Erdurzeit)				mehr als 4500

Abb. 10.17: Gliederung der Erdgeschichte

Mit Arten, die eine besonders geringe Verbreitung innerhalb der vertikalen Schichtfolge haben, also meist „kurzlebigen" Arten, die sich aber über weite Räume in der Horizontalen verfolgen lassen, konnte man auch die unterschiedlichsten Sedimentgesteine an weit auseinanderliegenden Orten als gleich alt identifizieren. Solche Arten, die nur während einer kurzen Zeitspanne existierten, zu dieser Zeit aber eine große geographische Verbreitung besaßen, ermöglichten nun als sogenannte Leitfossilien Sedimentgesteinsserien zeitlichen Einheiten zuzuordnen und so die Erdgeschichte seit Entfaltung des irdischen Lebens zu gliedern (Abb. 10.17). Wie man später durch physikalische Altersbestimmungen ermittelte, umfaßt dieser Zeitraum die letzten 650 Millionen Jahre der Erdgeschichte, von der Zeit des Kambriums bis heute.

Die Paläontologen waren seither bemüht, diese Gliederungen mehr und mehr zu verfeinern. Vor allem die Erkenntnis der einmaligen, nicht umkehrbaren Evolution, daß sich nämlich eine Art unter Abwandlung der Artmerkmale aus der anderen entwickelt, hat neue Möglichkeiten eröffnet. Mit Hilfe biologischer Entwicklungsreihen bei den verschiedensten Fossilgruppen, angefangen mit den einzelligen Lebewesen (z. B. Foraminiferen, s. S. 75), über die Wirbellosen bis hin zu den Wirbeltieren, konnte man immer detailliertere Zeiteinteilungen vornehmen. Als kleinste Zeiteinheit dieser Evolutionsreihen betrachtet man die Lebensdauer einer Art und bezeichnet diesen kleinsten noch faßbaren erdgeschichtlichen Augenblick als Zone. Eine derartige Feingliederung der Unterkreidezeit nach Zonen, die jeweils den Artnamen des zeittypischen Fossils tragen, ist als Beispiel auf Abb. 10.18 dargestellt.

Heute verfügen wir für viele Tiergruppen über eine Gliederung, die es erlaubt, ein Fossil in seine Evolutionsreihe einzuordnen und hiernach das relative Alter seiner Fundschicht zu ermitteln.

Wir hatten die Absicht, an einem Modell den räumlichen und zeitlichen Ablauf einer Transgression zu rekonstruieren. Dazu war es notwendig, die zunächst nach der Gesteinsbeschaffenheit einander zugeordneten Transgressionsschichten der Abb. 10.16 nach ihrem Alter zu ordnen. Nehmen wir an, gleiche Leitfossilien oder gleich entwickelte Glieder einer Evolutionsreihe findet man im Sandstein des ersten Schichtprofils sowie im Konglomerat des zweiten. Ihr Verbreitungsbereich in der Vertikalen ist in Abb. 10.19a durch eine Linie (Isochrone) gekennzeichnet. Wir nennen diese (Zeit-)Zone einmal A. Die beiden anderen Schichtprofile sollen jüngere Fossilien enthalten, die nachweisen, daß diese Schichten später, nach der Zeit A, abgelagert worden sind. Zur Zeit A wurden also an Ort 1 Sandkörner und an Ort 2 Gerölle sedimentiert. Daraus ergibt sich: Ort 1 lag zur Zeit A in Küstennähe, Ort 2 zu dieser Zeit aber unmittelbar an der Küste bzw. Strandlinie. Auf die heutige Erdoberfläche übertragen, war also zur Zeit A die auf Abb. 10.19a links oben dargestellte Strecke vom Meer bedeckt. Rechts davon war noch Festland.

Abb. 10.18:
Feingliederung
einer Zeitstufe
(Alb) innerhalb
der Unterkreide-
zeit nach Ammo-
niten

	Ammon. Zone	Ammon. Subzone
Ober-Alb	Stoliczkaia dispar	dispar — perinflat.
		substuderi
	Mortoniceras inflatum	aequatorialis
		auritus
		varicosum
	Dipoloceras cristatum	orbignyi
		cristatum
Mittel-Alb	Euhoplites lautus	daviesi
		nitidus
	Euhoplites loricatus	meandrinus
		niobe/subdelar.
		intermedius
	Hoplites dentatus	spathi
		lyelli
		eodentatus
Unter-Alb	Douvilleiceras mammillatum	
	Leymeriella regularis	
	Leymeriella tardefurcata	
	Proleymeriella schrammeni	

Eine jüngere, durch Fossilfunde ermittelte Zone B soll wie auf
Abb. 10.19b eingezeichnet verlaufen. Zu diesem späteren erdgeschichtlichen Augenblick lag Ort 1 bereits im offenen Meer. Denn
dort hat sich zu dieser Zeit unter ruhigem und tieferem Wasser Ton
abgesetzt. Zur selben Zeit wurden an Ort 2 Küstensand und an Ort 3
Strandgerölle abgelagert.

Zur Zeit C (Abb. 10.19c) haben sich schließlich auch an Ort 4 Gerölle
angehäuft. Der weitaus größte Teil der Untersuchungsstrecke war also
derzeit überflutet. Der nichtparallele Verlauf der Linien gleichen Alters (Isochronen) beruht auf unterschiedlichen Sedimentationsraten.
Nur bei gleichen Sedimentationsraten, wenn also in gleichen Zeiträumen überall gleichviel Sediment abgelagert worden wäre — ein kaum je
verwirklichter Zufall —, verliefen die Isochronen parallel zueinander
durch die Schichtprofile.

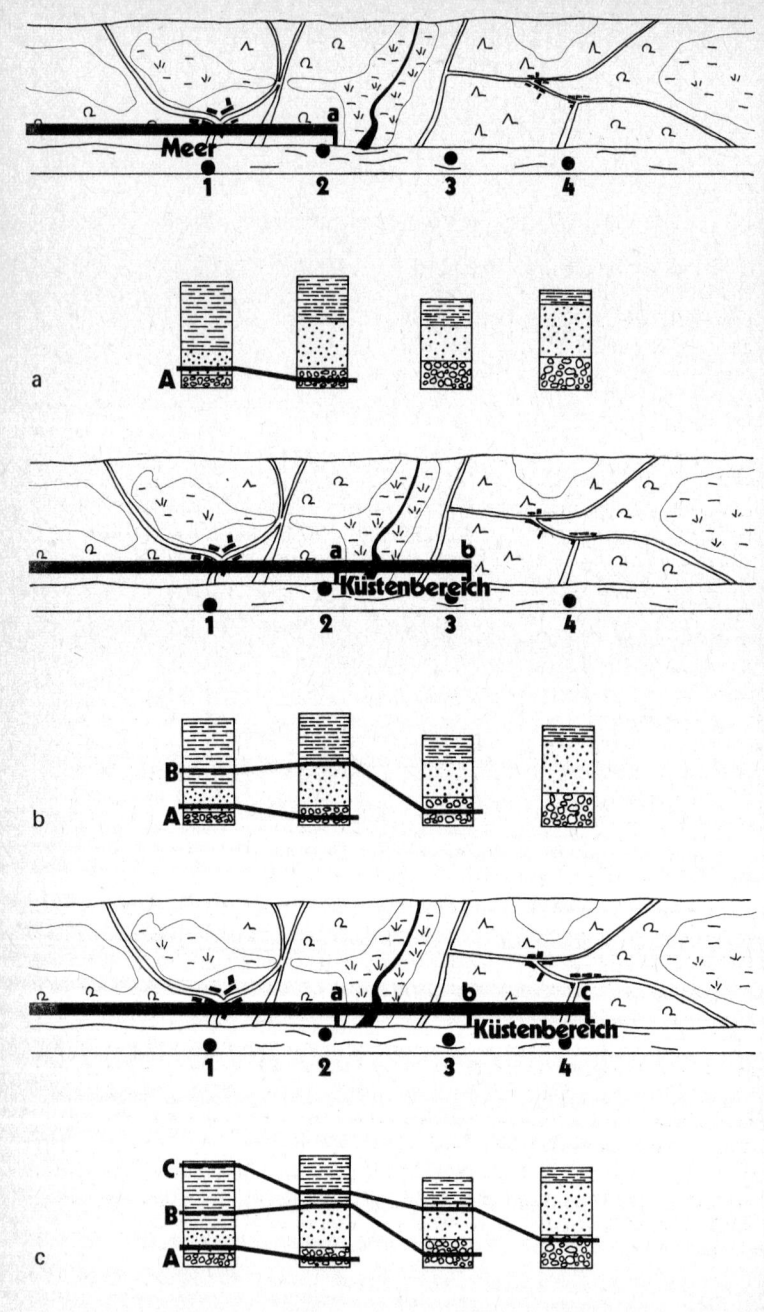

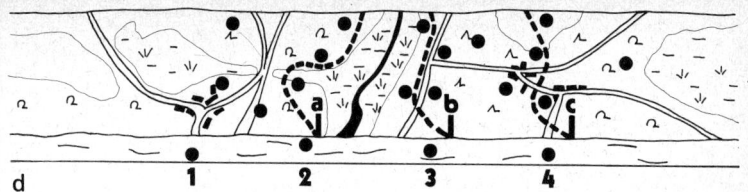

Abb. 10.19: Zeitliche Zuordnung von Transgressionsschichten

Durch Erweiterung entsprechend geordneter Schichtprofile in die Fläche — auch außerhalb dieser Untersuchungsstrecke — erhält man den Verlauf der Küstenlinie und eine Verteilung von Land und Meer zu den Zeiten A, B und C (Abb. 10.19d). Läßt man diese erdgeschichtlichen Momentaufnahmen nacheinander ablaufen, so kann man aus der gerichteten Meerestransgression die Senkung eines Erdkrustenteils in Raum und Zeit erkennen.

Dazu ein konkretes Beispiel. Vor kurzem wurden von Geologen der Bundesanstalt für Bodenforschung in Hannover nach diesem Prinzip „Momentaufnahmen" von den Bewegungen des Unterkreidemeeres in Nordwestdeutschland rekonstruiert. Alle bekannten Aufschlüsse und vor allem zahlreiche Erdölbohrungen hat man hierfür ausgewertet.

Die Unterkreidezeit begann vor 140 Millionen Jahren und dauerte 40 Millionen Jahre. Nach Fossilien wird sie in sechs Zeitstufen gegliedert. Auf Abb. 10.20a–f ist in Form sogenannter paläogeographischer Karten Nordwestdeutschlands die Land-Meer-Verteilung von der Wealden- bis zur Albzeit dargestellt. Nacheinander betrachtet, zeigt sich die Transgression des nordwestdeutschen Unterkreidemeeres innerhalb von 40 Millionen Jahren, bzw. die Senkung Nordwestdeutschlands während dieses Zeitraums.

Doch nicht überall herrschte zur Unterkreidezeit im nordwestdeutschen Raum ständig Senkungstendenz. Wie beispielsweise im Gebiet zwischen Bremen und Verden die Landzunahme zur Barrêmezeit beweist, kam es dort vorübergehend zu Hebungen der Landoberfläche.

Fast alle Teile Europas waren irgendwann einmal, meist sogar wiederholt, vom Meer überflutet. Zwischen den einzelnen Meeresüberflutungen lagen also Festlandsperioden. Wie sich dieses Wechselspiel in der Schichtfolge bemerkbar macht, zeigt ein alter Steinbruch in Bochum-Süd an der Querenburger Straße besonders eindrucksvoll:

Ein Transgressionskonglomerat aus kleinen braunen Toneisensteingeröllen liegt horizontal auf einem schräg einfallenden Komplex von grauen Ton- und Sandsteinbänken (Abb. 10.21). Die beiden Schichtkomplexe liegen also nicht parallel oder, wie man in der Geologie sagt, konkordant, sondern spitzwinklig — diskordant — zueinander. Eine derartige Lagerungsform bezeichnet man als Diskordanz, und die Abrasionsfläche, welche die schräggestellten Gesteinsbänke gewissermaßen oben abschneidet, in diesem Zusammenhang als Diskordanzfläche.

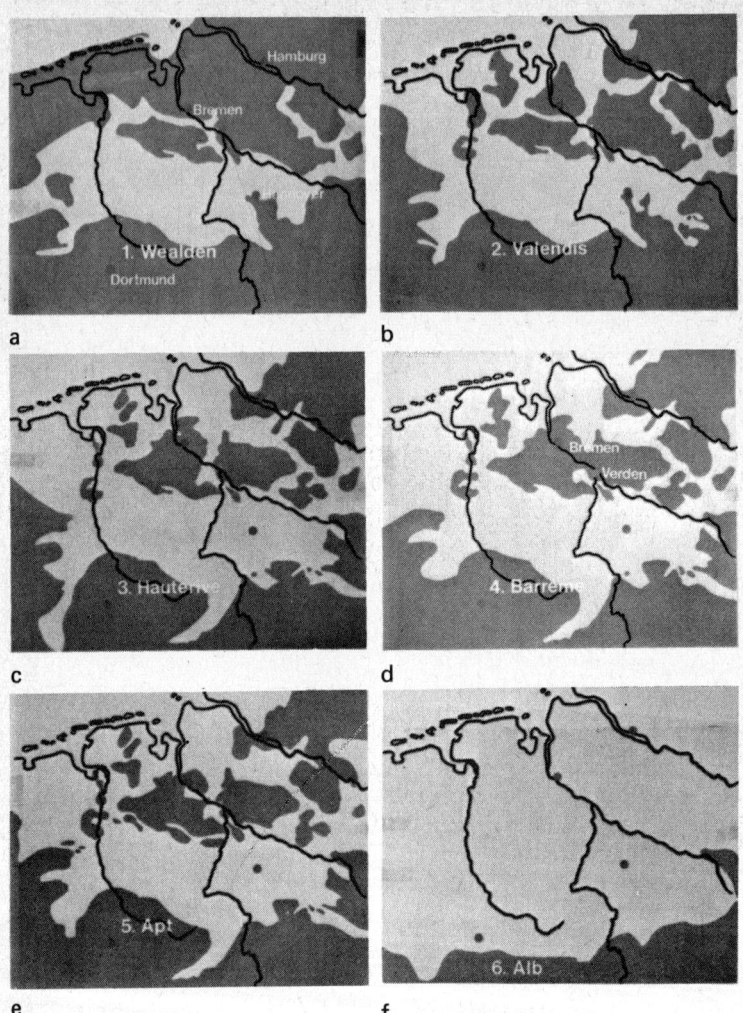

Abb. 10.20: Verbreitung des nordwestdeutschen Unterkreidemeeres

Abb. 10.21: Ziegeleisteinbruch an der Querenburger Straße in Bochum-Süd: Toneisensteinkonglomerat der Oberkreidezeit, horizontal lagernd, diskordant über steilgestellten Bänken aus Ton- und Sandstein der Oberkarbonzeit

Auch der Komplex der schrägstehenden Ton- und Sandsteinbänke wurde einst als Sediment horizontal abgelagert. Wann die Schrägstellung erfolgte, können wir aus den Lagerungsverhältnissen direkt ablesen: Sie fand nach Ablagerung der Ton- und Sandsteinbänke, aber vor Ablagerung des Konglomerats statt.

In dem Konglomerat finden sich hier und da faust- bis kopfgroße Strandgerölle, die damals von der nahen Küste losgebrochen und von den sandbeladenen Brandungswellen gerundet wurden. Wann dieses Meer heranbrandete, läßt sich mit Hilfe von Ammonitenarten bestimmen, die in den Transgressionsschichten vorkommen (Abb. 10.22). Danach transgredierte das Meer hier zu Beginn der Oberkreidezeit vor fast 100 Millionen Jahren. Ganz Norddeutschland war damals vom Meer bedeckt. Bei Bochum verlief seine südliche Küste.

Die Transgression in der Oberkreidezeit beendete im Bochumer Raum eine Jahrmillionen anhaltende Festlandstendenz, deren Höchstdauer sich aus der Altersdifferenz zwischen Transgressionskonglomerat und schrägstehendem Komplex der Ton- und Sandsteinbänke unterhalb der Diskordanzfläche ergibt. Auch diese Gesteinsbänke bestehen größtenteils aus Meeresablagerungen, enthalten aber auch

Abb. 10.22: Zwei Ammonitenarten aus der Cenomanzeit (Zeitstufe zu Beginn der Oberkreidezeit), fotografiert auf der Fundschicht gleichen Alters, einem Transgressionskonglomerat aus zentimetergroßen Toneisenstein-geröllen. Maßstab: 1 DM-Stück. Ziegeleisteinbruch an der Querenburger Straße in Bochum-Süd.

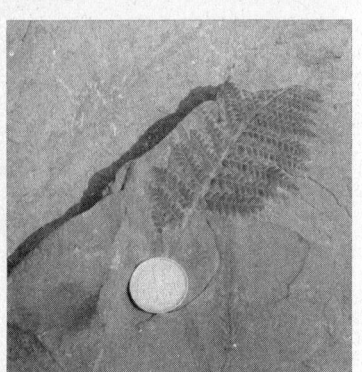

Abb. 10.23 und 10.24: Oberkarbonzeitlicher Farn und Rindenstück des Siegel-baums gleichen Alters. Aus massenhaften Anhäufungen dieser und anderer ober-karbonzeitlicher Pflanzen sind z. B. die Steinkohlenlagerstätten des Ruhrgebiets entstanden. Geologisches Institut der Universität Bochum.

einige Süßwasserabsätze. Ihr Alter läßt sich mit Hilfe eingeschwemmter pflanzlicher Landfossilien bestimmen, so mit Farnen (Abb. 10.23) und Rindenstücken des Schuppen- und des Siegelbaumes (Abb. 10.24), deren ursprüngliche Pflanzensubstanz teilweise in Kohle umgewandelt ist. Danach sind diese Gesteinsbänke zu Beginn der Oberkarbonzeit vor fast 300 Millionen Jahren abgelagert worden. Das Transgressionskonglomerat darüber ist aber erst 100 Millionen Jahre alt. In der Diskordanzfläche liegt also ein Alterssprung, eine sogenannte Schichtlücke von 200 Millionen Jahren verborgen. Diese Lücke entspricht der Festlandsperiode, in der kaum sedimentiert, sondern im Gegenteil überwiegend abgetragen wurde.

Zeiten der Meeresbedeckung können wir also an Meeresablagerungen erkennen, Festlandsperioden dagegen dokumentieren sich oft

Abb. 10.25 und 10.26: Steinbruch „Fuchshalle" am östlichen Ortsrand von Osterode im Harz, unterhalb der Fuchshaller Straße Nr. 54: diskordante Lagerung von Sedimentgesteinen der Zechsteinzeit über gefalteten Kieselschieferbänken der Unterkarbonzeit.

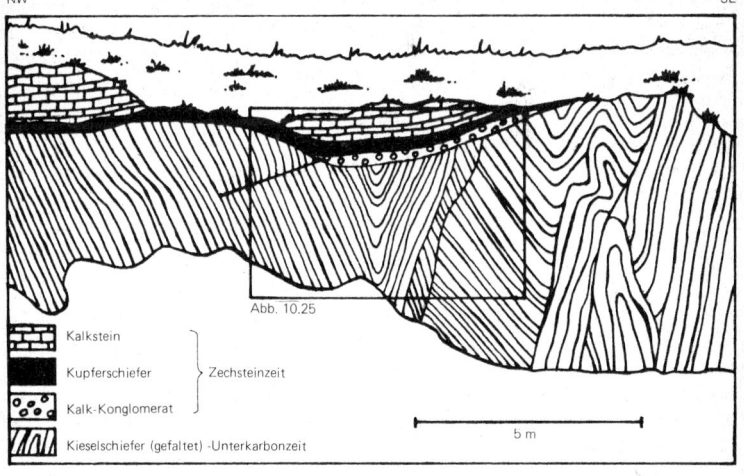

durch Überlieferungslücken innerhalb der marinen Schichtfolgen, durch Schichtlücken.

Wir haben gesehen, daß großräumige vertikale Krustenbewegungen vergangener erdgeschichtlicher Epochen sich durch Transgressionen und Regressionen der Meere in den Schichtfolgen bemerkbar machen. Ein weiteres Beispiel hierfür ist der Aufschluß „Fuchshalle" am östlichen Ortsrand von Osterode im Harz. Über stark gefalteten, rötlichen Kieselschieferbänken liegen — annähernd horizontal und durch eine Diskordanzfläche von den Kieselschieferbänken getrennt — ein gelbliches Kalksteinkonglomerat, darüber schwarzer, dünnplattiger Tonstein und schließlich stark zerklüfteter, heller Kalkstein (Abb. 10.25, 10.26).

Der sehr spröde Kieselschiefer ist eine Meeresablagerung, dessen Material vornehmlich mikroskopisch kleine Radiolarien — einzellige Bestandteile des Meeresplanktons mit kieseligen Gehäusen — geliefert haben. Dieses Gestein wurde als Radiolarienschlamm vor rund 300 Millionen Jahren am Boden eines unterkarbonzeitlichen Meeres abgelagert.

Das gelbliche Kalksteinkonglomerat besteht aus teilweise nur wenig gerundeten Kalksteinbrocken und repräsentiert die Transgression des norddeutschen Zechsteinmeeres vor 220 Millionen Jahren. An der Diskordanzfläche liegt also eine Schichtlücke von 80 Millionen Jahren. Bei der folgenden Küstenverlagerung des Zechsteinmeeres geriet dieser Ort in größere Meerestiefe. Es wurde dann der schwarze Tonstein, der sogenannte Mansfelder Kupferschiefer, sedimentiert, der wegen seines Gehalts an feinverteiltem Kupfer, Blei, Zink und auch Silber in Mansfeld seit alters bergmännisch abgebaut wird. Darüber legten sich dann Kalkablagerungen des Zechsteinmeeres.

Aus diesem Aufschluß können wir ein Stück Harzgeschichte im Wechsel von Hebungen und Senkungen dieses Raums ablesen: Vor 300 Millionen Jahren bestand hier ein sinkendes Meeresbecken (Geosynklinale), in dem der Radiolarienschlamm abgelagert wurde. Er verfestigte sich zu Kieselschiefer, wurde gefaltet (im Rahmen der variskischen Gebirgsbildung) und gehoben. Im Verlauf dieser Hebung zog sich dann das Meer zurück (Regression), und der Harzer Raum wurde für 80 Millionen Jahre ein Festlandgebiet, auf dem das gerade entstandene Variskische Faltengebirge (siehe S. 145) der Abtragung verfiel, bis sich der Untergrund wieder senkte. Zur Zechsteinzeit vor 220 Millionen Jahren war der Harzer Raum erneut vom Meer überflutet (Transgression). Das Zechsteinkonglomerat und die folgenden Zechsteinsedimente legten sich bei Osterode auf den eingeebneten, gefalteten Untergrund aus Kieselschiefer. Spätere Hebungen wandelten dann den Harzer Raum wieder in ein Festlandgebiet um (Regression).

11. Druck und Hitze verwandeln Gesteine

Bei einem Blick von der Blauen Kuppe im Hessischen Bergland bei Eschwege fallen kuppige Berge auf — typisch für Vulkanschlotfüllungen aus Basalt. Der harte Basalt hat den abtragenden Kräften stärker widerstanden als die weichere Umgebung aus Sedimentgesteinen. Darum wurden hier die mit Basalt gefüllten Schlote zu Bergkuppen herausmodelliert. Auf der Blauen Kuppe ist in einem Steinbruch die Grenze zwischen einer derartigen Basaltfüllung und dem benachbarten Sedimentgestein, einem rötlichen Sandstein aus der Buntsandsteinzeit, der Betrachtung zugänglich. Der Schlot gehört zu einem heute größtenteils abgetragenen Vulkan, der vor etwa 15 Millionen Jahren, in der Jungtertiärzeit, die Buntsandsteinablagerungen durchbrochen hat. Dabei wurden zahlreiche Sandsteinblöcke aus der Schlotwandung herausgerissen und von der Schmelze eingeschlossen. Helle Gesteinsblöcke inmitten der dunklen Basaltfüllung zeugen von diesem Geschehen (Abb. 11.1).

Durch die Hitzeabstrahlung der um 1000 Grad Celsius heißen Gesteinsschmelze hat sich der Sandstein verändert, am stärksten naturgemäß direkt an der Grenze zum Basalt, am sogenannten Kontakt, und in den obengenannten Blöcken, die sogar teilweise randlich angeschmolzen wurden. In den Blöcken kann man mitunter die ursprüngliche Schichtung des Sandsteins kaum noch erkennen. Auch eine Farbveränderung ist eingetreten. Die rötlichen Farben des Sandsteins sind verblaßt. Am auffälligsten aber ist die Zunahme der Gesteinshärte. Der Sandstein wurde in ein wesentlich härteres und sprödes Gestein, in Quarzit, umgewandelt. Quarzit besitzt im Gegensatz zum porösen Sandstein, dessen Quarzkörner durch ein Bindemittel mitein-

Abb. 11.1: Quarzitblöcke in dem mit Basalt gefüllten Schlot der Blauen Kuppe bei Eschwege in Hessen

Abb. 11.2: Interferenzbild eines Quarzitdünnschliffs unter dem Polarisationsmikroskop: Innig verzahnte, millimetergroße Quarzkristalle. Die Farbe der Quarzkristalle (weiß, grau und schwarz) hängt von der jeweiligen Lage des Kristalls zur optischen Achse des Polarisationsmikroskops ab. Mineralogisches Institut der Technischen Universität Hannover.

Abb. 11.3: Braunkohletagebau am Hohen Meißner in Hessen. Das jungtertiärzeitliche Braunkohlelager liegt unter einer mächtigen Basaltdecke. Im Basalt senkrechte Schwundklüfte und Tendenz zur Säulenbildung.

Abb. 11.4: Kontakt zwischen Basaltdecke (oben) und Braunkohlelager am Hohen Meißner in Hessen: Bis fünf Meter unterhalb des Basalts ist die Braunkohle in Glanzkohle umgewandelt worden. In der Mitte zum Größenvergleich eine Streichholzschachtel.

ander verkittet sind (siehe Abb. 7.6, 7.7), ein homogenes Gefüge. Unter der Hitzeeinwirkung haben sich die Quarzkörner des Sandsteins zu neuen und größeren Kristalleinheiten gesammelt, die nun zu einem dichten, innig verzahnten Mosaik verwachsen sind (Abb. 11.2). Der Unterschied zwischen ehemaligem Bindemittel und Korngerüst ist verschwunden. Eine derartige Gesteinsumwandlung, die das Gesteinsgefüge grundlegend verändert, oft auch zur Bildung neuer Minerale führt, wie wir noch an anderen Beispielen sehen werden, bezeichnet man als Metamorphose. Die Produkte der Metamorphose werden metamorphe Gesteine oder Metamorphite genannt. Quarzit ist ein solcher Metamorphit. An der Blauen Kuppe wurde die Metamorphose des Sandsteins durch hohe Temperaturen verursacht, die im Kontakt mit einer heißen Gesteinsschmelze auftraten. Man spricht daher von Kontaktmetamorphose.

Welche Veränderungen eine Kontaktmetamorphose zum Beispiel an wesentlich empfindlicher reagierender Braunkohle hervorruft, kann man ebenfalls im nördlichen Hessen, am Hohen Meißner, beobachten. Die plateauartige Oberfläche des Hohen Meißners ist bedingt durch eine etwa horizontal liegende Basalttafel, die in der Jungtertiärzeit aus einzelnen, übereinandergeflossenen Lavaströmen entstanden ist. Der unterste Lavastrom hat damals ein Braunkohlelager überflossen, das heute in einem kleinen Tagebau abgebaut wird (Abb. 11.3.). Im Unterschied zu den mächtigen Braunkohlevorkommen in Mitteldeutschland und in der Kölner Bucht liegt hier also nicht lockerer Sand, sondern festes vulkanisches Gestein über der abbauwürdigen Kohle. Auch die Braunkohle entstammt der Jungtertiärzeit, allerdings einem etwas älteren Zeitabschnitt. Der pflanzliche Ursprung dieses Sedimentgesteins zeigt sich hier und da an den noch gut erkennbaren Holzstrukturen. Mitunter sind sogar ganze Baumstämme erhalten.

Die Lava hat Wärme nach unten abgestrahlt und die Braunkohle aufgeheizt. Bis etwa fünf Meter unterhalb der Kontaktfläche wurde sie metamorphosiert. In diesem Kontakthof ist die Braunkohle auf natürliche Weise zu schwarzer Glanzkohle verkokt worden (Abb. 11.4).

Durch die Kontaktmetamorphose sind in der Braunkohle folgende Veränderungen eingetreten:

1. Farbumschlag von braun zu schwarz,
2. Umwandlung von erdigem zu sprödem Material,
3. Umwandlung der Bruchflächen von stumpfem zu glänzendem Aussehen,
4. Abnahme des Wassergehalts,
5. Anstieg des Kohlenstoffgehalts von 60 auf 80 Prozent,
6. Verdopplung des Heizwertes.

Je größer die Wärmemenge eines aufgedrungenen Schmelzkörpers ist, um so intensiver und um so weiter vermag die Metamorphose in die angrenzenden Gesteinsserien einzudringen. Bei den vorangegangenen Beispielen handelte es sich um Schmelzen, die auf oder nahe der Erdoberfläche verhältnismäßig rasch abkühlten. Daher war auch die Gesteinsumwandlung nur in unmittelbarer Nähe des Kontaktes zu beobachten. Der Kontakthof, also der Aufheizungs- und Umwandlungsbereich, war nur wenige Meter mächtig. Im Oberharz können wir hingegen beobachten, wie sich eine Kontaktmetamorphose in der Umgebung eines weit größeren Schmelzkörpers ausgewirkt hat, der zudem nicht bis zur Erdoberfläche aufstieg, sondern in einigen Kilometern Erdtiefe steckenblieb und dort erstarrte. Unter dem Wärmeschutz einer mächtigen Hülle aus Sedimentgesteinen kühlten diese Schmelzen viel langsamer ab. Ein langanhaltender Wärmestrom, aber auch heiße, chemisch aggressive Dämpfe und Lösungen drangen in die benachbarten Sedimentgesteine ein und wandelten sie in einer Breite von einem Kilometer um. In diesem einen Kilometer breiten Kontakthof wurden unter anderem Grauwacke, Sandstein, Tonschiefer und Kalkstein metamorphosiert. Das geschah in der Karbonzeit im Zusammenhang mit der variskischen Gebirgsbildung vor etwa 280 Millionen Jahren. Die Schmelze erstarrte vorwiegend zu Granit, der heute das Brockenmassiv aufbaut. Erst spätere Aufwärtsbewegungen der Harzscholle leiteten dann die Abtragung der Sedimentgesteinshülle hinunter bis auf den Granit ein, so daß wir heute an der Erdoberfläche Granit und kontaktmetamorphe Gesteine nebeneinander antreffen.

Die stark vereinfachte geologische Karte des Westharzes (Abb. 11.5) zeigt den entblößten Dachbereich des Granitmassivs, umgeben von dem einen Kilometer breiten Kontakthof. Wir müssen uns vorstellen, daß einst die Kontaktgesteine und darüber vermutlich auch von der Metamorphose unbeeinflußte Sedimentgesteine den Granit völlig bedeckt hatten. Von der einstigen Kontaktgesteinshülle zeugen noch heute vereinzelte, von der Abtragung bisher verschonte Kontaktgesteinsschollen auf dem Dach des Granits. So die Achtermannshöhe mit ihrem kahlen Gipfel. Dieser Berg besteht überwiegend aus Granit, trägt aber noch eine spitze Restkappe aus Kontaktgestein. Die Kontaktfläche liegt nur wenige Meter unterhalb der Bergspitze. Ihren Verlauf erkennt man schon an der unterschiedlichen Verwitterungsweise der beiden Gesteinsarten. Der Granit zeigt typische Wollsackverwitterung (Abb. 13.22). abgerundete Kanten und Zerfall in rundliche Blöcke. Das darüberliegende Kontaktgestein besitzt dagegen splittrige Oberflächen, von denen sich durch Frostsprengung scharfkantige Gesteinsscherben gelöst haben. Wenn man dieses Gestein mit dem Hammer anschlägt, entstehen muschelige Bruchflächen, ähnlich wie am spröden Feuerstein (siehe S. 110). Die Sprödigkeit beruht vor allem auf einem sehr dichten, hornartig verfilzten Mosaik aus feinen Kristallen. Man bezeichnet daher solche hochgradig kontaktmetamorphen Gesteine als Hornfelse. Die Kappe der Achtermannshöhe besteht aus dunkelgrauem Grauwackehornfels, einer umgewandelten Grauwacke.

Um festzustellen, welche Veränderungen bei der Umwandlung eingetreten sind, wollen wir uns zunächst die von der heißen Schmelze nicht beeinflußte Grauwacke ansehen. Grauwacke außerhalb des Kontakthofes wird beispielsweise im Tal des Harzflusses Innerste in einem Steinbruch südlich von Wildemann abgebaut (Abb. 11.6). Es handelt sich um ein meist dunkelgraues Trümmersedimentgestein (siehe S. 72), das vor etwa 330 Millionen Jahren in einem Meer der Unterkarbonzeit abgelagert wurde. Es besteht aus miteinander verbackenen Quarz- und Feldspatkörnern, Glimmerblättchen und Tonsteinfetzen: kleinen Gesteinstrümmern des damaligen Festlandes. Vom nahen Festland wurden viele Pflanzenreste eingeschwemmt, die mitunter als Abdrücke und Steinkerne erhalten geblieben sind.

Die durchschnittliche Korngröße der Grauwacke entspricht der des Sandsteins, doch kommen auch grobkörnigere Partien vor, Grauwacke in sogenannter konglomeratischer Ausbildung. Auffällig ist die häufig auftretende gradierte Schichtung (siehe S. 72), die auf eine Ablagerung aus einzelnen kurzfristigen Materialschüttungen hinweist. Man deutet die im Harz weitverbreiteten, bis zu 1000 Meter mächtigen Grauwackeserien als Ablagerungen aus Schlamm und Sandmassen, die sich einst von untermeerischen Böschungen lösten, staublawinenartig als Suspensionsströme über den Meeresboden glitten und sich dann weitflächig absetzten. Nach ihrer diagenetischen Verfestigung wurden sie einige Millionen Jahre später zur Oberkarbonzeit in das damals entstehende Variskische Gebirge eingefaltet. Soweit die Grau-

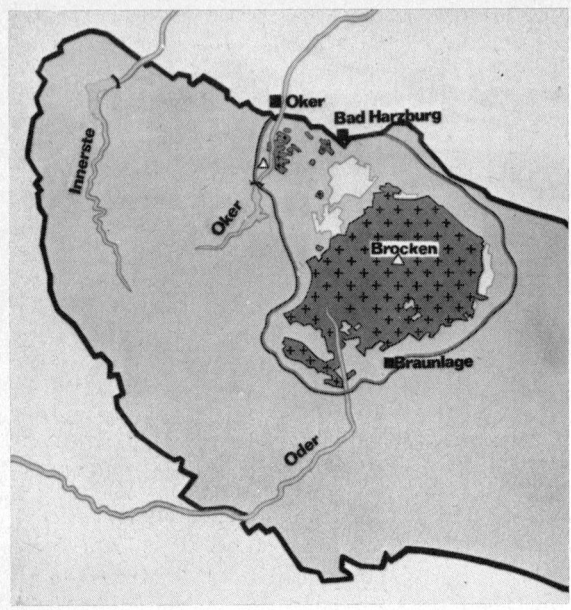

Abb. 11.5: Westteil der Harzscholle mit Granitkörpern des Brockenplutons und dessen Kontakthof

Abb. 11.6: Grauwackesteinbruch im Tal der Innerste im Harz, an der Straße von Wildemann nach Clausthal-Zellerfeld bei Kilometer 5,7. Die Grauwackebänke sind gefaltet, links und in der Mitte stehen sie annähernd senkrecht.

wacke in den Einflußbereich der damals aufsteigenden Schmelzen geriet, machte sie eine Kontaktmetamorphose durch und wurde in einen sehr harten und spröden Metamorphit, in Grauwackehornfels umgewandelt. Mehr erfährt man über die kontaktmetamorphen Veränderungen, wenn man Dünnschliffe aus Grauwacke mit Dünnschliffen aus Grauwackehornfels vergleicht (Abb. 11.7 und Abb. 11.8). Aus dem ursprünglichen Trümmersedimentgestein wurde ein kristallines Gestein.

Im Zusammenhang mit der Kontaktmetamorphose um den Brockengranit stellt sich die Frage, wie denn ein derart riesiger Schmelzkörper im Gebirge überhaupt Platz finden konnte. Aus dem geologischen Bau des Harzes ergibt sich, daß die granitischen Schmelzen in ein damals bereits weitgehend fertiggefaltetes Gebirge eingedrungen sein müssen. Wir wissen ja, daß bei der Gebirgsbildung auf das Faltungsstadium mit Einengungstendenz ein Stadium der Hebung folgt, bei dem sich nun der Gebirgskörper seitlich ausdehnt (siehe S. 147). Dadurch entstehen Bruchsysteme und öffnen sich Spalten, die von den aufsteigenden Schmelzen benutzt und erweitert werden. Ganze Falteneinheiten können auseinanderrücken und so den Schmelzen Aufstiegsbahnen eröffnen. Mitunter heben die Schmelzen auch das Gebirgsdach an und verschaffen sich dadurch zusätzlich Platz. Welcher Vorgang bei der Platznahme unterirdischer Schmelzen außerdem von Bedeutung ist, zeigen die folgenden Aufschlüsse am Goetheplatz und am Königskopf im Oberharz.

Am Goetheplatz unterhalb der Hohen Klippen hat einst Goethe den Kontakt des Granits mit dem darüberliegenden Hornfels entdeckt. Etwa 30 Meter hangaufwärts liegt über hellem und massigem Granit enggeklüfteter, splittriger Grauwackehornfels (Abb. 11.9). Der dunkle Grauwackehornfels ist ziemlich scharf gegen den Granit abgegrenzt (sogenannter scharfer Kontakt). Doch wird der Hornfels hier und da von dünnen Granitgängen (sogenannten Apophysen) durchzogen, die meist einige Zentimeter mächtig sind und mit dem darunterliegenden Granit in Verbindung stehen (Abb. 11.10). Das waren gewissermaßen die Angriffsspitzen der aufsteigenden Schmelze. Sie hat sich hier in Dehnungsfugen gezwängt und diese erweitert. Nach und nach wurden so ganze Grauwackeblöcke von Gängen durchdrungen, schließlich aus ihrem Schichtenverband herausgetrennt und eingeschmolzen. Die Schmelze nimmt dann den Raum ein, der zuvor von der Grauwacke ausgefüllt war und frißt sich so weiter in ihre Umgebung aus Sedimentgestein hinein.

Noch deutlicher zeigt sich dieses Phänomen des Platztausches am Königskopf, an der Böschung der Bundesstraße 4, etwa 1,5 Kilometer nordwestlich des Wirtshauses Königskrug bei Kilometer 17,185. In Fahrtrichtung Braunlage taucht dort der Granit unter Grauwackehornfels ab. Im Gegensatz zum Goetheplatz-Aufschluß ist der Kontakt unscharf. Randlich aufgeschmolzene und allmählich in Granit übergehende Hornfelsfetzen ragen meterweit in den Granit hinein.

Abb. 11.7: Dünnschliff von Harzer Grauwacke unter dem Polarisationsmikroskop: Kantige und zum Teil gerundete, klar umrissene Gesteinstrümmer (vor allem Quarz, Feldspatkörner und Kieselschieferbruchstücke, siehe S. 176) sind durch ein überwiegend toniges Bindemittel miteinander verkittet. Die großen Körner haben einen Durchmesser von etwa 1 Millimeter. Mineralogisch-petrographisches Institut der Technischen Universität Clausthal.

Abb. 11.8: Dünnschliff von Harzer Grauwackehornfels unter dem Polarisationsmikroskop: Neugebildete Kristalle, hier vor allem aus den Mineralen Feldspat, Biotit (einem dunklen Glimmer) und Epidot (einem Kalktonerdesilikat): nicht mehr Gesteinsbruchstücke, die durch ein Bindemittel zusammengehalten werden, sondern miteinander verwachsene Kristalle. Mineralogisch-petrographisches Institut der Technischen Universität Clausthal.

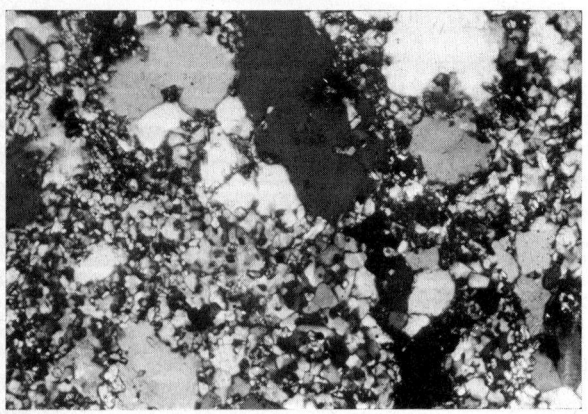

Abb. 11.9:
Kontakt zwischen Granit
(hell) und
enggeklüftetem,
splittrigem
Grauwackehornfels
(obere Bildhälfte)
am Hang, etwa
30 Meter über dem
Goetheplatz im oberen
Odertal unterhalb
der Hohen Klippen
im Oberharz.

Abb. 11.10: Granitgefüllte Spalte (Apophyse) oberhalb des Goetheplatzes im oberen Odertal im Oberharz

Mitunter liegen sie völlig isoliert im Granit. Andererseits wird der Hornfels von zahlreichen kleinen Granitgängen (Apophysen) und sich verästelnden Granitvorsprüngen durchsetzt. Man sieht, wie sich die Granitschmelze förmlich in das Nebengestein hineingefressen hat.

Etwa 750 Meter südöstlich von diesem Kontakt liegt am Königskopf ein zur Zeit auflässiger Granitsteinbruch. In der oberen Mitte der hellrötlichen Granitwand fällt eine graue und splittrige, etwa 12 mal 15 Meter messende Gesteinsfläche auf (Abb. 11.11). Hier ist eine Grauwackescholle in das damalige Dach der Granitschmelze eingesunken. Als die Scholle einsank, war die Schmelze schon so weit abgekühlt, daß sie die Grauwacke nicht mehr aufschmelzen konnte. Die Grauwacke wurde aber zu Hornfels umgewandelt und an den Rändern angeschmolzen. Heute reicht der Granit bis zur Geländeoberfläche. Aus dem Vorkommen dieser Hornfelsscholle können wir schließen, daß auch hier einst eine Kontaktgesteinshülle unmittelbar darüber lag. Sie ist heute abgetragen.

Nicht nur Grauwacke wurde innerhalb des Kontakthofes umgewandelt. In der Umgebung des Okergranits beispielsweise kommen auf engstem Raum verschiedenartige Kontaktgesteine vor. Der Okergranit wird als ein Ausläufer des Brockengranits angesehen. Er liegt noch größtenteils unter seiner Kontakthülle verborgen und tritt nur hier und da inselartig an der Erdoberfläche zutage. Südlich des Harzstädtchens Oker hat sich die Oker tief in diesen Granit und in den Hornfels eingeschnitten. Ein Kontakt Okergranit und Hornfels ist bei der Holzschleiferei Wollbrock, etwa 2,5 Kilometer südlich Oker am linken Okerufer, aufgeschlossen. Von da an weiter stromauf trifft man auf kontaktmetamorphen Sandstein, Kalkstein und Tonschiefer.

Wie schon beschrieben (siehe S. 142), sind Tonschiefer aus Tonsediment hervorgegangene Gesteine, die durch Gebirgsbewegung geschiefert wurden. Entlang den Schieferungsflächen läßt sich der Tonschiefer in Platten spalten. Innerhalb des Kontakthofes kann man nun beobachten, wie mit abnehmender Entfernung zum Kontakt dieses charakteristische Gefügemerkmal verlorengeht. Der hochgradig metamorphe, splittrige Tonschieferhornfels bei der Holzschleiferei Wollbrock ist ungeschiefert.

Zwei Kilometer stromauf, direkt an der Straße von Oker nach Altenau, liegt die Rabenklippe, die hauptsächlich aus kontaktmetamorphem Kalkstein der Devonzeit besteht (Abb. 11.12). Die nur kleinen Kalkspatkristalle des Kalksteins sind zu innig verzahnten, größeren Kristallen zusammengewachsen. Durch diese Sammelkristallisation wurde der Kalkstein in einen grobkristallinen Metamorphit, in Marmor, umgewandelt. Wenn von der nahen Schmelze keine Stoffzufuhr erfolgt (heiße Lösungen, Dämpfe), verändert reiner Kalkstein also nur sein Gefüge. Er wird grobkristallin. Die Kalknatur der weißen Marmorlagen läßt sich mit Hilfe des Salzsäuretests (starkes Aufbrausen, siehe S. 83) nachweisen. Viel häufiger sind aber an der Rabenklippe graue bis grünlichgraue, feinkristalline Partien, die die Salzsäurereaktion nur

Abb. 11.11: Stillgelegter Granitsteinbruch am Königskopf nordwestlich von Königskrug im Oberharz, etwa 200 Meter nördlich km 18,3 der Bundesstraße 4. In der oberen Mitte der Granitwand liegt eine Grauwackehornfelsscholle.

Abb. 11.12: Blick nach Norden auf die Rabenklippe im Harz, 1 Kilometer nördlich der Okertalsperre. Rechts das Kerbtal der Oker. Die Rabenklippe besteht vorwiegend aus Kalksilikathornfels und Marmor.

wenig oder gar nicht zeigen. Diese bestehen aus sogenanntem Kalksilikathornfels, einem Kontaktgestein, das sich aus dem Nebeneinander von Kalk und (silikathaltigen) Tonmineralen gebildet hat. Die Tonminerale entstammen Mergel- und Tonsteinlagen, die vor der Metamorphose im Kalkstein der Rabenklippe zahlreich vorhanden waren.

Bei der Kontaktmetamorphose bilden sich außer Mineralen, die auch in anderen Gesteinen auftreten, ganz typische Kontaktminerale. Im Kalksilikathornfels der Rabenklippe kommt beispielsweise neben anderen neugebildeten Kalksilikaten ein stachelbeergrüner Kalktongranat vor, der aus Kalk und Tonmineralen hervorgegangen ist. Man nennt ihn Grossular nach Grossularia, der lateinischen Bezeichnung für die Stachelbeere (Abb. 11.13).

Soviel zu Gesteinen, die im Kontakthof glutflüssiger Schmelzen umgewandelt wurden. Zusammenfassend läßt sich zur Kontaktmetamorphose folgendes sagen: Die Minerale der Gesteine sind nur in einem beschränkten Temperatur- und Druckbereich und nur unter begrenzten chemischen Umweltbedingungen beständig. Verändern sich nach der Entstehung eines Gesteins die physikalisch-chemischen Bedingungen über ein gewisses Maß hinaus, verwandeln sich seine Minerale. Im Kontakthof einer Schmelze sind es vor allem hohe Temperaturen und chemisch aggressive Dämpfe und Lösungen, die das Gleichgewicht zwischen den Mineralen und ihrer physikalisch-chemischen Umwelt stören. Auf diese Störungen reagieren die Minerale mit Um- oder Neubildung. Je nach Art des Ausgangsgesteins und nach Art einer möglichen Stoffzufuhr aus der Schmelze bilden sich ganz bestimmte neue Minerale, die unter den neuen Bedingungen stabil sind.

Nach dem gleichen Prinzip verläuft auch die sogenannte Regionalmetamorphose, doch führt sie uns in ganz andere Bereiche. Im nebenstehenden Druck-Temperatur-Diagramm (Abb. 11.14) werden waagerecht die zunehmenden Temperaturen und senkrecht die wachsenden Drucke abgetragen. Die Achse für den Druck weist nach unten, um die Abhängigkeit des Drucks von der Versenkungstiefe der Gesteine zu veranschaulichen. Der eingezeichnete Punkt beispielsweise entspricht einem Gestein oder einem Mineral, das unter einem Druck von 5000 Atmosphären und einer Temperatur von 400 Grad Celsius umgewandelt wurde. Rechts liegt ein Druck-Temperatur-Bereich, in dem die Gesteine schmelzflüssig sind. Wie wir gehört haben, entstehen die Kontaktgesteine in der Umgebung von Schmelzen, die in hohe Stockwerke der Erdkruste aufgestiegen sind. Die Umwandlungstemperatur kann also sehr hoch sein. Der Überlagerungsdruck ist dagegen oft gering. Im Diagramm wird daher der Bildungsbereich der Kontaktgesteine ganz oben dargestellt. Der Bereich darunter entspricht den tiefen Stockwerken der Erdkruste, in denen nun der Druck zunehmend an Bedeutung gewinnt. In diesem großen Druck-Temperatur-Bereich entstehen die regionalmetorphen Gesteine.

Im Gegensatz zu der örtlich eng begrenzten Kontaktmetamorphose erfaßt die Regionalmetamorphose ausgedehnte Regionen der tieferen

Abb. 11.13: Grossular (Kalktongranat) mit gut ausgebildeten Kristallflächen: ein typisches Kontaktmineral (2fache Vergrößerung). Mineralogisches Institut der Technischen Universität Hannover.

Abb. 11.14: Druck-Temperatur-Diagramm für die Bildungsbereiche von Diagenese, Kontaktmetamorphose und Regionalmetamorphose

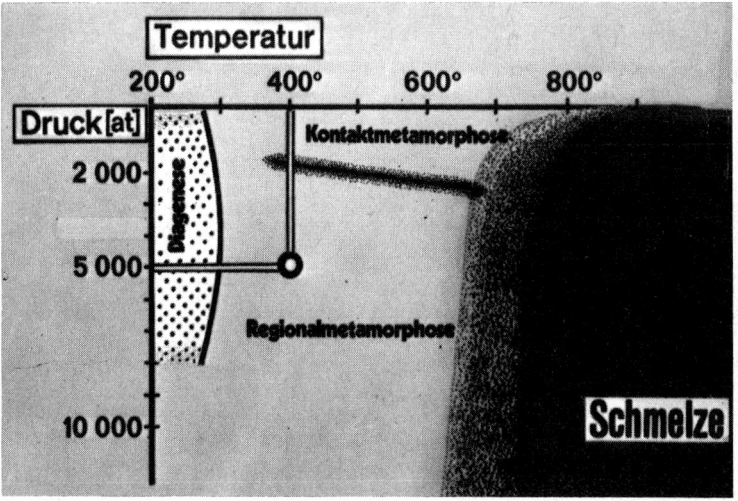

Erdkruste. Ein solches ehemals tiefes Krustenstockwerk, das durch Hebung und Abtragung nach und nach freigelegt wurde, trifft man auf weiten Flächen Skandinaviens an. Bei Sala in Mittelschweden wird zum Beispiel sehr alter weißer Marmor abgebaut, der sich einst in der Tiefe der Erdkruste aus Kalkstein umgewandelt hat. Sedimentgesteine können, wie wir wissen, unter anhaltender Auflagerung immer neuen Gesteinsmaterials in große Tiefen absinken. Entsprechend der geothermischen Tiefenstufe von durchschnittlich drei Grad Celsius auf 100 Meter nimmt mit der Versenkungstiefe die Temperatur zu. Vor allem aber steigt der allseitige Druck infolge der steigenden Auflast der Deckschichten. Hinzu kommt häufig noch ein gerichteter Druck, wie er bei gebirgsbildenden Bewegungen auftritt. Bei der Regionalmetamorphose gewinnt also neben der Temperatur der Druck steigende Bedeutung für die Gesteinsumwandlung.

Die Hauptmasse der regionalmetamorphen Gesteine stammt aus der Erdfrühzeit. Am Zerfall radioaktiver Elemente und Isotope in den Gesteinen hat man ihr Alter bestimmen können. Der Marmor von Sala ist danach etwa zwei Milliarden Jahre alt. Die sogenannte Marmorierung beruht auf dunklen Streifen, die hauptsächlich ursprünglichen Tonverunreinigungen entstammen. Die einstigen Tonminerale wurden unter anderem zu dunklem Glimmer umgewandelt. Die Verbiegung und Verfaltung der Streifen deutet darauf hin, daß das Gestein außerdem tektonischen Kräften unterworfen war (Abb. 11.15).

Neue Minerale können nur dann entstehen, wenn Stoffe im Gestein gewandert sind. Diese Stoffwanderungen ermöglicht vor allem das Porenwasser, das auch noch in größerer Erdtiefe vorhanden ist. Unter hohem Druck werden Stoffe gelöst und vereinen sich anderswo mit

Abb. 11.15: Die vielfach verbogenen dunklen Streifen im Marmor von Sala (Mittelschweden) zeugen davon, daß das Gestein bei der Regionalmetamorphose bewegt wurde.

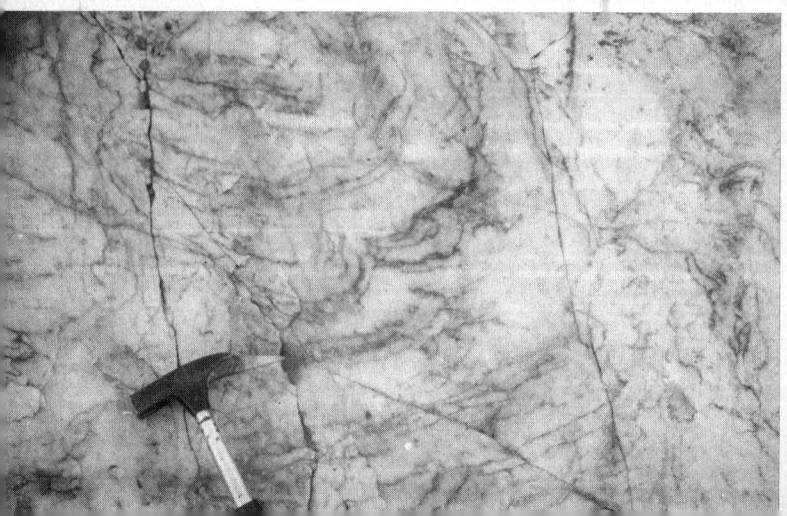

Abb. 11.16: Eine geologische Kostbarkeit im Marmor von Sala in Mittelschweden: Diese Fossilien gehören zu den ältesten organisch gewachsenen Strukturen, die wir kennen; sie sind zwei Milliarden Jahre alt. Es handelt sich um Algenkolonien, die durch ihre Lebenstätigkeit eine konzentrische Kalkfällung um ihren Lebensraum herum herbeigeführt haben. Sie zeugen davon, daß es damals schon pflanzliches Leben auf der Erde gab und daß dieser Marmor einst ein Sediment war, das am Boden eines erdfrühzeitlichen Meeres abgelagert wurde.

den dort vorhandenen Mineralen zu neuen Kombinationen. Solche Lösungsvorgänge können große Ausmaße annehmen und als breite Lösungsfronten allmählich die Nachbargesteine durchdringen. In den Marmor von Sala sind beispielsweise magnesiumhaltige Lösungen eingewandert und haben das Kalzium des Marmors teilweise gegen Magnesium ausgetauscht. Solche magnesiumhaltigen Kalkgesteine bezeichnet man als Dolomit. Bei Sala bestehen die derart umgewandelten Partien aus dolomitischem Marmor, der sich vom reinen Marmor durch seine weißlich graue Farbe und durch eine viel schwächere Salzsäurereaktion unterscheiden läßt.

Jünger als der Marmor von Sala ist ein Metamorphit, der in der Umgebung von Västervik (Südostschweden) vorkommt. Doch auch dieses Gestein wurde bereits vor über 1,5 Milliarden Jahren metamorphosiert. Es handelt sich um meist dunkelgrauen Quarzit, der in mehreren Einschnitten der Küstenstraße, wenige Kilometer nördlich Västervik, freiliegt. Auch der Västervik-Quarzit war vor der Regionalmetamorphose ein Sedimentgestein, ein tonhaltiger Sandstein. Die ursprüngliche Schichtung des früheren Sandsteins zeigt sich noch an dunklen Streifen (Abb. 11.17). Einst waren es tonreiche Lagen im Sandstein. Ein eindeutiger Hinweis auf das ehemalige Sedimentgestein sind die Rippelmarken (siehe S. 92) im Västervik-Quarzit, die

Abb. 11.17: Grauer Västervik-Quarzit an der Ostseeküstenstraße nördlich Västervik in Schweden; die feine Bänderung entspricht der ursprünglichen Schichtung des einstigen Sedimentgesteins.

Abb. 11.18: Rippelmarken im Västervik-Quarzit, ein augenfälliger Hinweis auf den sedimentären Ursprung dieses Metamorphits

nur durch Wind auf dem Festland oder durch Wasserbewegung am Boden eines Gewässers entstehen können. Die Rippeln im Västervik-Quarzit haben sich am Bodensediment eines flachen Meeres gebildet — vor mehr als 1,5 Milliarden Jahren in der Frühzeit der Erde (Abb. 11.18).

Unter dem ungeheuren Druck der heute abgetragenen Deckgebirgs-schichten hat sich das Sedimentgestein stark verdichtet. Der Quarz der Sandkörner wurde teilweise gelöst und hat sich an anderen Stellen zu größeren Kristallen gesammelt. Die wasserreichen Tonminerale haben einen großen Teil ihres Wassergehaltes abgegeben und sind zu dichte-ren, wasserärmeren Mineralen umgebildet worden, zu Glimmern.

Die Regionalmetamorphose zielt darauf hin, stoffliche und struktu-relle Unterschiede im Sedimentgestein auszugleichen und ganze Erd-krustenteile aus verschiedenen Gesteinen zu vereinheitlichen. Je nach Stärke bzw. Grad der Metamorphose wird dieser Ausgleich mehr oder weniger vollständig erreicht. An der schwedischen Ostseeküste bei Karlshamn liegt ein solcher völlig umgewandelter und neu geordneter Krustenbereich frei. Hier kommt das älteste Gestein Schwedens vor, ein Gneis, der über 2,5 Milliarden Jahre alt ist. Ursprünglich gesondert übereinanderliegende Sandstein- und Tonsteinbänke sowie vulkanische Aschenlagen wurden dort zu einem neuen kristallinen Gestein vereint. Die hellen und dunklen Streifen haben hier nichts mit ehemaliger Schichtung zu tun. Es sind Kristallisationsebenen, die meist senkrecht zu dem jeweils vorherrschenden Druck standen. Die neugebildeten hellen und dunklen Minerale haben sich gesondert und in einzelne La-gen senkrecht zum Druck angeordnet.

Der Gneis besteht vor allem aus hellem Feldspat und Quarz und aus dunklem Glimmer. Wie wir wissen, sind das auch die Hauptgemengtei-le des Granits. Aber im Gegensatz zu den regellos verwachsenen Ge-mengteilen des Granits sind die des Gneis lagenförmig angeordnet. Wie Adern durchziehen die Kristallagen aus dunklen Glimmern das Ge-stein. Die hellen Lagen dazwischen bestehen hauptsächlich aus Feld-spat und Quarz. Nach diesem Gefügemerkmal bezeichnet man solche Gneise als Adergneise (Abb. 11.19). Ein anderer Gefügetyp des Gneis ist der sogenannte Augengneis (Abb. 11.20). Augenförmige, hellröt-liche Feldspatkristalle werden von dunklen Glimmern und hellem Quarz gewissermaßen umflossen. Das erklärt man sich so: Die Meta-morphose erfaßte das Gestein etwa überall gleichzeitig. Zur gleichen Zeit sproßten die neuen Minerale. Offenbar haben dabei die sprossen-den Feldspatkristalle den ebenfalls wachsenden Nachbarkristallen ihre Form aufgezwungen und diese in ihrer Ausbreitung beeinträchtigt.

Diese sogenannte Sprossung zeigt besonders gut der Granatglimmer-schiefer, wie er beispielsweise in den regionalmetamorphen Zentral-zonen der Alpen vorkommt. Glimmerschiefer bestehen vorwiegend aus den Mineralen Glimmer und Quarz. Granatglimmerschiefer ent-halten außerdem noch bräunlich-rote Granatkristalle mit gut ausgebil-deten Kristallflächen (Abb. 11.21). Unter dem Mikroskop zeigen sich

Abb. 11.19: Adergneis von der Ostseeküste östlich Karlskrona in Südschweden. Die hellen (Feldspat und Quarz) und dunklen Lagen (Glimmer) haben nichts mit der Schichtung zu tun; es handelt sich um Kristallagen, die erst bei der Regionalmetamorphose entstanden sind.

Abb. 11.20: Augengneis; die „Augen" bestehen aus Feldspat. Institut für Geologie und Paläontologie der Technischen Universität Hannover.

Abb. 11.21: Granatsprossungen in einem Granatglimmerschiefer. Die hier dunkel erscheinenden, bräunlich roten Almandine (Eisentongranate) sind typische metamorphe Minerale. Mineralogisches Institut der Technischen Universität Hannover.

Abb. 11.22: Dünnschliff von Granatglimmerschiefer unter dem Mikroskop: Millimetergroße Almandine (Eisentongranate) haben die Grundmasse aus Glimmer und Quarz verdrängt. Mineralogisch-petrographisches Institut der Technischen Universität Clausthal.

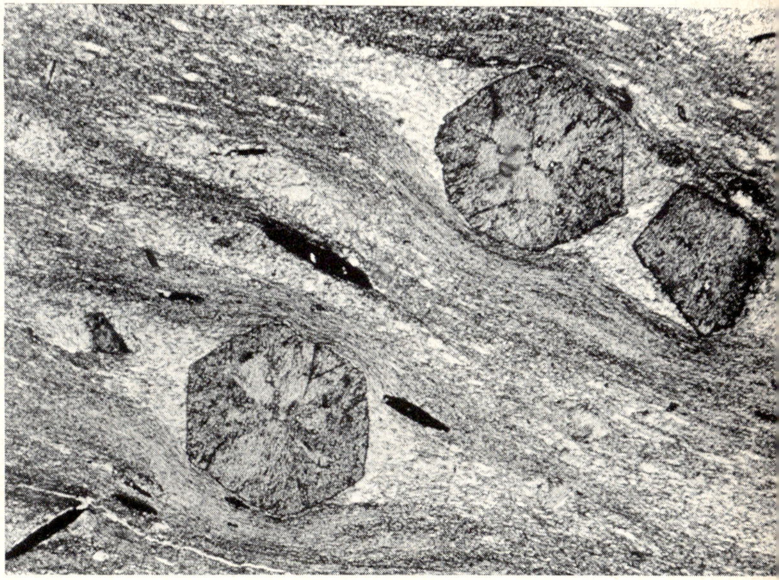

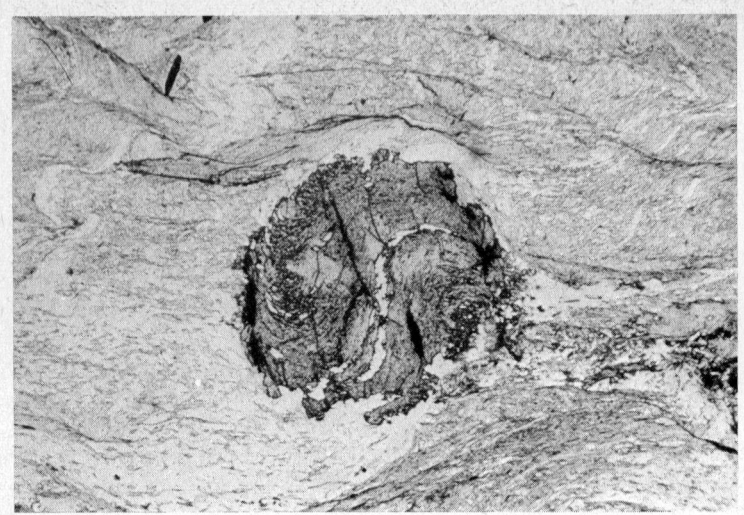

Abb. 11.23: Bei der Sprossung gedrehter Almandin (Eisentongranat). Dünnschliff von Granatglimmerschiefer unter dem Mikroskop. Mineralogisch-petrographisches Institut der Technischen Universität Clausthal.

auch außerhalb der großen Kristalle zahlreiche winzige Granatsprossungen. Mitunter sind die etwa parallel eingeregelten Glimmerplättchen von den Granatkristallen förmlich beiseite gedrückt worden (Abb. 11.22). Wie schon die verbogenen Streifen im Marmor von Sala erkennen ließen, findet bei der Regionalmetamorphose häufig ein Durchkneten des Gesteins statt. Das nebenstehende Mikroskopbild (Abb. 11.23) bei der Sprossung zeigt deutlich, daß der Granatkristall bewegt wurde.

Unter den zahlreichen metamorphen Mineralen gibt es einige, die sich nur in einem relativ eng begrenzten Druck- und Temperaturbereich bilden. Durch experimentelle Untersuchungen ließen sich diese Temperatur-Druck-Bereiche exakt ermitteln, so von einem metamorphen Aluminiumsilikat (Al_2SiO_3), das in drei verschiedenen Kristallformen (Modifikationen) vorkommt (Abb. 11.24, 11.25): Andalusit (spezif. Gewicht 3,1), Sillimanit (spezif. Gewicht 3,2) und Disthen (spezif. Gewicht 3,6). Chemisch sind diese Minerale also gleich, doch unterscheiden sie sich im Kristallbau und in ihrem spezifischen Gewicht bzw. in ihrer Dichte. Der Andalusit hat die geringste Dichte. Man findet ihn hauptsächlich in kontaktmetamorphen Gesteinen, die unter vergleichsweise geringem Druck nahe der Erdoberfläche umgewandelt worden sind. Unter hohem Druck dagegen sprossen Minerale mit großer Dichte. Der Druck zwingt die Atome, bei ihrer Neuordnung eine dichtere Packung einzunehmen. Unter diesen Ver-

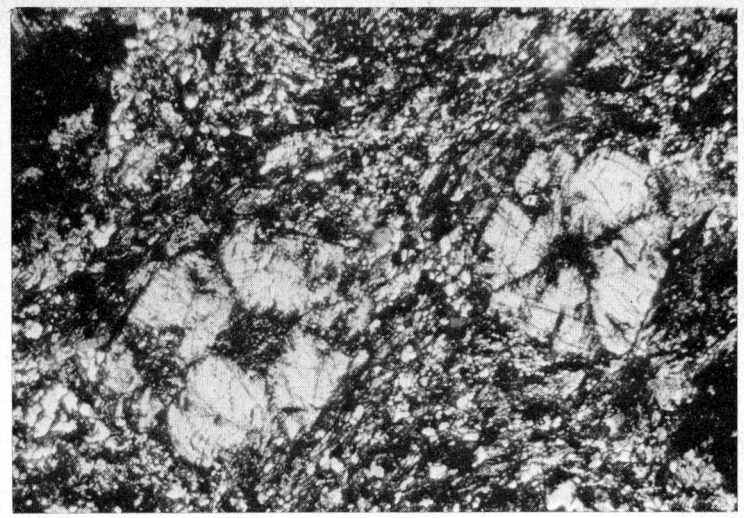

*Abb. 11.24: Zehntelmillimetergroße Andalusitsprossungen in einem kontakt-
metamorphen Tonschiefer. Dünnschliff unter dem Polarisationsmikroskop.
Sammlung Dr. Frese, Buchholz bei Hamburg.*

*Abb. 11.25: Disthensprossung (dunkel) in einem hochgradig regionalmetamor-
phen Gestein. Mineralogisches Institut der Technischen Universität Hannover.*

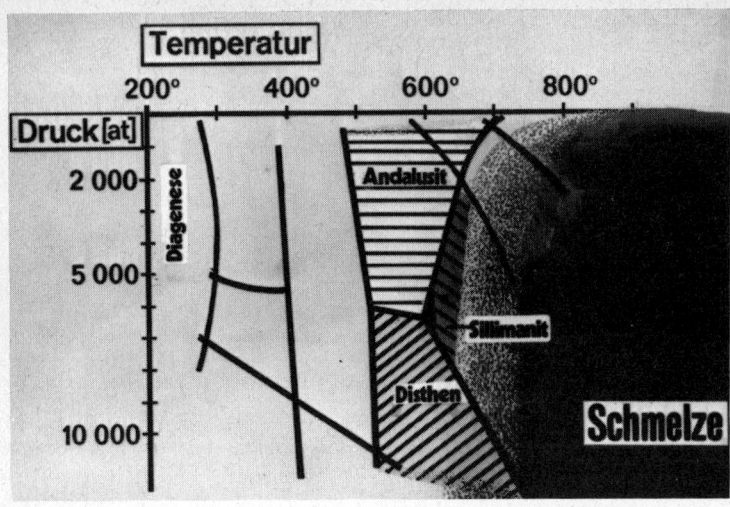

Abb. 11.26: Gliederung der metamorphen Gesteine nach Leitmineralen, deren Bildungsbereich experimentell ermittelt wurde.

hältnissen bilden sich die dichteren Modifikationen Sillimanit und Disthen. Diese treten daher nur in regionalmetamorphen Gesteinen auf, die unter hohem Druck in tiefen Krustenstockwerken entstehen. Ob Aluminiumsilikat als Andalusit, Sillimanit oder als Disthen sproßt, hängt also vor allem von den jeweiligen Druckbedingungen ab. Wir haben hier gewissermaßen ein geologisches Barometer, das uns anzeigt, in welchen Druckbereichen das betreffende metamorphe Gestein umgewandelt wurde.

Ähnlich den Leitfossilien, die eine zeitliche Zuordnung der Sedimentgesteine erlauben, lassen sich die metamorphen Gesteine nach solchen Leitmineralen in einzelne Metamorphosebereiche gliedern. Es soll hier nur angedeutet werden, nach welchem Prinzip das geschieht (Abb. 11.26). In dem uns schon bekannten Druck-Temperatur-Diagramm (Abb. 11.14) sind die Bildungsbereiche der drei Modifikationen des Aluminiumsilikats dargestellt. Die übrigen Felder entsprechen gleichfalls experimentell ermittelten Bildungsbereichen von Leitmineralen oder -gruppen, die hier aber nicht näher genannt werden sollen. Ein Beispiel: Weisen wir in einem Metamorphit Disthensprossung nach, wissen wir, daß er sich bei einer Temperatur zwischen 500 und 800 Grad Celsius und bei einem Druck von mehr als 5000 Atmosphären gebildet hat.

Durch Leitminerale ist auch die Abgrenzung zur Diagenese möglich, zu jenen Verfestigungsvorgängen, die ein Sediment nach seiner Ablagerung erfassen, ohne daß sich dabei Mineralbestand und ursprüngliches Gefüge wesentlich ändern. Erst ab 250 bis 300 Grad Celsius treten Mineralneubildungen in größerem Umfang auf.

Welcher Art das metamorphe Gestein sein wird, hängt aber nicht nur von den Druck- und Temperaturbedingungen ab, sondern auch von der ursprünglichen Zusammensetzung des Ausgangsgesteins: Aus Tonschlamm wird im Laufe der Diagenese Tonstein. Daraus können mit zunehmender Metamorphose nacheinander Tonschiefer, Phyllit, Glimmerschiefer und schließlich Gneis entstehen. Tonschiefer unterscheidet sich von Tonstein hauptsächlich durch sein verändertes Gefüge. In Phyllit und in Glimmerschiefer haben sich vor allem Quarz und Glimmer neu gebildet. In Gneis tritt außerdem noch Feldspat hinzu. Die Quarzkörner des Sandes werden durch diagenetische Vorgänge zu Sandstein verfestigt. Werden bei der Metamorphose aus den umgebenden Gesteinsserien keine neuen Stoffe hinzugeführt, so entsteht daraus Quarzit, der sich zwar im Gefüge, doch nicht im Mineralbestand von Sandstein unterscheidet. Das gleiche gilt für reinen Kalkstein. Ohne Stoffzufuhr wird nur das Gefüge verändert. Grobkristalliner Marmor besteht ebenso aus dem Mineral Kalkspat wie feinkörniger Kalkstein.

Das sind Beispiele von umgewandelten Sedimentgesteinen. Auch die Erstarrungsgesteine (siehe Kapitel 13) unterliegen gleichen Gesetzmäßigkeiten und können ebenfalls metamorphosiert werden. So kann beispielsweise Gneis sowohl aus tonig-sandigem Sedimentgestein als auch aus Granit umgewandelt worden sein. Granit und Gneis besitzen ja die gleichen Hauptgemengteile: Feldspat, Quarz und Glimmer. Bei der regionalmetamorphen Umkristallisation des Granits zum Gneis ordnen sich die zuvor regellos im Gestein verteilten Minerale in Kristallisationsebenen an. Es ist daher mitunter schwer nachzuweisen, ob ein Gneis ein metamorphes Sedimentgestein (Paragneis) oder ein metamorphes Erstarrungsgestein (Orthogneis) ist.

Wollen wir uns noch einmal den Werdegang vom Sedimentmaterial zum regionalmetamorphen Gestein vor Augen halten. Er führt uns über viele Stationen des Kreislaufs. Als Beispiel wählen wir die Schären an der schwedischen Ostseeküste. Sie bestehen größtenteils aus Gneis: Vor etwa zwei Milliarden Jahren wurde hier Abtragungsschutt eines alten Festlandes in einem Meer abgelagert. Bei der Versenkung entstanden aus den Sedimenten zunächst Sedimentgesteine und dann in größerer Erdtiefe der Gneis. Später wurde der Gneis gehoben und durch Abtragung freigelegt. Auch die Gletscher der letzten Eiszeit haben bei der Abtragung mitgeholfen. Davon zeugen die abgerundeten Formen der Schären. Der Abtragungsschutt sammelt sich am Boden der Ostsee. Er ist ein junges Sediment, mit dem ein neuer Kreislauf beginnen kann.

12. Vulkane, Lava und Asche

Am Morgen des 14. November 1963 bemerkten heimkehrende Fischer etwa zwanzig Meilen vor der Südküste Islands einen Feuerschein. Gewaltige Explosionen ließen das Wasser aufschäumen. Mehrere hundert Meter hoch quollen Wolken aus Dampf und Asche empor. Innerhalb von vier Tagen erhob sich an der Ausbruchstelle ein 40 Meter hoher Aschenkegel. Ein weiterer Krater öffnete sich, und vulkanische Auswurfmassen türmten sich 150 Meter hoch auf. Im Sommer 1965, nachdem die explosionsartigen Ausbrüche aufgehört hatten, floß Lava aus (siehe Umschlagbild). Man nannte das etwa zweieinhalb Quadratkilometer große Eiland Surtsey, nach Surtur, einem Riesen, den man auf Island einst als Feuergott verehrt hatte.

Der Surtsey-Vulkan ist in diesem Gebiet keine Einzelerscheinung. Nördlich von ihm liegt ja die vulkanische Insel Island. Ihre Oberfläche ist von riesigen basaltischen Lavafeldern bedeckt. Mehrere Vulkane

Abb. 12.1: Bodenreliefkarte des nördlichen Atlantischen Ozeans

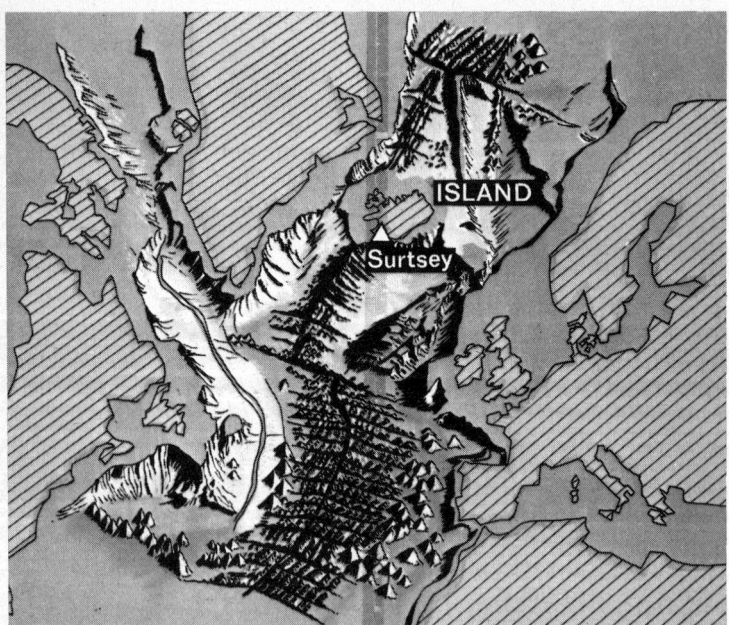

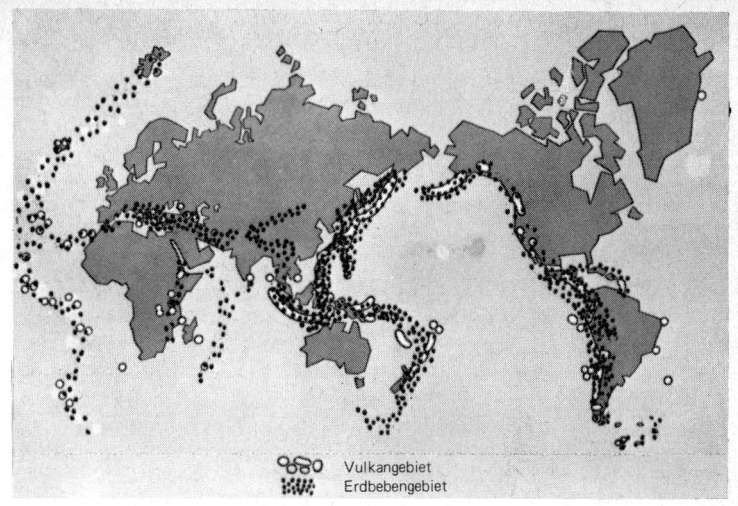

Abb. 12.2: *Vulkan- und Erdbebengebiete der Erde*

sind heute noch tätig. Surtsey und Island liegen im Bereich des Mittelatlantischen Rückens. Das ist eine Zone tektonischer Unruhe mit bedeutenden aktiven Bruchlinien. Die Erdkruste dehnt sich dort. Spalten reißen auf, die den Aufstieg von Gesteinsschmelzen begünstigen (Abb. 12.1). Diese enge Beziehung zwischen vulkanischer Aktivität und tektonischer Bewegung ist kein Sonderfall. Das zeigt sich an der geographischen Verbreitung der in geschichtlicher Zeit tätigen Vulkane im Vergleich zu den Erdbebengebieten (Abb. 12.2). Ein erster Vulkan- und Erdbebengürtel verläuft rings um den Pazifischen Ozean. Ein zweiter zieht vom Indonesischen Archipel durch den Mittelmeerraum und stößt dann auf einen Gürtel, der dem Mittelatlantischen Rücken folgt.

Die Vulkangebiete decken sich also weitgehend mit den Hauptbebengebieten. Daher liegt der Schluß nahe, daß Vulkanismus und Erdbeben Begleiterscheinungen von Erdkrustenbewegungen sind. Dafür spricht auch der geologische Aufbau dieser Gebiete. Es sind zum Teil Gebiete mit bedeutenden Bruchlinien (Mittelatlantische Schwelle mit Island, Ostafrikanische Gräben mit Kilimandscharo), überwiegend aber junge Faltengebirge vom Typ der Alpen (Abb: 12.13).

Europas höchster tätiger Vulkan, der 3260 Meter hohe Ätna auf Sizilien, liegt auf einer der Bruchlinien. Er entwickelte sich zu seiner heutigen Form im Laufe von einer Million Jahren. Ältere Lavaergüsse zeugen aber davon, daß dieses Gebiet schon im Erdmittelalter, vor 200 Millionen Jahren, vulkanisch aktiv war. Die Spalten, durch die Magma aufsteigt, sind dort vermutlich über 30 Kilometer tief.

Abb. 12.3: Rand des Ätna-Hauptkraters. Die entweichenden Gase bestehen vor allem aus Wasserdampf, der in Berührung mit kühlerer Luft zu weißen Wolken kondensiert.

Fragen wir nach der Herkunft der Schmelzen, stoßen wir wieder auf den Kreislauf der Gesteine. Wir haben bereits gesehen, daß an der Erdoberfläche gebildete Sedimentgesteine bei ihrer Versenkung in tiefere Stockwerke der Erdkruste unter den dort herrschenden hohen Temperaturen und hohen Drucken zu metamorphen Gesteinen umgewandelt werden. Es bilden sich zunächst neue Minerale, ohne daß dabei der Schmelzpunkt der Gesteinsmaterie erreicht wird. Geraten aber die Gesteine in Bereiche derart intensiver Wärmeströme aus dem Erdinnern, daß die Schmelzpunkte überschritten werden, kommt es zu Aufschmelzungen. Zunächst schmelzen die Minerale mit niedrigem Schmelzpunkt, dann folgen die mit höherem. Unter gewissen Voraussetzungen, auf die wir noch eingehen werden, können solche Schmelzen bis zur Erdoberfläche aufsteigen, wo sie aus Vulkanen als Laven ausfließen oder als Asche ausgeblasen werden. Am Ätna wollen wir eine Exkursion durch die italienische Vulkanwelt beginnen, uns einen Einblick in die vulkanische Tätigkeit verschaffen und die vulkanischen Förderprodukte ansehen.

Der Hauptkrater des Ätna hat einen Durchmesser von 600 Metern. In etwa 500 Meter Tiefe brodelt die Lava. Das Brodeln wird durch den Austritt vulkanischer Gase hervorgerufen und von dem riesigen Schalltrichter des Kraters zu einem dumpfen Poltern verstärkt. Die entweichenden Gase bestehen hauptsächlich aus Wasserdampf, der am Kraterrand, wenn er in kühlere Luft gerät, zu hellen Wolken kondensiert (Abb. 12.3).

Der Hauptkrater entstand im 17. Jahrhundert und ist seitdem fast durchweg tätig. Von Zeit zu Zeit kommt es hier zu stärkeren Gasausbrüchen, die von Lavaausflüssen an den Flanken des Ätna begleitet werden. Bei einem solchen Flankenausbruch wurde vor einigen Jahren über der Austrittsstelle der Lava in kurzer Zeit ein neuer, etwa 100 Meter hoher Kraterberg aufgehäuft. Dieser Nebenkrater liegt in der Gipfelregion des Ätna nur wenige hundert Meter vom Hauptkrater entfernt. Im Herbst 1970 quoll an seinem Fuß ein kleiner Lavastrom hervor, während aus seiner Krateröffnung in Abständen von einigen Minuten Eruptionswolken aus vulkanischen Gasen und Lockerprodukten ausgestoßen wurden (Abb. 12.4). Diese vulkanischen Lockerprodukte, in der Fachsprache Pyroklastika genannt (griech. pyr: Feuer, klasis: das Zerbrechen), sind neben ausströmendem Gas und ausfließender Lava der dritte und, insgesamt gesehen, zugleich der verbreitetste Typ vulkanischen Fördermaterials. Sie stellen über 80 Prozent der heutigen vulkanischen Förderung.

Die wichtigsten Lockerprodukte:

Asche nennt man die staub- bis sandkorngroßen Partikel, die entweder aus feinsten, in der Luft erstarrten Lavatröpfchen oder aus zerriebenem Gestein der Schlotwandung bestehen, meist aber aus einem Gemenge von beiden.

Bimssteine sind mehr leichte und poröse, erbsen- bis kopfgroße Lavabrocken, die im Flug durch Gasentwicklung aufgebläht wurden und zu einem glasigen Gesteinsschaum erstarrten (Abb. 12.21).

Wurfschlacken sind nach Größe und Entstehung dem Bimsstein vergleichbar, allerdings weniger aufgebläht und daher schwerer.

Schweißschlacken bilden sich, wenn Lavafetzen im noch flüssigen Zustand auf den Boden fallen. Der Lavafetzen schmiegt sich an den Boden und wird mit diesem verschweißt (Abb. 12.5, 12.6).

Bomben sind kugel-, spindel- oder tropfenförmige Gesteinskörper, deren Volumen nur wenige Kubikzentimeter, aber auch mehrere Kubikmeter betragen kann. Die Bomben sind aus flüssigen Lavafetzen erstarrt und in festem Zustand auf den Boden aufgeschlagen. Die charakteristische abgerundete Gestalt entsteht im Flug durch Rotation (Abb. 12.7).

Auswürflinge. Mit Ausnahme solcher Aschen, die hauptsächlich aus Gesteinsabrieb bestehen, haben die obengenannten Lockerprodukte eines gemeinsam: Sie haben zunächst in flüssiger Form, also durch Gasdruck zerplatzte Lavafetzen, den Vulkanschlot verlassen. Die Auswürflinge sind dagegen Lockerprodukte, die von Anfang an in festem Zustand ausgeworfen wurden. Typisch ist ihre eckige und unregelmäßige Gestalt, denn es sind Gesteinsbruchstücke, die aus der Schlotwandung herausgerissen wurden. Die großen, mitunter tonnenschweren Stücke werden „Blöcke" genannt, die etwa faustgroßen „Steine", die nußgroßen „Lapilli", nach dem italienischen Wort für Steinchen. Die Bezeichnung Lapilli ist allerdings eine Größenangabe, die nicht nur für die Auswürflinge gebraucht wird, sondern auch für andere

Abb. 12.4: Nebenkrater mit Eruptionswolke in der Gipfelregion des Ätna. Mit der Eruptionswolke werden Asche, Lapilli, Bomben, Schlacken und Auswürflinge emporgeschleudert und zu diesem Kraterberg aufgehäuft.

Abb. 12.5: Bei einer Eruption traf hier, in der Gipfelregion des Ätna, ein noch flüssiger Lavafetzen auf eine ältere Bombe, daher die kegelförmige Erhebung in der Mitte dieser Schweißschlacke.

Abb. 12.6: Übermannshohes Gebilde aus aufgetürmten Schweißschlacken in der Gipfelregion des Ätna; die Lavafetzen wurden hier jedoch nicht aus einem Krater herausgeschleudert, sondern fontänenartig aus einer kleinen Öffnung in einem oberflächlich bereits erstarrten Lavastrom.

Abb. 12.7: Vulkanische Bomben auf einem Untergrund aus Asche und Schlackenlapilli in der Gipfelregion des Ätna

Lockerprodukte. Die Auswürflinge bestehen meist aus älterem Lavagestein des Vulkankegels, doch auch aus allen möglichen anderen Gesteinsarten, beispielsweise aus verschiedenen Sedimentgesteinen, die jeweils im Untergrund des Vulkankegels die Schlotwandungen bilden. Solche Auswürflinge nichtvulkanischen Gesteins geben daher wertvolle Hinweise für die Beschaffenheit des tieferen Untergrunds.

Am Ätna treten Gase und Lavaströme nicht an denselben Stellen aus. Die Gase entweichen vor allem dem Hauptkrater, die Lava dagegen quillt seitlich aus den Flanken des Vulkangebäudes. Gase und Lava entstammen aber einer gemeinsamen Quelle, einer gasreichen Schmelze, dem Magma. Woher kommt das Magma, und wie ist es möglich, daß es bis zur Erdoberfläche aufsteigen kann? Lange Zeit nahm man an, daß unter der Erdkruste, also im oberen Erdmantel, eine Zone dauernd flüssigen Magmas vorhanden sei. Das läßt sich jedoch mit den neuesten Ergebnissen der Erdbebenforschung nicht mehr vereinen, denn die Fortpflanzungsgeschwindigkeit der Erdbebenwellen im Erdmantel deutet darauf hin, daß auch dieser überwiegend fest ist. Das Magma bildet sich vielmehr von Fall zu Fall in räumlich eng begrenzten Bereichen mit ganz bestimmten Temperatur- und Druckbedingungen. Diese Bereiche liegen vor allem in der tieferen Erdkruste und im oberen Erdmantel. Die neu gebildeten Schmelzen sind normalerweise weniger dicht und somit leichter als das Gestein in dieser Tiefe. Das leichtere Magma drängt daher nach oben in ein Krustenstockwerk, das seiner Dichte entspricht. Hinzu kommt, daß das Magma infolge der Last der darüberliegenden Gesteinsdecke unter hohem Druck steht. Besonders in Zerrungszonen mit tiefgreifenden Brüchen und Spaltensystemen kann das Magma emporsteigen. Es bildet sich dann ein sogenannter Magmaherd, der eigentliche Ursprungsort der vulkanischen Ergüsse (Abb. 12.8a). Infolge der geringeren Temperatur im hohen Krustenstockwerk kühlt sich das Magma allmählich ab. Dabei verändert es sich. Ein Teil kristallisiert. Die ausgeschiedenen Minerale sind meistens schwerer, sinken daher nach unten und bilden im Magmaherd einen Bodensatz. Die Schmelze wird da-

Abb. 12.8: Magmaaufstieg und Vulkanausbruch

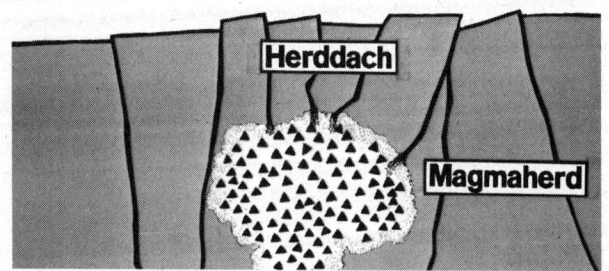

a

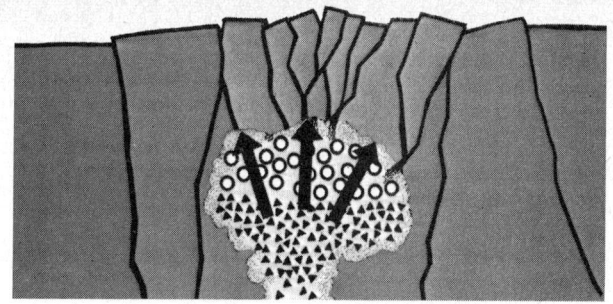

b

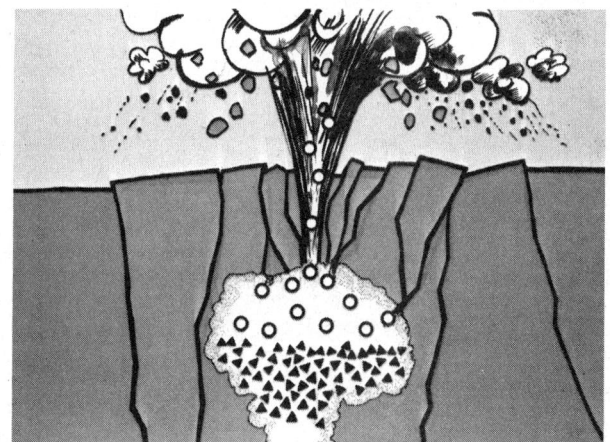

c

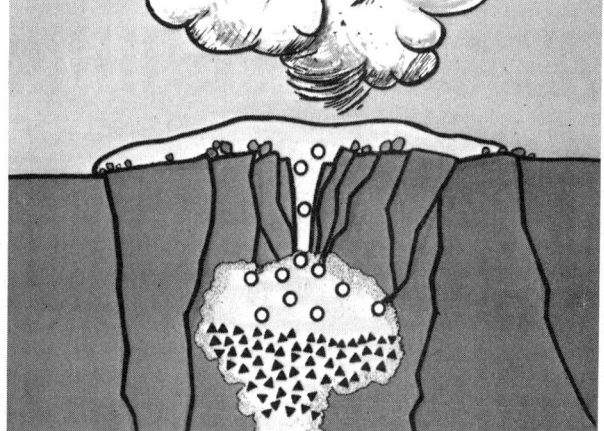

d

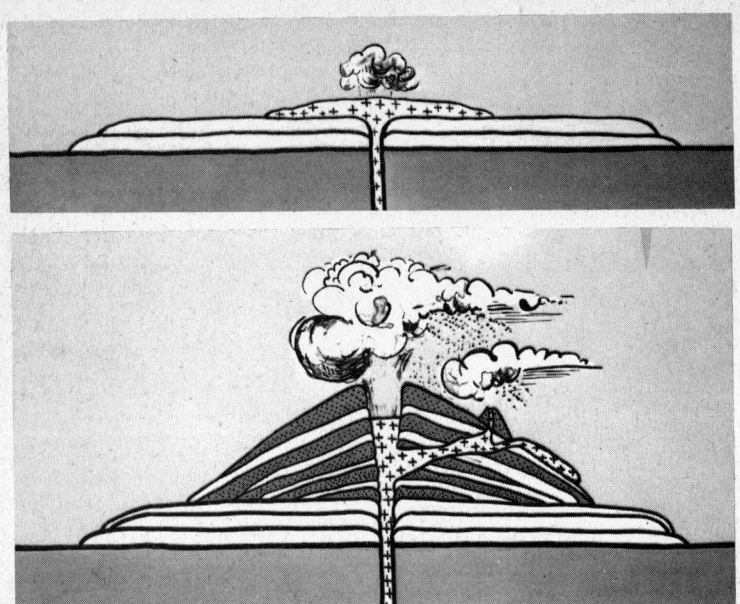

Abb. 12.9: Zwei wichtige Vulkantypen: flachgeböschter Schildvulkan aus Lavaergüssen und steilgeböschter Schichtvulkan aus Lavaergüssen und Aschenlagen

durch immer leichter und gasreicher, denn durch die Absonderung fester Bestandteile nimmt der Gasgehalt in der verbleibenden Restschmelze prozentual zu (Abb. 12.8b).

Mit zunehmender Abkühlung steigt daher der Gasdruck im Magmaherd. Widersteht das Herddach diesem Druck, so erstarrt auch die restliche Schmelze nach und nach. Hält es nicht, so kommt es zu einer vulkanischen Explosion (Abb. 12.8c). Das Magma schäumt auf und scheidet sich in Gas und Lava. Nach einer solchen Explosion fließt das nun weitgehend entgaste Magma in Form von Lava aus (Abb. 12.8d).

Die Gase des Magmas sind also der eigentliche Antrieb der Vulkane. Bei ihrem Austritt hat die Lava eine Temperatur um 1100 Grad Celsius. Bei 700 bis 800 Grad Celsius erstarrt sie zu Gestein.

Der Ätna befindet sich in Dauertätigkeit, die recht unterschiedliche Formen annehmen kann. Vor allem die Zähigkeit des Magmas ist dabei von Bedeutung. Dünnflüssiges Magma ergibt Lavaströme, die relativ ruhig und weitflächig zu flachgeböschten Schildvulkanen auseinanderfließen (Abb. 12.9a). Aus zähflüssigem Magma können die Gase dagegen nur schwer entweichen. Erst wenn der Gasdruck einen Grenzwert überschritten hat, kommt es jeweils zu explosiven Ausbrüchen mit Aschen- und Schlackenauswürfen, die oft von Lavaergüssen begleitet werden. So entsteht ein sogenannter Schichtvulkan aus abwechselnd übereinanderliegenden Lockerprodukten und Lavaergüssen. Er hat steilere Flanken als der Schildvulkan. Beim Ätna sind beide Vulkantypen vertreten: unten ein älterer flacher Schildvulkan, darüber ein 2000 Meter hoher jüngerer Schichtvulkan (Abb. 12.9b).

Liegt die Krateröffnung sehr hoch, so steigt die Lava selten noch bis zu dieser auf, sondern durchbricht die Flanken des Vulkans (Abb. 12.9b). Bei einem solchen Flankenausbruch im Jahre 1892 wurden beispielsweise die Monti Silvestri an der Bergflanke des Ätna aufgehäuft. Diese Nebenvulkane liegen auf einer Linie, die zum Hauptkrater weist. Sie sitzen einer Spalte auf, die den Vulkanbau senkrecht durchschneidet. Es handelt sich um eine sogenannte Radialspalte.

Am hangtiefsten Ende der Radialspalte floß die Lava ruhig aus. Weiter bergauf wurden vor allem Schweißschlacken ausgeworfen und um die Auswurfstellen herum kegelförmig übereinander gestapelt (Abb. 12.10). So entstanden die Monti Silvestri.

Nach einem Flankenausbruch im Jahre 1964, wenige hundert Meter unterhalb des Hauptkraters, trat eine Erscheinung auf, die häufig auf Lavaausbrüche folgen kann: Über der Austrittsstelle des Lavastroms kam es zu einem Einsturz, da durch den Lavaausfluß die Bergflanke ihrer Unterlage beraubt wurde. An der Einbruchsstelle tritt heute noch vulkanisches Gas aus.

Solche Einbrüche, auch weit größeren Ausmaßes, bilden sich vor allem in der Gipfelregion der Vulkane nach längerer Dauertätigkeit. Ein imposantes Beispiel ist das Valle del Bove, das Ochsental, an der öst-

Abb. 12.10: Einer der kleinen Monti-Silvestri-Krater aus aufgetürmten Schweiß-schlacken an der Ätnastraße nahe der Seilbahnstation

Abb. 12.11: Das Valle del Bove: Durch Materialverlust nach längerer Dauertätigkeit ist in vorgeschichtlicher Zeit diese Caldera in die Bergflanke des Ätna eingebrochen.

lichen Bergflanke des Ätna (Abb. 12.11). Nach mehreren Ausbrüchen hatte sich hier der Magmaherd weitgehend entleert, und ein großer Teil des Herddaches stürzte ein. Wo sich einst ein Kraterberg erhob, entstand nun ein etwa zehn Kilometer weiter Einbruchskessel, eine sogenannte Caldera. Die Calderabildung steht also meist am Ende einer längeren Ausbruchsperiode. Nimmt der Vulkan seine Tätigkeit wieder auf, so häuft sich in der Caldera häufig ein neuer Kraterberg auf. Am Ätna verlagerte sich jedoch das Ausbruchszentrum. Der heutige Hauptkrater liegt hier außerhalb der alten Caldera. Die bis 1200 Meter hohen Steilwände der Caldera ermöglichen einen Einblick in den Bau des alten Schichtvulkans. Die Aschen- und Lavalagen sind an vielen Stellen von senkrechten Gesteinsgängen durchsetzt. Das sind die mit vulkanischem Gestein gefüllten Radialspalten, durch die bei älteren Flankenausbrüchen die Lava nach außen quoll.

Das Bauprinzip eines Schichtvulkans, die Aufeinanderfolge von Asche und Lavadecken, zeigt sich in einem kleinen Aufschluß (Abb. 12.12) besonders deutlich. Ein Lavastrom hat vulkanisches Lockermaterial überflossen. Die Aschen- und Lapillianhäufungen sind geschichtet – ein Gefügemerkmal, das die Aschen mit den Sedimenten, den Ablagerungen von Abtragungsschutt, gemeinsam haben. Im Gegensatz zur ausgeworfenen Lava, den Lockerprodukten, erstarrt die ausfließende Lava zu einem massigen Gestein. Nur die Oberfläche der Lavadecke zeigt zerrissene und zackige Formen, denn dort erstarrte die Lava bereits bei der Fließbewegung und riß daher immer wieder auf. Später erstarrte die übrige Lava gleichmäßig und in Ruhe zu einem massigen Gestein. Es besteht aus einer teils glasigen, teils feinkristallinen Grundmasse, in der größere Kristalle eingeschlossen sind. Nach der chemischen Zusammensetzung handelt es sich um ein basaltähnliches Gestein.

Abb. 12.12: Lavadecke mit zerrissener Oberfläche über vulkanischem Lockermaterial in einem kleinen Aufschluß an der Talstation der Ätnaseilbahn; die Aschen und Lapillianhäufungen (unten) sind geschichtet.

Abb. 12.13: Vulkangebiete im Vergleich zu den jungen Faltengebirgen und bedeutenden Bruch- und Dehnungszonen der Erde

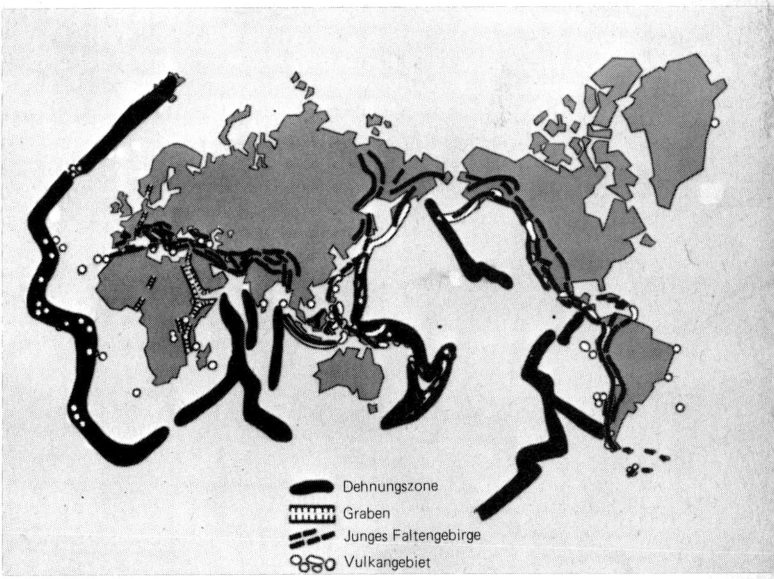

Dehnungszone
Graben
Junges Faltengebirge
Vulkangebiet

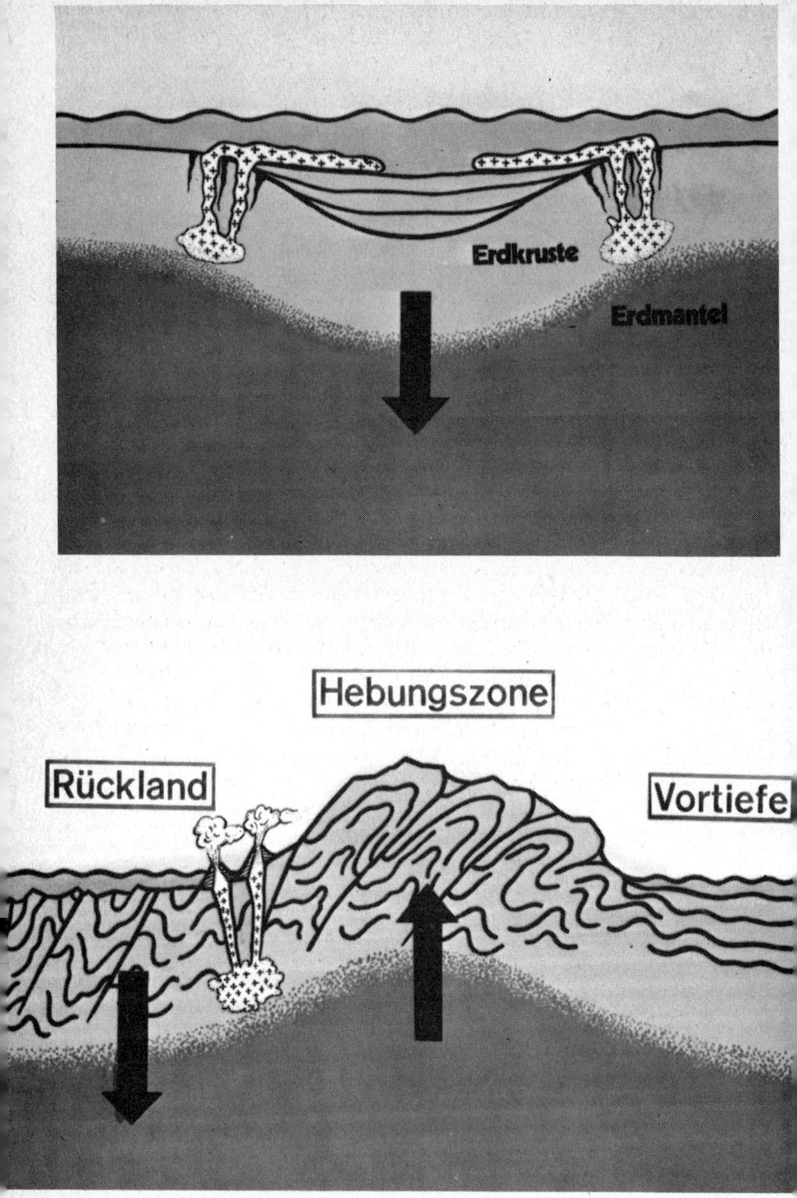

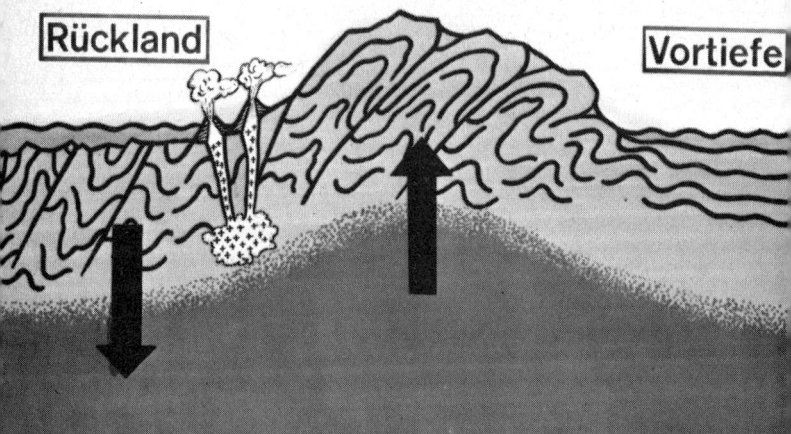

Erdkruste

Erdmantel

Hebungszone

Rückland

Vortiefe

Abb. 12.14: Zwei Hauptphasen vulkanischer Aktivität während der Gebirgsbildung, oben im Geosynklinalstadium, unten im Hebungsstadium

Unterhalb der 3000 Meter hohen Gipfelregion des Ätna zählt man mehrere hundert Nebenkrater. Sie sind in geschichtlicher Zeit bei Flankenausbrüchen entstanden. Erst kürzlich, im Frühjahr 1971, quollen aus Radialspalten wieder mächtige Lavaströme hervor und bedrohten mehrere Ortschaften. Den größten Flankenausbruch gab es im 17. Jahrhundert. Dabei entstand ein 250 Meter hoher Doppelkegel, die Monti Rossi. Der Lavastrom stieß damals bis ins Meer vor.

Wir haben festgestellt, daß die jungen Vulkangebiete weitgehend mit Erdbebengebieten zusammenfallen (Abb. 12.2). Sie liegen dort, wo in der Gegenwart Krustenbewegungen stattfinden. So reihen sich zum Beispiel in Dehnungszonen und Grabenbrüchen die Vulkane aneinander (Abb. 12.13). Etwa 80 Prozent der rund fünfhundert in geschichtlicher Zeit tätigen Vulkane liegen jedoch im Bereich der jungen Faltengebirge, die vor allem im Lauf der letzten 60 Millionen Jahre entstanden sind (Abb. 12.13). Die Bewegungen in der Erdkruste dauern dort bis heute an und lassen erkennen, daß die Gebirgsbildung noch keineswegs überall abgeschlossen ist.

In welchem Zusammenhang stehen nun Vulkanismus und Gebirgsbildung? Man unterscheidet zwei Hauptphasen vulkanischer Aktivität, die an bestimmte Entwicklungszustände des Gebirges gebunden sind (siehe S. 147 und Abb. 9.10a–c). Im Frühstadium der Gebirgsbildung dringen Gesteinsschmelzen empor, vor allem, wenn an den Rändern der Geosynklinalen Zerrungsbrüche aufreißen (Abb. 12.14a). Diese Laven fließen meist untermeerisch aus und werden von der folgenden Faltung später miterfaßt. Mitgefaltete Gesteinsbänke vulkanischen Ursprungs im Faltenbau vieler Gebirge zeugen von dieser ersten Hauptphase vulkanischer Aktivität. Die zweite Hauptphase des Vulkanismus fällt in das Spätstadium der Gebirgsbildung, das Hebungsstadium (Abb. 12.14b). Wie wir wissen, kommt es schon bei der Heraushebung des Gebirges zu Zerrungen, besonders aber dann, wenn im Rückland der Hebungszone Gebirgsteile wieder absinken. Die Zerrungsbrüche, die jetzt entstehen, ermöglichen den Aufstieg von Schmelzen. Die meisten Vulkane Italiens sind Beispiele für einen solchen Rücklandvulkanismus. Von der Toskana bis zu den Liparischen Inseln erstrecken sich in Italien Vulkangebiete, die an das Spätstadium einer Gebirgsbildung gebunden sind. Sie liegen im Rückland des Appenninbogens, dessen Faltenfronten zur Adria hin gerichtet sind (Abb. 12.15). Das Absinkende Rückland wurde vom Tyrrhenischen Meer überflutet. In geschichtlicher Zeit waren die Phlegräischen Felder, der Vesuv und die Vulkane der Liparischen Inseln aktiv. Einige sind auch heute noch tätig.

Zu den Liparischen Inseln gehört Vulcano, eine Insel vulkanischen Ursprungs. Auf ihr gibt es vier verschiedene Ausbruchszentren. Das größte ist der 390 Meter hohe Gran Cratere, der zum letztenmal im Jahre 1890 tätig war (Abb. 12.16). Heftige Explosionen haben damals den heutigen Sprengtrichter geformt. Der Magmaherd dieses Vulkans ist jedoch noch keineswegs abgekühlt. Davon zeugen die Ausbrüche

Abb. 12.15: Junge Vulkangebiete im Rückland des Appennin

Abb. 12.16: Der Gran Cratere auf Vulcano, einer der Liparischen Inseln. Im Vordergrund Austritte von Wasserdampf und Schwefelwasserstoff. Das Regenwasser hat viele Erosionsrinnen in das vulkanische Lockermaterial eingeschnitten, das abgeschwemmte Material bedeckt nun den Kraterboden.

heißer Gase am Kraterrand. Sie enthalten unter anderem Schwefelwasserstoff. Unter dem Einfluß des Luftsauerstoffes scheidet sich Schwefel in Form von nadelförmigen Kristallen ab (Abb. 12.17).

Bei den Explosionen wurden nur Lockerprodukte ausgeworfen. Lava floß nicht aus. Offenbar war das Magma sehr zäh und gab das Gas erst frei, nachdem der Druck sehr hoch angestiegen war. Mit der explosiven Entladung fiel auch wieder der Gasdruck und reichte nicht mehr aus, um auch noch das zähe Magma emporzutragen.

Bei diesen Ausbrüchen wurden Bomben ausgeworfen, deren Rinde in brotkrustenartige Felder aufgeteilt ist. Darunter verbirgt sich ein poröser Kern mit zahlreichen blasenförmigen Hohlräumen (Abb. 12.18). Während des Fluges durch die Luft erstarrte zunächst nur die äußere Haut der Bombe. Der zähflüssige Kern hatte noch reichlich Gas eingeschlossen, das sich in Blasen sammelte und nach außen drängte. Bevor auch der Kern erstarrte, blähte er sich auf und zersprengte die erstarrte Außenhaut.

Ähnlich aufgeblähte, ehemals zähflüssige Lavafetzen sind auf der vulkanischen Nachbarinsel Lipari zu einer wertvollen Lagerstätte angehäuft. Weithin leuchten die schneeweißen Hänge, an denen dieses vulkanische Auswurfmaterial abgebaut wird (Abb. 12.19). Es handelt sich um Bimsstein, der heute vor allem als Mörtelzusatz und als Poliermittel für optische Gläser und Metallwaren Verwendung findet. Das Bimssteinvorkommen ist geschichtet. Schichten aus nußgroßen Lapilli wechseln mit hellen Aschen. Auch größere Bimssteine kommen vor. Beim Herabfallen aus den Eruptionswolken hat eine Sonderung nach Teilchengröße stattgefunden: Die größeren Brocken und Lapilli fielen rasch nieder. Die leichte Asche blieb dagegen länger in der Luft. Daher liegen Schichten aus großem und feinem Material wechselweise übereinander (Abb. 12.20).

Wie die Kerne der Brotkrustenbomben, so wurde auch der Bimsstein von den freiwerdenden Gasbläschen aufgebläht. Dadurch entstanden unzählige Hohlräume, teils deutlich sichtbar, teils mikroskopisch klein. Durch die plötzliche Druckentlastung bei dem explosiven Ausbruch schäumte der Lavafetzen auf und erstarrte noch in der Luft zu einem schaumigen Gestein, dem Bimsstein (Abb. 12.21).

Bimsstein ist dank seiner Porosität ungewöhnlich leicht. Man verwendet ihn daher auch zur Herstellung von Leichtbausteinen. Zu diesem Zweck wird er von Lipari bis in die Vereinigten Staaten exportiert. Man benötigt ihn, um das Gewicht von Hochbauten möglichst gering zu halten, denn sein spezifisches Gewicht ist geringer als das des Wassers. Daher schwimmt auch trockener Bimsstein auf dem Wasser.

Neben der zwei Kilometer breiten Bimssteinküste Liparis erstarrte ein Lavastrom zu einem Gestein, das dem Bimsstein nahe verwandt ist, jedoch ganz anders aussieht. Man nennt es Obsidian. Unter einer dünnen, bräunlichen Verwitterungshaut verbirgt sich ein porenarmes, schwarzes, äußerst sprödes Gestein. Die Lava erstarrte hier so rasch,

Abb. 12.17:
Schwefelwasserstoff-
austritt (Solfatare)
am Rand des
Gran Cratere
auf Vulcano:
Elementarer Schwefel
scheidet sich
in feinen
Kristallnadeln ab.

Abb. 12.18: Brotkrustenbombe
(Durchmesser 2 m)
im Gran Cratere auf Vulcano.
Die Oberfläche dieser
vulkanischen Bombe ist wie
bei einer Brotkruste in
einzelne Felder zerrissen.

Abb. 12.19:
Die weißen Hänge
an der Küste Liparis
bestehen aus
Bimsstein, einem
vulkanischen
Förderprodukt.

Abb. 12.20:
Das Bimssteinvorkommen auf Lipari besteht aus hellen Aschen- und Lapillischichten, in denen auch zahlreiche, etwa faustgroße Brocken eingestreut sind.

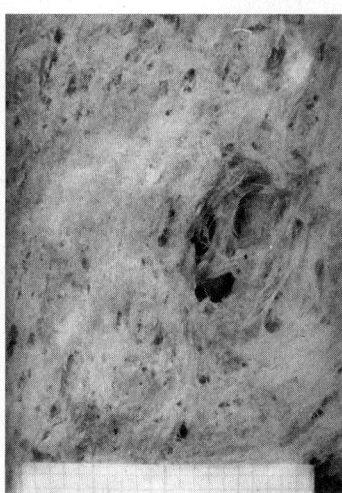

Abb. 12.21:
Schon bei geringer Vergrößerung zeigt sich deutlich die Schaumstruktur des Bimssteins. Unten: Millimeterskala. Lipari.

Abb. 12.22:
Kopfgroßes Obsidianstück mit typischem muscheligen Bruch (Bildmitte oben). Das schwarze, spröde Gestein ist ein vulkanisches Glas. Lipari.

daß die Minerale keine Zeit zum Auskristallisieren hatten. Im Gegensatz zu den massigen Lavagesteinen, die wir beispielsweise am Ätna beobachtet haben, besteht Obsidian nicht aus einzelnen Kristallen. Seine Struktur ist vergleichbar mit der des Fensterglases. Obsidian ist ein vulkanisches Glas. Daß es tatsächlich aus einem Lavafluß erstarrte, erkennt man unter anderem an seinem Fließgefüge, das hier und da durch lagenweise angeordnete Bläschen sichtbar wird.

Obsidian war in der Jungsteinzeit ein begehrter Rohstoff. Messer und Schaber wurden daraus hergestellt. Er war gewissermaßen der Feuerstein des Mittelmeerraums. Seine Bruchflächen sind messerscharf und zeigen wie Feuerstein muscheligen Bruch (Abb. 12.22).

Ein Versuch zeigt die enge Verwandtschaft zwischen Obsidian und Bimsstein. Ein kleines Obsidianstück wird bis nahe unter seinen Schmelzpunkt erhitzt. Bei etwa 1100 Grad Celsius bilden sich Gasbläschen, die das Obsidianstück aufblähen. Die Folgerung aus diesem Versuch: Mit dem Erhitzen des Obsidians haben wir die Gasentbindung nachvollzogen. Der schwarze Obsidian verwandelte sich in einen helleren und leichteren Bimsstein. Bimsstein ist eine poröse, Obsidian eine dichte Erscheinungsform des vulkanischen Glases.

Die nördlichste der Liparischen Inseln wird durch einen großen Schichtvulkan gebildet, den Stromboli. Der Stromboli ist zur Zeit der einzige tätige Vulkan in diesem Raum. 924 Meter erhebt sich seine Kegelspitze über den Meeresspiegel. Doch auch unter Wasser setzt sich der Vulkankegel noch etwa 2000 Meter tief fort. Der Stromboli ist also in seiner Gesamthöhe durchaus vergleichbar mit dem 3000 Meter hohen Ätna. Der größte Ort dieser Insel, San Vincenzo, liegt auf vulkanischem Fördermaterial, teils auf vulkanischer Asche, teils auf einem zu Basalt erstarrten Lavastrom.

In der Steilküste unterhalb des ehemaligen metereologischen Observatoriums Labronzo fällt eine mehrere Meter mächtige Gesteinsbank auf (Abb. 12.23). Man könnte vermuten, daß dieses massige vulkanische Lavagestein aus einem bergab geflossenen Lavastrom erstarrt sei. Doch hier handelt es sich um einen sogenannten Lagergang: Vom Schlot aus hatte sich Schmelze seitlich in den Schichtvulkan hineingezwängt. Im Gegensatz zu den senkrecht stehenden Radialgängen liegt der Lagergang etwa horizontal zwischen älteren Aschen und Lavalagen.

Die Gasausbrüche des Stromboli gehen recht explosiv vor sich. Lava fließt zur Zeit nicht aus. Alle fünfzehn bis zwanzig Minuten wird neben Asche und Vulkanschutt vor allem Schweißschlacke ausgeworfen. Die Explosionen kommen aus mehreren kleinen Krateröffnungen (Abb. 12.24). Das war nicht immer so. Der ursprüngliche Hauptkrater wurde durch einen Calderaeinbruch größtenteils verstopft. Viel von dem herausgeschleuderten Material fällt wieder in die Krateröffnung zurück. Auch rutscht häufig Gestein von den inneren Kraterböschungen ab und verstopft die Ausgänge gleichfalls. Die Gase müssen sich also immer wieder neue Wege bahnen. Die über die Kraterwände hin-

Abb. 12.23:
Lagergang in
einem Schichtvulkan.
Steilküste des
Stromboli
(Liparische Inseln)
beim Observatorium
Labronzo.

Abb. 12.24: Blick vom 918 Meter hohen Stromboli-
gipfel (Rest eines alten Kraterrandes) auf die verschiede-
nen Schlotöffnungen, aus denen abwechselnd in Abstän-
den von einigen Minuten unter heftigen Explosionen
Asche, Schlacken und Vulkanschutt ausgestoßen wer-
den. Der ausströmende Wasserdampf kondensiert zu hel-
len Wolken. Liparische Inseln.

Abb. 12.25:
Seillava an der
Vesuvstraße,
etwa 500 Meter
über Meereshöhe

ausgeschleuderten Gesteinsbrocken und Schlacken rollen und hüpfen auf einer steilgeböschten Bergflanke mitunter bis ins Meer. Die Einheimischen nennen diese Bergflanke die „Rutschbahn des Feuers".

Soviel zur explosiven Aschen- und Schlackenwurftätigkeit des Stromboli. Nun zu einem anderen Vulkan im Rückland des Appenningebirges, zum 1280 Meter hohen Vesuv bei Neapel: An der Vesuvstraße treffen wir auf einen Lavastrom, der an seiner Oberfläche ganz besondere Erstarrungsformen trägt. Man nennt sie Seil- oder Stricklava (Abb. 12.25). Eine an der Oberfläche erstarrte Haut wurde von darunterströmender Lava mitgeschleppt, zusammengestaucht und zu strickartigen Gebilden eingerollt. Stricklava entsteht an der Oberfläche ziemlich dünnflüssiger und daher weitgehend entgaster Lavaströme.

Der Vesuv ist zur Zeit in Ruhe. Sein letzter Ausbruch fand im Jahre 1944 statt. Der heutige Kraterberg erhebt sich inmitten einer vier Kilometer weiten Gipfelcaldera, die am Ende des berühmten Ausbruchs im Jahre 79 n. Chr. einbrach. Damals kam es völlig unerwartet zu einer gewaltigen Eruption. Der verstopfte Schlot und ein Teil des Gipfels wurden in die Luft gesprengt. Die Trümmermassen und Aschen verschütteten in kurzer Zeit die römischen Städte Herkulaneum und Pompeji. Danach ergossen sich aus dem Gipfelkrater und aus Radialspalten mächtige Lavaströme bergab. Infolge des Materialverlustes im Magmaherd brach dann die etwa vier Kilometer weite Caldera ein, in der sich später im Laufe der Jahrhunderte der heutige Vesuv als Vulkankegel neu aufbaute.

Während der letzten Ausbruchsperiode von 1913 bis 1944 türmten sich Lockerprodukte, vor allem Schlacken und kleinere Lavaströme, aufeinander und haben schließlich den damaligen Krater fast ganz ausgefüllt. Wie ältere Fotos zeigen, wurde um die Schlotöffnung herum ein Schlackenkegel aufgebaut. Danach ist Lava auch vom Schlot aus etwa waagerecht in den Schichtvulkan eingedrungen. So sind Lagergänge entstanden, die sich in der heutigen Kraterwandung als massiges Gestein besonders zwischen den Schichten aus Lockerprodukten deutlich abzeichnen (Abb. 12.26). Diese letzte Ausbruchsperiode endete 1944 mit einem Flankenausbruch, bei dem ein Lavastrom die Ortschaften San Sebastiano und Massa größtenteils zerstörte, und mit heftigen Explosionen am Gipfel. Dadurch wurde der heutige Krater in das gerade aufgehäufte Material eingesprengt. Ursprünglich war er über 300 Meter tief. Sein Boden wurde jedoch nachträglich von herabstürzendem Gestein um etwa 100 Meter aufgehöht.

Vom Vesuvkegel blickt man nach Norden auf den Monte Somma, ein Randstück der alten Gipfelcaldera. In der Steilwand zeigen sich die verfestigten Lockerprokukte und Lavalagen des vorgeschichtlichen Sommavulkans, die von mehreren Lagergängen durchschlagen sind. Besonders auffällig sind die herausgewitterten Füllungen der Radialspalten, die die Schichten des Vulkans etwa senkrecht durchschneiden (Abb. 12.27).

Abb. 12.26: Blick auf die Nordwand des Vesuvkraters: Hell erscheinen die Lagergänge zwischen den von 1913 bis 1944 aufgehäuften Lockerprodukten.

Abb. 12.27: Blick vom Vesuvkegel auf die Sommasteilwand, einen Rest der vier Kilometer weiten Caldera-Umrandung, die am Ende des berühmten Ausbruchs von 79 n. Chr. entstand. Am Fuß der Steilwand aber jüngste Lavaströme von 1944.

Abb. 12.28: Schlammkessel inmitten des Solfatarakraters von Pozzuoli, dem vulkanische Gase mit einer Temperatur von 130 bis 160 Grad Celsius entströmen, hauptsächlich Wasserdampf, aber auch Schwefelwasserstoff und Kohlendioxid.

Vom Vesuv nun zu einem weiteren Vulkangebiet bei Neapel, zu den Phlegräischen Feldern. Etwa 30 Kraterberge und Ringwälle wurden dort in vorgeschichtlicher Zeit aufgeworfen (siehe S. 155 und Abb. 10.3). Ein Ausbruch fand jedoch noch im Jahre 1538 statt. Damals wurde vor den Toren Pozzuolis der Monte Nuovo aufgetürmt. Am östlichen Stadtrand von Pozzuoli liegt die Solfatara. Der Vulkan gilt als erloschen, doch lassen sich noch heute die Nachwirkungen seiner einstigen Aktivität beobachten. Am Kraterrand, vor allem aber im Krater selbst treten heiße, chemisch aggressive Gase aus. Sie haben die Kraterfüllung an der Oberfläche zu hellweißem Lockermaterial zersetzt. Das Ausströmen heißer Gase deutet darauf hin, daß der Magmaherd im Untergrund der Phlegräischen Felder noch nicht völlig abgekühlt ist. Gleiches bezeugen auch die kurzfristigen Hebungen und Senkungen des Küstenstreifens bei Pozzuoli, die auf Bewegungen eines unterirdischen Magmas zurückgeführt werden.

Bohrungen im Solfatarakrater haben ergeben, daß in zehn Meter Tiefe schon hartes vulkanisches Gestein vorliegt. Darüber hat sich Grundwasser gesammelt und die Zersetzungsprodukte in Schlamm verwandelt. Durch diesen Schlamm muß sich nun der aus tiefen Spalten hervorbrechende Wasserdampf seinen Weg bahnen (Abb. 12.28). Auch in der Umgebung des Schlammkessels tritt aus zahlreichen Spalten Wasserdampf aus. Wasserdampf ist an sich unsichtbar. Nur wenn er zu feinsten Tröpfchen, zu Nebel, kondensiert, entsteht das, was wir gemeinhin als Dampf bezeichnen. Verbrennt man nun in der Nähe ein

Stück Papier, so nimmt die Dampfentwicklung schlagartig zu. Es handelt sich um das sogenannte Solfataraphänomen: Durch die Verbrennung wird die Luft ionisiert. Rauch- und Rußpartikelchen werden frei. Die Ionen und Partikel dienen dem Wasserdampf als Kondensationskerne, um die herum sich feinste Tröpfchen bilden. Daher die verstärkte Dampfentwicklung.

Mit dem Wasserdampf dringen auch noch andere Gase nach oben, darunter Kohlendioxid und Schwefelwasserstoff. Wie wir auf Vulcano schon beobachtet haben, wird der Schwefelwasserstoff durch den Luftsauerstoff zu Schwefel oxydiert und an den Spaltenöffnungen abgeschieden. Der verhärtete Schlamm enthält daher reichlich elementaren Schwefel. Einen derartigen schwefelhaltigen Gasaustritt nennt man Solfatare. Den Namen gab dieses klassische Vorkommen in der Solfatara bei Neapel. Ausbrüche heißer Gase und schwefelhaltige Solfataren überdauern meist die vulkanische Aktivität und kennzeichnen daher noch lange den Ort einstiger Vulkanausbrüche.

13. Gesteine aus gutflüssigen Schmelzen

Wir haben bisher zwei der Hauptgesteinsgruppen kennengelernt, die Sedimentgesteine und die metamorphen Gesteine. Wir wollen uns nun mit der dritten und zugleich größten Gruppe beschäftigen, mit den Erstarrungsgesteinen, die zu über 90 Prozent am Aufbau der uns bekannten Erdkruste beteiligt sind. An einem tätigen Vulkan, am Lavaausfluß des Ätna (Abb. 13.1), konnten wir das Bildungsprinzip der Erstarrungsgesteine beobachten. Sie entstehen nicht wie die Sedimentgesteine durch Ablagerung von Verwitterungsmaterial und organischen Resten oder wie die metamorphen Gesteine durch Mineralumbildung bei festem Zustand der Gesteinsmaterie, sondern beim Erkalten einer silikatischen Schmelze. In der Schmelze noch frei bewegliche Atome bzw. Ionen verbinden sich zu festen Mineralkörpern. Je nach Abkühlungsbedingung und Zusammensetzung der Schmelze werden die Silikatminerale als mikroskopisch kleine bis über zentimetergroße Kristalle ausgeschieden: Die Schmelze erstarrt zu Gestein. Am Ätna tritt die Lava mit einer Temperatur von 1100 bis 1200 Grad aus und erstarrt bei 600 bis 700 Grad. Heute wissen wir, daß sich solche Schmelzen in der Tiefe der Erdkruste durch Aufschmelzung metamorpher Gesteine bilden. So kann Gesteinsmaterial, das vor Jahrmillionen einmal einem Sedimentgestein angehört hat, nach Versenkung in tiefe Bereiche der Erdkruste, nach Faltung, nach Metamorphose, Aufschmelzung, Schmelzenaufstieg und Erkalten heute

Abb. 13.1: Zwei Meter breiter Lavastrom in der Gipfelregion des Ätna im Sommer 1970. Die Lava hat eine Temperatur von 1100 bis 1200 Grad Celsius.

Abb. 13.2: Ein etwa 100 Jahre alter Lavastrom an der Bergflanke des Ätna (im Hintergrund). Die rauhe und zackige Oberfläche des Lavastroms gleicht einem Trümmerfeld.

einem Erstarrungsgestein angehören.

Nur ein kleiner Teil der aufsteigenden Gesteinsschmelzen gelangt jedoch bis in die Nähe der Erdoberfläche oder fließt gar, wie am Ätna, als Lava aus. Die meisten Schmelzen bleiben in der Tiefe vorzeitig stecken und erstarren in unterirdischen Schmelzkammern. Je nach dem Erstarrungsort unterscheiden wir daher zwei große Gruppen von Erstarrungsgesteinen: die auf oder nahe der Oberfläche erstarrten Vulkanite (Oberflächengesteine) und die in der Tiefe erstarrten Plutonite (Tiefengesteine), so genannt nach Pluto, dem altrömischen Gott der Unterwelt. Wir werden uns zunächst mit den Vulkaniten befassen.

Um auch Vulkanite aus älteren erdgeschichtlichen Epochen zu erkennen, wollen wir auf Gesteinsmerkmale achten, die für die Erstarrung an der Erdoberfläche kennzeichnend sind. Zunächst kühlt sich der Lavastrom an der Oberfläche ab. Mehr und mehr schon erstarrte Lavabrocken werden mitgeführt. Häufig reißt jedoch die gerade erstarrte Gesteinshaut durch die Fließbewegung wieder auf, einzelne Gesteinsbrocken schieben sich übereinander und bilden die rauhe, zackenreiche Oberfläche der Lavaströme (Abb. 13.2).

Wie sieht nun das Gestein darunter aus — in dem Bereich, in dem die Lava allmählich abkühlen konnte? Einen Einblick in einen solchen tieferen Bereich einer Lavadecke gewährt uns ein natürlicher Aufschluß an der Steilküste von Acicastello am Fuße des Ätna. Unter den porösen und blockartig zerrissenen Oberflächenpartien, die durch Gasbläschen eine schaumige Struktur erhalten haben, erstarrte die Lava zu einem kompakten Gestein. Auffällig sind die senkrecht stehenden Klüfte, die den Gesteinskörper in einzelne Säulen zerlegen.

Die Säulenform ist eine Folge der Schrumpfung beim Erstarren der Lava. Die Säulen stehen senkrecht in der Lavadecke, also senkrecht zur Abkühlungsfläche. Wir wollen uns merken, daß diese Säulenbildung auf eine Erstarrung nahe der Erdoberfläche hinweist. Dieser Lavastrom bei Acicastello hat vor etwa 2000 Jahren seinerseits einen Vulkanit überflossen, der ganz andere Erstarrungsformen zeigt. Er besteht aus rundlichen, übereinander gestapelten Gesteinsballen, die an Kissen erinnern. Die Zwischenräume sind mit verfestigtem Lockermaterial ausgefüllt. Es handelt sich um eine sogenannte Kissenlava, die nicht auf dem Festland, sondern untermeerisch erstarrt ist. Später wurde sie aus dem Meer herausgehoben und schließlich von dem oben beschriebenen Lavastrom überflossen (Abb. 13.3).

Aus der Nähe zeigt sich, daß auch die Kissen Säulen enthalten (Abb. 13.4). Doch sie sind kleiner und radial angeordnet. Wie erklärt man sich die Entstehung der Kissenlava? Unter Wasser löste sich der Lavastrom in große, dicht beieinanderliegende Lavakissen auf, deren Außenhaut sich zunächst teigartig verfestigte. Unter dem Druck weiterer in die Kissen nachströmender Lava zerplatzte dann die Haut jedoch wieder: Aus den Lavakissen quollen neue hervor und aus diesen wieder neue, bis schließlich der gesamte Lavastrom zu solchen Kissenformen erstarrte.

Gesteine mit Erstarrungssäulen wie bei Acicastello sind aber auch in Gebieten ohne tätigen Vulkanismus anzutreffen, in Deutschland beispielsweise im Hessischen Bergland, in der Rhön, im Rheinischen Schiefergebirge oder im Hegau. Die Säulenbildung läßt erkennen, daß diese Gesteine eine ähnliche Bildungsgeschichte besitzen (Abb. 13.5). Es handelt sich um Basalte und basaltähnliche Gesteine, die haupt-

Abb. 13.3: Steilküste von Acicastello auf Sizilien: eine auf dem Festland erstarrte Lavadecke (Säulenbildung hier untypisch) über einer untermeerisch erstarrten Kissenlava

Abb. 13.4: Kissenlava von Acicastello auf Sizilien: Die hier durchschnittlich 1 Meter großen Gesteinskissen enthalten kleine, senkrecht zur Kissenoberfläche (radial) angeordnete Erstarrungssäulen.

Abb. 13.5: Basaltsäulen in einem Steinbruch am Hohen Hagen, im südniedersächsischen Bergland südlich Dransfeld

Abb. 13.6: Lagergang aus Basalt (Jungtertiärzeit) in erheblich älterem Kalkstein der Muschelkalkzeit. Hünenburg im Tal der Auschnippe im südniedersächsischen Bergland, 3 Kilometer nördlich Dransfeld.

sächlich in der Jungtertiärzeit vor 20 bis 10 Millionen Jahren als Lavadecken und als Schlotfüllungen erstarrt sind.

Der jungtertiärzeitliche Vulkanismus in Deutschland war an Bruchzonen gebunden, die im außeralpinen Mitteleuropa noch heute das tektonische Bild beherrschen. In diesem Raum hat die Erdkruste ihre letzte Faltungsära (variskische Gebirgsbildung) schon im Erdaltertum durchlaufen und unterliegt seitdem in zunehmendem Maße der Versteifung. Krustenbewegungen äußern sich in einem derartig konsolidierten Erdkrustenbereich in der Entstehung von weitverzweigten tiefgründigen Bruchsystemen und in Schollenverstellungen. In Spalten drang durch das alte Grundgebirge vornehmlich basaltisches Magma aus dem oberen Erdmantel auf.

Die damals geförderten Aschen und Laven sind heute teilweise abgetragen, vor allem die Vulkankegel. Durch die Abtragung wurden aber auch tiefere Stockwerke der Vulkanbauten freigelegt, die sich an heutigen Vulkanen nur selten beobachten lassen, so am Ochsenberg bei Dransfeld westlich von Göttingen. Der Ochsenberg gehört zu jenen Basaltkuppenbergen, wie sie schon in Kapitel 11 beschrieben wurden (Blaue Kuppe). Der mit Basalt gefüllte Vulkanschlot in der Mitte des Ochsenberges wird von Kalkstein der Muschelkalkzeit umrahmt. Etwa 1,2 Kilometer südwestlich des Basaltgipfels tritt im Tal der Auschnippe inmitten der Muschelkalkablagerungen erneut Basalt in Form eines rund einen Meter mächtigen, etwa horizontal liegenden Ganges zutage (Abb. 13.6). Vergleichbare Erscheinungen haben wir schon am Stromboli und am Vesuv beobachtet (siehe S. 218–220). Es waren die Lagergänge im Schichtvulkan. Auch hier ist es ein Lagergang, der durch Abtragung freigelegt wurde. Die basaltische Schmelze ist in einem tieferen Bereich des Vulkangebäudes offenbar vom Schlot des Ochsenberges aus seitlich auf annähernd horizontalen Schichtgrenzen in das Nebengestein eingedrungen.

Ein noch tieferes Stockwerk eines Vulkangebäudes zu betrachten, erlaubt uns ein Quarzitbruch in Südschweden bei Hardeberga, etwa zehn Kilometer östlich von Lund. Wir sehen die Aufstiegsspalte eines Vulkans, der hier harte Quarzitbänke durchschnitten hat (Abb. 13.7). In der Silurzeit, vor über 400 Millionen Jahren, lagen diese Quarzitbänke noch wesentlich tiefer unter der Erdoberfläche. Damals stieg hier eine basaltische Schmelze zutage auf und floß in Form von Basaltdecken aus. Später hob sich das Gebiet. Die Basaltdecken und die oberen Stockwerke des Vulkangebäudes wurden abgetragen. Übrig blieb die Aufstiegsspalte.

Wir haben bisher Beispiele gesehen, in denen sich das Oberflächengestein schon auf den ersten Blick erkennen läßt: Basaltdecken mit Erstarrungssäulen, Kissenlava, Lagergänge im Sedimentgestein oder die Füllung einer Aufstiegsspalte. Doch nicht immer ist der geologische Rahmen so eindeutig. Oft steht für die Interpretation nur ein kleiner Ausschnitt aus einem Gesteinskörper zur Verfügung. Dann muß versucht werden, dessen Bildungsweise und -geschichte durch

Abb. 13.7: Mit Basalt gefüllte Aufstiegsspalte eines 400 Millionen Jahre alten, heute längst abgetragenen Vulkans in einem Quarzitbruch bei Hardeberga, 10 km östlich Lund/Südschweden.

Abb. 13.8: Dünnschliff von Basalt unter dem Polarisationsmikroskop, Bildausschnitt 2,25 x 1,5 mm. Die regellos verteilten stäbchenförmigen Plagioklas-(= Kalknatronfeldspat-)Kristalle sind der Hauptgemengteil des Basalts. Rechts oben ein Olivinkristall. Rechts unten ein Pyroxenkristall. Mineralogisches Institut der Technischen Universität Hannover.

Detailuntersuchungen zu rekonstruieren. Wir wollen deshalb eine frische Bruchfläche des Basalts betrachten. Zunächst sehen wir nur eine dunkelgraue, eintönige Gesteinsmasse. Bewegen wir aber die Bruchfläche im Licht, dann glitzert es hier und dort. Die Lichtstrahlen werden an winzigen Kristallen, den kleinsten Bausteinen des Basalts, reflektiert. Diese Minerale wurden aus der ursprünglichen Schmelze als mikroskopisch kleine Körper ausgeschieden. Basalt, der aus sehr feinen Kristallen besteht, ist, wie man sagt, feinkörnig (Abb. 13.8).

Die Feinkörnigkeit ist ein weiteres Merkmal der Vulkanite. Dadurch unterscheiden sie sich deutlich von den grobkörnigen Plutoniten, den Tiefengesteinen. Worauf beruht nun das feinere Korn der Vulkanite? Dazu eine weitere Beobachtung. Es zeigt sich, daß der Basalt nahe den Rändern der Aufstiegsspalte aus winzigen, mit bloßem Auge kaum sichtbaren Kristallen aufgebaut ist. In der Mitte der Spalte sind die Kristalle jedoch etwas größer. Das hat folgende Ursache: An den Rändern, in Berührung mit dem kälteren Quarzit, kühlte die Schmelze ziemlich schnell ab. Die Kristalle hatten daher nur wenig Zeit zum Wachstum. Die Schmelze erstarrte, bevor diese eine gewisse Größe erreichen konnten. Anders in der Spaltenmitte. Dort hielt sich die Wärme naturgemäß etwas länger. Wegen der langsameren Abkühlung konnten sich größere Kristalle bilden. Die Korngröße eines Erstarrungsgesteins hängt also offenbar davon ab, wie schnell die

Schmelze abkühlte. Nun können wir uns auch erklären, warum Vulkanite insgesamt viel feinkörniger sind als Plutonite. Die Vulkanite entstammen Schmelzen, die auf oder nahe der Erdoberfläche erstarrt sind, also Schmelzen, die relativ schnell abkühlten.

Es gibt nun eine Vielzahl von Vulkaniten, die sich durch ihre chemische Zusammensetzung bzw. durch ihren Mineralbestand unterscheiden. Wir kennen heute zwar weit über 2000 Minerale, doch hat sich gezeigt, daß Vulkanite und auch Plutonite sich im wesentlichen aus weniger als zehn Mineralen zusammensetzen. Es sind durchweg Silikatminerale. Auf ihrer Vergesellschaftung zueinander beruht eine weitere Einteilung der Erstarrungsgesteine: die Einteilung nach der stofflichen Zusammensetzung. Die uns bekannte Erdkruste besteht hauptsächlich aus acht chemischen Elementen (Abb. 13.9). Fast 50 Gewichtsprozent stellt das Element Sauerstoff und fast 30 Prozent das Element Silizium. Mit weitaus geringeren Anteilen folgen Aluminium, Eisen, Kalzium, Natrium und Magnesium. Alle übrigen Elemente machen nur 1,5 Prozent des Gewichts der Erdkruste aus. Daraus erklärt sich, daß die Minerale der Erstarrungsgesteine, die ja zu mehr als 90 Prozent die Erdkruste aufbauen, im wesentlichen nur aus diesen 8 Elementen bestehen können. Allein Sauerstoff und Silizium ergeben zusammen rund 75 Gewichtsprozent. Daher ist zu erwarten, daß die Minerale der Erstarrungsgesteine vor allem diese beiden Elemente enthalten.

Die einfachste Verbindung zwischen Silizium und Sauerstoff ist das Siliziumdioxid (SiO_2), das in Erstarrungsgesteinen meist in kristalliner Form als Quarz auftritt. Neben Quarz bestehen nun die Hauptgemengteile der Erstarrungsgesteine aus weiteren Verbindungen des Siliziumdioxids mit Oxyden der übrigen sechs Elemente. Da allen

Abb. 13.9: Acht Elemente bauen im wesentlichen die obere Erdkruste auf.

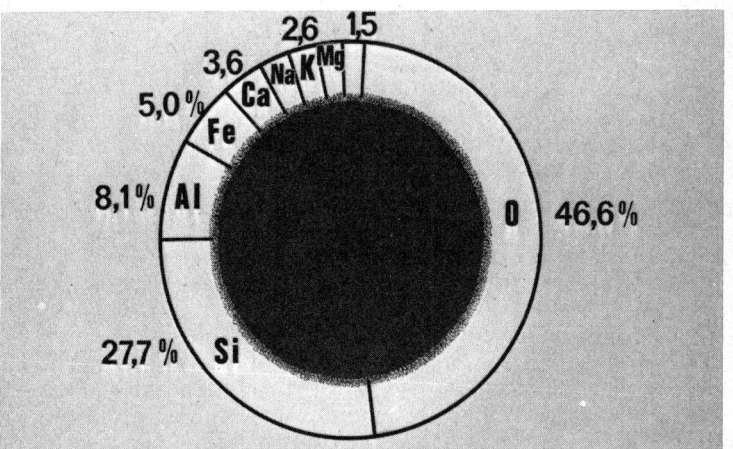

SiO$_2$-arm	SiO$_2$-reich
	Quarz farblos, weiß, häufig gefärbt SiO$_2$
dunkle Mg-Fe-Ca-Silikate:	*helle Ca-Na-K-Al-Silikate:*
Olivin olivgrün (Mg,Fe)$_2$SiO$_4$	**Feldspat-Gruppe** Kalifeldspat weiß, grau, hell-rötlich, -gelblich KAlSi$_3$O$_8$
	Kalknatronfeldspat (Plagioklas) weiß, grau Mischung aus: CaAl$_2$Si$_2$O$_8$ und NaAlSi$_3$O$_8$
Pyroxen-Gruppe am wichtigsten: Augit, dkl.-braun, -grün, fast schwarz CaMgSi$_2$O$_6$ mit Al und Fe	
	Feldspatvertreter-Gruppe Nephelin farblos, weiß, grau NaAlSiO$_4$
Amphibol-Gruppe am wichtigsten: Hornblende, dkl.-grün bis rabenschwarz (Ca,Mg,Fe)$_7$Si$_8$O$_{22}$(OH)$_2$	Leuzit weiß KAlSi$_2$O$_6$
Biotit (ein Glimmer) dkl.-braun, -grün, schwarz K(Mg,Fe)$_3$AlSi$_3$O$_{10}$(OH)$_2$	**Muskovit** (ein Glimmer) farblos, schwach bräunlich oder grünlich KAl$_3$Si$_3$O$_{10}$(OH)$_2$

Abb. 13.10: Tabelle der Hauptgemengteile (Quarz und Silikate) in den Erstarrungsgesteinen

diesen Mineralen die Verbindung Siliziumdioxid zugrunde liegt, nennt man sie Silikate. In der nebenstehenden Tabelle (Abb. 13.10) sind diese Silikate und Quarz zusammengestellt. Sie besitzen unterschiedliche Kristallformen und unterscheiden sich auch nach Härte, Glanz, Spaltbarkeit und spezifischem Gewicht voneinander. Wir haben sie nach der Farbe gegliedert: oben die dunklen, unten die hellen; denn bereits in der Mineralfarbe spiegelt sich bis zu einem gewissen Grade ihre chemische Zusammensetzung wider (Abb. 13.11). Es zeigt sich, daß bei den dunklen Silikaten vorwiegend die Metalle Magnesium und Eisen auftreten. Wegen ihres Eisengehaltes sind die dunklen Silikate überdies meist schwerer als die hellen. Die dunklen Silikate enthalten außerdem weniger Siliziumdioxid als die hellen. Wir haben also einmal dunkle, siliziumdioxidarme und zum anderen helle, siliziumdioxidreiche Silikate. Ein Vergleich: bei dem dunklen Olivin entfällt ein Siliziumanteil auf zwei Metallanteile. Der helle Kalifeldspat hat dagegen drei Siliziumanteile gegenüber zwei Metallanteilen.

Da diese Silikatminerale vorherrschend am Aufbau der Erstarrungs-

Abb. 13.11: Die Hauptgemengteile (Quarz und Silikate) der Erstarrungsgesteine als gut auskristallisierte Einzelstücke. Oben, von links nach rechts: 5 Zentimeter große Knolle aus Olivinkristallen, zwei ineinandergewachsene (verzwillingte) Pyroxenkristalle, zwei Hornblendekristalle, mehrere Biotin-(dunkle Glimmer-)Blättchen. Unten, von links nach rechts: Quarz als Bergkristall, zwei ineinandergewachsene (verzwillingte) Kalifeldspatkristalle, Plagioklas-(Kalknatronfeldspat-)Kristall über mehreren kleinen Plagioklasen, zwei Knollen aus Leucit-(Feldspatvertreter-)Kristallen, mehrere Muskovit- (helle Glimmer-)Blättchen. Institut für Geologie und Paläontologie und Mineralogisches Institut der Technischen Universität Hannover.

gesteine beteiligt sind, kann man die genannten Kriterien auch auf eine Einteilung der Erstarrungsgesteine nach ihrer stofflichen Zusammensetzung übertragen. Es ergibt sich als Grundschema: Helle Erstarrungsgesteine sind relativ arm an Eisen und Magnesium, daher leicht sowie siliziumdioxidreich. Dunkle Erstarrungsgesteine sind relativ reich an Eisen und Magnesium, daher schwer sowie siliziumdioxidarm.

Am Beispiel Basalt ergäbe das: Er enthält neben hellem Feldspat bis zu 50 Prozent an dunklen siliziumdioxidarmen, eisen- und magnesiumreichen, schweren Silikaten, nämlich Pyroxen und Olivin, und besitzt insgesamt dunkle Eigenfarbe. Damit ist Basalt ein siliziumdioxidarmes, dunkles und schweres Erstarrungsgestein. Wendet man neben diesem Prinzip der stofflichen Zusammensetzung das zuerst aufgeführte Einteilungsprinzip nach dem Erstarrungsort an, erhält man eine weitere Präzisierung: Auf Grund der Feinkörnigkeit des Basalts läßt sich auf seinen oberflächennahen Erstarrungsort schließen. Basalt ist also ein siliziumdioxidarmer Vulkanit.

Im Basalt der Aufstiegsspalte bei Hardeberga (Südschweden) tritt eine scheinbar widersprüchliche Besonderheit auf: Quarz. Er ist meist nur unter der Lupe zu erkennen, am Spaltenrand mitunter auch in Form gröberer, bis pfenniggroßer heller Flecken. In einem derart siliziumdioxidarmen Gestein wie Basalt dürfte jedoch normalerweise kein Quarz vorkommen, denn reines Siliziumdioxid wird im allgemeinen nur aus siliziumdioxidreichen Schmelzen abgeschieden. Die Erklärung für den Quarzgehalt des Hardeberga-Basalts findet man am Spaltenrand, am Kontakt zum Quarzit: Helle Quarzitschlieren im Basalt, die mit zunehmender Entfernung vom Kontakt allmählich in Basalt übergehen, zeigen an, daß die ursprüngliche Schmelze Quarzit-

Abb. 13.12: Säulige Absonderung im Quarzporphyr des Wachenbergs bei Weinheim (Odenwald)

Abb. 13.13: Fließgefüge im Quarzporphyr des Wachenbergs bei Weinheim (Odenwald). Der Gesteinsbrocken links wurde als Festkörper von der Schmelze umflossen.

brocken aufgenommen und eingeschmolzen hat. Der Quarz des Hardeberga-Basalts entstammt offenbar dem benachbarten Quarzit, der ja
fast ausschließlich aus dem Mineral Quarz besteht. Diesen Vorgang der
Aufnahme von Nebengestein in magmatische Schmelzen nennt man in
der Geologie Assimilation. Auf diese Weise können je nach Art des
aufgenommenen Nebengesteins aus einer ursprünglichen Schmelze unterschiedliche Erstarrungsgesteine hervorgehen — eine Erklärung für
die Vielfalt der Erstarrungsgesteine.

Ein anderes Erstarrungsgestein, ein rund 260 Millionen Jahre alter
Quarzporphyr aus der Permzeit, wird am Wachenberg bei Weinheim
im Odenwald abgebaut. Der helle Gesamteindruck des Gesteins deutet
darauf hin, daß es siliziumdioxidreich ist. Im Gegensatz zu Hardeberga, wo Quarz als Verunreinigung in den Basalt gekommen ist, war
hier die ursprüngliche Schmelze schon primär derart reich an Siliziumdioxid, daß bei der Abkühlung reines Siliziumdioxid als Quarz abgeschieden wurde. Ist Quarzporphyr nun ein Vulkanit oder ein Plutonit? Das Gestein neigt wie Basalt zur Säulenbildung (Abb. 13.12), ein
Hinweis also auf Abkühlung in der Nähe der Erdoberfläche. An einigen Stellen zeigt die Gesteinsoberfläche feinere Streifen mürberer Beschaffenheit, die mitunter größere Einschlüsse gewissermaßen umflie-
ßen (Abb. 13.13). Es sind tatsächlich Anzeichen eines ehemaligen
Fließvorgangs, die hier von der Verwitterung herauspräpariert wurden.

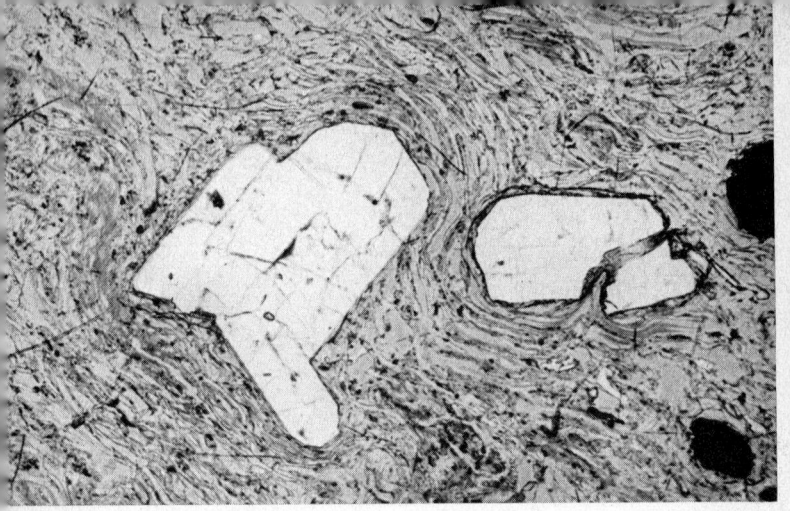

Abb. 13.14: Dünnschliff von porphyrischem Gestein, Bildausschnitt 2 x 1,3 mm. Die beiden Feldspateinsprenglinge werden von der äußerst fein-körnigen bis glasigen Grundmasse umflossen (Fließgefüge). Mineralogisches Institut der Technischen Universität Hannover.

Auch an frischen Bruchflächen zeichnen sich fast überall feine Schlie-ren ab, die mit ihren Verbiegungen und Wirbeln an Fließbilder zäher Flüssigkeiten erinnern. Ein derart ausgeprägtes Fließgefüge tritt vor allem in Erstarrungsgesteinen auf, die aus schmelzflüssigen Massen im Vulkanschlot, wie hier am Wachenberg, oder aus Lavadecken hervor-gegangen sind.

Fließgefüge entstanden durch Strömung in einer zähflüssigen Schmelze, aus der sich bereits ein Teil der Minerale in feinen Kristallen abgeschieden hatte. Diese Kristalle sammelten sich im Schmelzfluß zu dünnen Schlieren, die entsprechend der Strömungs-richtung ausgerichtet wurden. Infolge rascher Abkühlung an der Erdoberfläche erstarrte auch bald die übrige Schmelzsubstanz, teil gleichfalls zu feinen Kristallen, teils glasig. In dieser äußerst feinkörni-gen Grundmasse mit Fließgefüge kommen jedoch vereinzelt bis ein Zentimeter große Kristalle mit wohlausgebildeten Kristallflächen vor. Besonders an Dünnschliffen unter dem Mikroskop zeigt sich, daß hier und da größere Kristalle in die Grundmasse eingesprengt sind (Abb. 13.14). Man nennt diese Kristalle daher Einsprenglinge. Sie schwim-men gewissermaßen in der feinkörnigen Grundmasse und werden von dieser wie die oben (Abb. 13.13) erwähnten Einschlüsse umflossen. Es handelt sich um Minerale, die schon in der Tiefe frühzeitig auskristalli-siert sind und mit dem Schmelzfluß zur Erdoberfläche gebracht wur-den. Dort erstarrte dann die Schmelze rasch zu einer feinkristallinen bis glasigen Masse, die nun die Einsprenglinge umschließt. Die glasige

236

Grundmasse, die eine strukturlose Mischung aller Bestandteile einer Schmelze darstellt, ist allerdings recht instabil. Heute, nach über 250 Millionen Jahren, hat sich die Glaskomponente weitgehend entmischt und ist rekristallisiert. Als Bestandteil der Grundmasse liegt sie heute gleichfalls in feinkristalliner Form vor.

Wenn man von späteren Rekristallisationen absieht, lassen sich im Quarzporphyr also zwei Kristallgenerationen unterscheiden: die frühausgeschiedenen Einsprenglinge und die später erstarrte Grundmasse. Dieser Unterschied tritt auch in anderen Vulkaniten auf. Man bezeichnet das Phänomen „große Einsprenglinge in feinkörniger Grundmasse" als porphyrisches Gefüge. Auch basaltische Gesteine können porphyrisches Gefüge besitzen.

Die Einsprenglinge des Quarzporphyrs am Wachenberg bestehen hauptsächlich aus den Mineralen Feldspat und Quarz, untergeordnet aus Biotit (einem dunklen Glimmer). Diese drei Minerale sind zugleich die Hauptgemengteile des Quarzporphyrs, die als winzige Kristalle auch die Grundmasse aufbauen. Es stehen demnach zwei helle Gemengteile einem dunklen gegenüber. Auch mengenmäßig überwiegen die hellen. Quarzporphyr ist nach unserer zweifachen Einteilung der Erstarrungsgesteine ein Beispiel für einen siliziumdioxidreichen Vulkanit. Mit dunklem Basalt hat er die Erstarrung in Erdoberflächennähe gemein. Er entstammt jedoch einer ganz anders zusammengesetzten Schmelze. Sie war siliziumdioxidreicher als die des Basalts. Die drei Hauptgemengteile der siliziumdioxidreichen Erstarrungsgesteine kann man

Abb. 13.15: Rotbrauner Rhombenporphyr am Südostufer des Tyrifjords, nordwestlich Oslo, an der bergseitigen Böschung der Straße von Oslo nach Hønefoss. Die hellen Feldspateinsprenglinge besitzen einen rhombenförmigen Querschnitt und sind hier etwa horizontal eingeregelt (Fließgefüge).

Abb. 13.16: Rhombenporphyr am Südostufer des Tyrifjords, direkt an der Straße von Oslo nach Hønefoss. Die Einregelung der hellen Feldspatkristalle zeugt hier von turbulenten Strömungen in der ursprünglichen Lava (Fließgefüge).

sich in Form eines Merkverses gut merken: „Feldspat, Quarz und Glimmer, die drei vergeß' ich nimmer."

Am Tyrifjord westlich von Oslo ist im Zusammenhang mit dem Einbruch des Oslograbens zur Permzeit vor etwa 250 Millionen Jahren Lava ausgeflossen. Es entstand ein rotbrauner Vulkanit mit porphyrischem Gefüge, der die Erscheinung großer Einsprenglinge in feinkristalliner Grundmasse besonders deutlich zeigt. Die Einsprenglinge besitzen einen besonderen, rhombenförmigen Umriß. Danach hat man diesen Vulkanit Rhombenporphyr genannt (Abb. 13.15). In stark verwitterten Bereichen kann man diese rhombenförmigen Einsprenglinge als Ganzes der zerfallenden Grundmasse entnehmen. Es sind bis zu mehrere Zentimeter große Feldspatkristallkörper, die sich frühzeitig aus der Schmelze abgeschieden haben. Später wurden diese rhombenförmigen Körper häufig von der noch flüssigen Schmelze randlich angelöst und dadurch zu linsenförmigen Körpern gerundet.

Auch der Rhombenporphyr besitzt ein Fließgefüge, das durch die Anordnung der Feldspateinsprenglinge deutlich sichtbar wird. Bei der Fließbewegung wurden die Einsprenglinge in die Richtung geringsten Widerstandes gedreht, also in Fließrichtung. Häufig zeugt diese Einregelung von turbulenten Strömungen der ursprünglichen Schmelze (Abb. 13.16). Ein Teil der Lava ist offenbar unter Wasser erstarrt. Darauf deuten an einigen Stellen kissenförmige Gesteinsballen hin (Abb. 13.17). Sie erinnern uns an die Kissenlava von Acicastello am Ätna.

Nach der stofflichen Zusammensetzung nimmt der Rhombenporphyr von Oslo im Vergleich zum Quarzporphyr und Basalt eine vermittelnde Stellung ein. Er ist ein Beispiel für ein sogenanntes intermediäres Erstarrungsgestein, dessen Siliziumdioxidgehalt zwischen dem des Quarzporphyrs und dem des Basalts liegt. Reines Siliziumdioxid (Quarz) kommt nur in geringer Menge in der Grundmasse vor. Quarzeinsprenglinge gar, wie im Quarzporphyr, fehlen. Der Rhombenporphyr besteht vor allem aus den Silikaten Feldspat und Biotit (dunkler Glimmer).

Fassen wir die wichtigsten Gefügemerkmale der Vulkanite zusammen: Auf Grund der raschen Abkühlung nahe oder auf der Erdoberfläche besitzen Vulkanite erstens ein sehr feines Korn, zweitens häufig größere Einsprenglinge in feiner Grundmasse, also porphyrisches Gefüge, und drittens oft ein ausgeprägtes Fließgefüge.

In der Aufstiegsspalte von Hardeberga bei Lund haben wir beobachtet, daß vom Spaltenrand zur Mitte die Kristallgröße etwas zunahm. Ursache war die langsamere Abkühlung der Spaltenmitte, so daß dort die Silikate mehr Zeit für ihr Kristallwachstum hatten. Wie wird das Gefüge der in der Tiefe erstarrten Plutonite beschaffen sein? In der Tiefe unter der Wärmeisolierung einer gleichfalls warmen Gesteinsdecke kühlten die Schmelzen noch weit langsamer ab. Die Plutonite sind daher im Vergleich zu den Vulkaniten grobkörnig.

Die höchste Erhebung des Harzes, der 1142 Meter hohe Brocken gehört zu einem Tiefengesteinskörper, einem sogenannten Pluton, der einst in mehreren Kilometern Tiefe aus einer silikatischen Schmelze

Abb. 13.17: Kissenlava im Rhombenporphyr am Südostufer des Tyrifjords, direkt an der Straße von Oslo nach Hønefoss

erstarrte. Im Kapitel 11 (Seite 183) haben wir bereits im Zusammenhang mit der Kontaktmetamorphose der benachbarten Sedimentgesteine die Problematik der Platznahme eines solchen Plutons in einem werdenden Gebirge kennengelernt. Die ursprüngliche Schmelze ist nie ans Tageslicht gedrungen. Vor etwa 280 Millionen Jahren ist sie gewissermaßen auf halbem Wege nach oben steckengeblieben und in der warmen Erdtiefe sehr langsam erstarrt. Erst bei der späteren Hebung des Harzgebietes wurde die darüberliegende Gesteinsdecke abgetragen und dadurch das Tiefengestein bloßgelegt. Die Schmelze erstarrte überwiegend zu Granit, der heute den Brocken und die benachbarten Anhöhen aufbaut, auch den Wurmberg bei Braunlage, wo der Granit in einem Steinbruch abgebaut wird.

Der Granit ist stark zerklüftet. Besonders fallen die etwa parallel zur Erdoberfläche verlaufenden Kluftflächen auf, die den Granit in einzelne, leicht gewölbte Bänke zerteilen (Abb. 13.18). Diese Bankung des Granits erklärt man sich so: Die Schmelze erstarrte unter dem Druck mächtiger auflagernder Deckgesteine. Auf diese Verhältnisse stellte sich das Gefüge des Granits ein. Nach Abtragung der Deckgesteine wurde der Granit jedoch entlastet und dehnte sich daher aus. Dabei öffneten sich etwa parallel zur Erdoberfläche Klüfte, die nun den Granit in einzelne Bänke zergliedern. Diese erdoberflächenparallele Bankung ist ein Hinweis auf die Erstarrung in großer Erdtiefe, ebenso wie das grobe Korn des Granits.

Dank der langsamen Abkühlung konnte die gesamte Schmelze nach und nach auskristallisieren. Die Silikate ordneten sich zu großen Kristallen, die nun ein regellos in sich verzahntes Mosaik bilden. Hauptbestandteil des Granits am Wurmberg ist blaßroter Kalifeldspat, der dem Gestein die rötliche Färbung verleiht. Die oft zentimetergroßen Feldspatkristalle sind mit farblosen, glasglänzenden Quarz- und dunklen Glimmerkristallen (Biotitkristallen) verwachsen (Abb. 13.19). Feldspat, Quarz und Glimmer sind die drei Hauptgemengteile des Granits. Er entstammt, wie das Oberflächengestein Quarzporphyr, einer siliziumdioxidreichen Schmelze.

Ebenso wie helle und dunkle Vulkanite gibt es natürlich auch helle und dunkle Plutonite. Im Tal der Radau, zwei Kilometer südlich Bad Harzburg, wird solch ein dunkles Tiefengestein zwecks Baustein- und Schottergewinnung abgebaut (Abb. 13.20). Der dunkelgraue Gabbro enthält zur Hälfte dunkle eisenhaltige Silikate (vor allem Pyroxen), die mitunter mehrere Zentimeter große Kristalle bilden. Zur anderen Hälfte besteht er aus einem hellgrauen Feldspat (Plagioklas). Der Gabbro erstarrte also aus einer siliziumdioxidarmen Schmelze. Er ist sowohl mit Granit als auch mit Basalt verwandt. Mit Granit hat Gabbro den Erstarrungsort in größerer Erdtiefe gemeinsam, mit dem Oberflächengestein Basalt die etwa gleiche stoffliche Zusammensetzung.

Die Gemengteile sind in einem Tiefengesteinskörper selten über größere Bereiche gleichmäßig verteilt. Sie schwanken von Ort zu Ort, und damit wandelt sich auch der Gesteinscharakter. Wenige Kilometer

Abb. 13.18: Granitsteinbruch am Wurmberg bei Braunlage im Harz, 1 Kilometer nordwestlich des Rodelhauses. Die Absonderung in einzelne leichtgewölbte Bänke beruht auf Entlastung infolge Abtragung der sedimentären Deckschichten.

Abb. 13.19: Frische Bruchfläche eines grobkörnigen Granits: a Feldspat (helle, große Kristalle), b Quarz (grau), c Biotit (dunkler Glimmer)

Abb. 13.20: Zwei Gabbrostücke aus dem Steinbruch im Radautal, 2 Kilometer südlich Bad Harzburg; rechts in sehr grobkörniger Ausbildung. Das Tiefengestein Gabbro besteht zur Hälfte vor allem aus schwarzem Pyroxen, zur anderen Hälfte aus hellgrauem Plagioklas (einem Feldspat, siehe Abb. 13.10).

von dem Gesteinsbruch im Radautal entfernt kommt eine Abart des Gabbros vor, die fast ausschließlich aus dunklen, eisenhaltigen Silikaten besteht. Nach seinem Vorkommen bei Bad Harzburg hat man dieses schwere, grünlich-schwarze Tiefengestein Harzburgit genannt. Harzburgit ist ein Beispiel für einen Plutonit, der aus einer extrem siliziumdioxidarmen Schmelze erstarrt ist. Seine Hauptgemengteile sind schwarze Pyroxen und dunkelgrüner Olivin. Einen etwa 100 Meter langen Aufschluß im Harzburgit bietet die bergseitige Straßenböschung in der Kolebornskehre an der Straße vom Radauwasserfall, südlich Bad Harzburg, zum Molkenhaus.

Wenn wir die Plutonite Harzburgit, Gabbro und Granit auf ihre stoffliche Zusammensetzung hin miteinander vergleichen, so zeigt sich, daß sich der steigende Siliziumdioxidgehalt von Harzburgit zum Granit im Mineralbestand widerspiegelt. Harzburgit besteht nur aus dunklen siliziumdioxidarmen Silikaten. Der etwas mehr siliziumdioxidhaltige Gabbro enthält bereits zur Hälfte hellen Plagioklas. Doch ist dieser Feldspat noch nicht so reich an Siliziumdioxid wie der Kalifeldspat des Granits (vgl. die chemischen Formeln der beiden Feldspatarten in der Tabelle auf S. 232). Im siliziumdioxidreichen Granit tritt neben Kalifeldspat schließlich in größerer Menge freies Siliziumdioxid als Quarz auf. Die siliziumdioxidarmen Silikate, im Granit durch dunklen Glimmer vertreten, sind dagegen mengenmäßig unterlegen.

In der nebenstehenden Tabelle (Abb. 13.21) sind noch einmal die hier behandelten Erstarrungsgesteine in zweifacher Hinsicht, nach dem Siliziumdioxidgehalt und nach ihrem Erstarrungsort, gegliedert. Zwischen dem siliziumdioxidarmen und siliziumdioxidreichen Erstarrungsgestein lassen sich noch mehrere Typen, abgestuft nach dem Siliziumdioxidgehalt, unterscheiden. Zu diesen „intermediären Erstarrungsgesteinen" zählen der Rhombenporphyr und beispielsweise die hier nicht behandelten Tiefengesteine Syenit und Diorit sowie das Oberflächengestein Andesit. Aus der Tabelle läßt sich folgendes ablesen: Granit entsteht aus einer siliziumdioxidreichen Schmelze, die in der Tiefe erstarrt. Gelangt aber die gleiche Schmelze bis zur Erdoberfläche, kann Quarzporphyr entstehen, vorausgesetzt, daß die Schmelze beim Aufstieg keine weitgreifenden stofflichen Veränderungen erfahren hat (Assimilation, Differentiation). Entsprechendes können wir auch für die siliziumdioxidarmen Gesteine annehmen: Eine Schmelze, die in der Tiefe zu Gabbro erstarren würde, kann, aufgestiegen zur Erdoberfläche, Basalt ergeben.

Die Assimilation, also die Einschmelzung von Nebengestein, haben wir in kleinem Ausmaß in der Aufstiegsspalte bei Hardeberga beobachtet. Noch größere Bedeutung für die Vielfalt der Erstarrungsgesteine haben Vorgänge, die man unter der sogenannten Differentiation zusammenfaßt. Hierunter versteht man alle chemisch-physikalischen Veränderungen einer Schmelze, die zur Spaltung in Teilschmelzen mit unterschiedlicher Zusammensetzung führen. So kann durch frühzeitige

	Vulkanite	Plutonite
SiO_2-reich	Quarzporphyr	Granit
intermediär	Rhombenporphyr Andesit	Syenit Dionit
SiO_2-arm	Basalt	Gabbro Harzburgit

Abb. 13.21: Einteilung der Erstarrungsgesteine

Abb. 13.22: Granit in typischer Wollsackverwitterung an den Kästeklippen über dem Okertal im Harz. Die Verwitterung geht von den Klüften aus und verwandelt den Granit in ein Blockwerk aus wollsackähnlichen Gebilden.

Auskristallisation siliziumdioxidarmer Silikate aus einer bereits siliziumdioxidarmen Schmelze eine Restschmelze intermediärer Zusammensetzung abspalten, denn durch den Entzug siliziumdioxidarmer Silikate steigt in der verbleibenden Restschmelze der Siliziumdioxidgehalt relativ an. Erstarrt auch diese Restschmelze, sind aus der ursprünglichen Schmelze zwei stofflich unterschiedliche Erstarrungssteine hervorgegangen: ein siliziumdioxidarmes und ein intermediäres Erstarrungsgestein.

Bei den zahlreichen Erstarrungsgesteinstypen, von denen nur wenige in der obigen Tabelle aufgeführt sind, dürfen wir also nicht annehmen, daß sie auch alle schon primär unterschiedlichen Schmelzen entstammen. Heute nimmt man auf Grund statistischer Untersuchungen an, daß es zwei Hauptschmelzen gibt: eine siliziumdioxidreiche bzw. granitische und eine siliziumdioxidarme bzw. basaltische, aus denen durch Differentiation und Assimilation verschiedene Übergangstypen hervorgegangen sind. Das basaltische Magma entsteht hauptsächlich in der tieferen Erdkruste und im oberen Erdmantel und speist vorzugsweise die Vulkane. Das granitische Magma bildet sich in höheren Stockwerken der Erdkruste und beliefert vor allem die Plutone, denn unter den Vulkaniten sind basaltische und unter den Plutoniten granitische Gesteine am häufigsten.

Über 90 Prozent aller Tiefengesteine bestehen aus Granit. Der Granit ist auch zugleich das bei weitem häufigste Gestein in dem uns bisher bekannten oberen Teil der Erdkruste, d. h. bis in etwa 16 Kilometer Tiefe. Wenn im Vergleich zu dieser Verbreitung der Granit relativ selten an der Erdoberfläche vorkommt, so liegt das daran, daß er zumeist unter seinen Deckgesteinen verborgen ist. Nur dann, wenn die Deckgesteine abgetragen sind, treten gewissermaßen die Köpfe der granitischen Tiefengesteinskörper zutage (Abb. 13.22). In den Pionierzeiten geologischer Forschung nahm man an, daß der Granit aus einem ständig schmelzflüssigen Bereich des Erdinnern stamme. Heute weiß man, daß granitische Schmelzen in der Erdkruste durch Aufschmelzung fester hochmetamorpher Gesteine entstehen. Erst diese Erkenntnis erbrachte das wichtige Bindeglied für den „Kreislauf der Gesteine".

Wenn Sie umblättern, lieber Leser ...

... und auf dieser Seite auch noch weiterlesen, haben Sie mit einer Anzeige zu rechnen. Zwar nicht mit einer Anzeige, die Ihnen Gefängnis androht; diese Anzeige wird Sie auch kein Strafgeld kosten, im Gegenteil: sie wird Ihnen Geld einbringen. Nicht Vorstrafe, sondern Vorsorge ist das Ziel dieser Anzeige. Um die Katze aus dem Sack zu lassen: Ihnen droht nicht eine Anzeige nach Paragraph Soundso, sondern: Ihnen bietet sich eine Anzeige für eine hervorragende Sparanlage.

Kurz und gut: Diese Anzeige, die sie eben lesen, wirbt für Pfandbriefe und Kommunalobligationen; das sind festverzinsliche Wertpapiere, die ein regelmäßiges Zinseinkommen oder ein dynamisches Wachstum garantieren. Wer – um nur ein Beispiel zu nennen – jeden Monat einen Hunderter in Pfandbriefen anlegt, besitzt nach zehn Jahren mehr als 16 000 Mark, nach zwanzig Jahren fast 46 000 Mark und nach dreißig Jahren runde 100 000 Mark; davon hat er nur ein gutes Drittel selbst gespart, der Rest wuchs ihm aus Zins und Zinseszins von selbst zu. Der fleißigste Sparer kann dann monatlich rund 500 Mark allein an Zinsen verbrauchen, Jahr um Jahr, so lang er will, ohne sein Kapital auch nur um einen Pfennig zu schmälern. Es lohnt sich, mehr darüber zu wissen.

Pfandbrief und Kommunalobligation

Meistgekaufte deutsche Wertpapiere - hoher Zinsertrag - schon ab 100 DM bei allen Banken und Sparkassen

Verbriefte Sicherheit

Literaturhinweise

Atlas zur Geologie. Hg. von E. Bederke u. H.-G. Wunderlich. B. I. — Hochschul-atlanten, Bd. 2. — Mannheim: Bibliographisches Institut 1968. 94 S.

Brauns, R.: Spezielle Mineralogie. Sammlung Göschen, B. 31/31a. 11. Auflage 1964. 32 Seiten.

Brinkmann, R.: Abriß der Geologie. Bd. 1: Allgemeine Biologie. — Stuttgart: Enke, 10. Aufl. 1967, 268 S.

Brockhaus Nachschlagewerke. Geologie, Band 1 u. 2: Die Entwicklungsgeschich-te der Erde, mit einem ABC der Geologie. — Leipzig: VEB F. A. Brockhaus 1970. 888 S.

Bülow, Kurd von: Geologie für Jedermann. — Stuttgart: Franckh, 9. Aufl. 1968. 247 S.

Cloos, Hans: Gespräch mit der Erde. Welt- und Lebensfahrt eines Geologen. — München: Piper 1968. 414 S.

Dorn/Lotze: Geologie Mitteleuropas. — Stuttgart: Schweizerbarth, 4. Aufl. 1971. 491 S.

Lotze, Franz: Geologie. Sammlung Göschen, Bd. 13/13a. 4. Aufl. 1968. 184 S.

Mohr, K.: 400 Millionen Jahre Harzgeschichte. — Clausthal-Zellerfeld: Piepersche Buchdruckerei u. Verlagsanstalt, 3. Auflage 1966. 92 S.

Murawski, Hans: Geologisches Wörterbuch. dtv-Taschenbuch 3038. — Mün-chen/Stuttgart: Deutscher Taschenbuch Verlag / Ferdinand Enke Verlag 1972. 260 S.

Rid, Heinrich: Bekanntschaft mit der Landschaft. Geologie erlebt. — rororo sachbuch Bd. 6773. — Reinbek bei Hamburg. Rowohlt Taschenbuch Verlag 1972. 154 S.

Schumann, W.: Steine + Mineralien. BLV-Bestimmungsbuch. — München: BLV Verlagsgesellschaft. 228 S.

Wunderlich, Hans-Georg: Einführung in die Geologie. 2 Bde. B. I. — Hochschul-taschenbücher Bd. 340/340a, 341/341a. — Mannheim: Bibliographisches In-stitut 1968. 214, 230 S.

Die „Sammlung geologischer Führer", hg. von Franz Lotze im Verlag Gebr. Borntraeger, Stuttgart, behandelt in zahlreichen Bänden Einzellandschaften (z. B. Bd. 40 den Schwäbischen Jura).

Quellennachweis der Abbildungen

Abb. 12.11 aus M. Loosli: Faszinierende Vulkane (Orell Füssli, Zürich), alle an-dern Fotos: K.-H. Georgi. Grafiken: M. Kosiedowski.

Register

rororo tele
Information und Bildung

Herausgegeben von
Dr. Gerhard Szczesny
in Zusammenarbeit mit dem Fernsehen
Jeder Band mit ca. 60 Abbildungen

rororo tele
Information und Bildung

Herausgegeben von
Dr. Gerhard Szczesny
in Zusammenarbeit mit dem Fernsehen
Jeder Band mit ca. 60 Abbildungen